CHEMICAL SENSORS AND BIOSENSORS

화학센서와 바이오센서

CHEMICAL SENSORS AND BIOSENSORS

Brian R. Eggins 저

University of Ulster at Jordanstown
Northern Ireland, UK

김학진 · 황대연 · 김기영 · 정호섭 역

화학센서와 바이오센서

인 쇄 | 2012년 3월 20일
발 행 | 2012년 3월 30일

저 자 | Brian R. Eggins
역 자 | 김학진 · 황대연 · 김기영 · 정호섭
발 행 인 | 박선진
발 행 처 | (주) 월드사이언스

주 소 | 서울특별시 서초구 방배4동 864-31 월드빌딩 1층
등록일자 | 1988년 2월 12일
등록번호 | 제 16-1601호
대표전화 | (02) 581-5811~3
팩 스 | (02) 521-6418

E-mail | worldscience@hanmail.net
URL | http://www.worldscience.co.kr

정 가 | 20,000원
I S B N | 978-89-5881-196-1

이 도서의 국립중앙도서관 출판시도서목록(CIP)은 e-CIP홈페이지(http://www.nl.go.kr/ecip)와 국가자료공동목록시스템(http://www.nl.go.kr/kolisnet)에서 이용하실 수 있습니다.
(CIP제어번호: CIP2012001430)

목차

✥ 역자소개

김학진

서울대학교 농업생명과학대학 바이오시스템·소재학부 교수

황대연

부산대학교 생명자원과학대학 바이오소재과학과 교수

김기영

농촌진흥청 국립농업과학원 농업공학부 연구관

정호섭

서울대학교 공과대학 기계항공공학부 BK21 교수

시리즈 서문

최근 몇 년간 교육 기회의 급속한 확대가 이루어졌고 그 결과 다양한 분야의 학생들에게 적합한 좀 더 편리한 수업방법의 필요성이 증가해 왔다. 이러한 관점에서, 통신교육법은 특별히, 다양한 이유로 전일제 정규 교과과정의 기회를 갖지 못하는 학생들에게 매우 가치가 있고 효과적인 수업방법임이 증명되었다. 그 결과로, John Wiley& Sons 출판사는 1980년 후반에 처음으로 "통신교재용 분석화학"을 출판했다. 모든 분석적인 기술을 다루는 이 시리즈는 개인적인 여건 때문에 수업을 들을 수 없는 사람들에게 편리하고 시간적으로 효율적인 방법을 제공하면서 최근까지 유용한 수업자료로 자리를 잡아 왔다.

이러한 통신교재용 분석화학의 성공에 이어서, 또 다른 독학 교재인 "*분석과학기술*" 시리즈는 더 넓은 과학 분야의 분석기술과 방법을 다루는 것을 목표로 하여 점점 더 많이 사용되고 있다. 이러한 측면에서, "분석과학기술"시리즈는 실제 기술뿐만 아니라 분석적 특성방법에 필요한 내용을 포함하고 있는 다양한 책을 제공한다.

분석기기들은 점점 정교해지고 이에 따라 일상적으로 분석되는 재료의 범위도 넓어졌다. 기술과 관련된 이 시리즈의 책들은 전반적이고 세부적인 특정 분석 방법의 기본적인 개념이나 이론을 설명하며, 다양하게 발전된 분석 기기장치에 대해서도 다루게 될 것이다. 이러한 책들은 일반적인 기기분석, 분광학, 크로마토그래피, 전기이동, 무작위 검사법, 전기분석방법, X-레이 분석 등을 포함하는 다양한 기술을 다루게 될 것이다. 또한, 이 시리즈 책들은 환경 과학, 생명과학, 임상분석, 식품과학, 범죄수사학, 제약기술, 보존과 고고학, 고분자학, 일반적인 고체상태의 물성물리학 등에 분석기술을 적용하는 사례에 대해서 다루게 될 것이다.

전문가들이 자신의 분야에 대해 작성하면서, 각 단원마다 단원 목표와 요약을 포함하여 읽기 쉽고 사용하기 편한 스타일로 책을 구성하였다. 독자는 각 장마다 자체평가문제와 고찰, 질문 그리고 질문에 대응하는 보충대답을 이용하면서 각 장의 진도를 스스로 평가할 수 있도록 하였다. 본 책은 스스로 공부하거나 산업체 조직 내에서 사용하기 편하도록 구성되어 있다. 또한, 많은 보충 교재와 참고문헌, 약어, SI 단위계와 중요한 물리적 내용들과 용어사전, 원저의 참고문헌도 실려 있다. 따라서 이 교재의 시리즈가 학생들 개개인과 다양한 분야의 과학 교사들에게 매우 유용하고 가치 있는 교재가 되기를 바란다.

Dave Ando
영국 다트포드에서

서문

이 책은 저자의 앞선 책인 1996년에 출간된 "*바이오센서 입문*"을 부분적으로 참고하여 만들어 졌다. 비록, 현재 통신교육에 적합하게 만들어져 있지만 많은 내용이 앞선 책을 인용하고 있다. 본 책의 범위는 바이오센서뿐만 아니라 화학센서까지 범위를 넓혔다.

그 당시 적합한 교재가 없었던 때, 원래의 "바이오센서 입문"은 Ulster 대학교에서 *바이오센서* 강좌가 진행되면서 많은 보완이 이루어졌다. 많은 비정규 학생들은 정규 강의를 수강할 수 없었으나 통신교육에서 "*바이오센서*"책을 교재로 이용하였다. 대체로 이러한 학생들은 시험에서 정규수업을 듣는 학생들만큼의 성과를 낼 수 있었다.

센서에 대한 일반적인 개념을 묘사하는 입문인 제1장, 제2장은 전기화학과 광학의 다른 변환 요소에 대해 자세히 논의하였다. 그 후 제3장에서는 측정 대상체를 선택하는데 이용되는 감지 요소에 대해, 제4장에서는 선택성과 민감성, 범위, 수명 등에 대해 다루었다. 제5장에서는 전기화학센서와 바이오센서의 구체적 적용에 대해 설명하였다. 광학센서는 제6장에서 설명되고, 질량반응과 열센서에 관한 내용은 제7장에서 다루었다. 마지막으로 제8장에서는 구체적인 적용사례에 관하여 다루었다.

나는 먼저 Ulster 대학교의 "바이오메디컬 환경센서 센터"에 있는 동료들인 John Anderson 교수, Jim McLaughlin 교수, Byrne 박사, Eric McAdams 박사, 더블린 시립대학교의 Dermot Diamond 교수, Johannes Vos와 Malcolm Smyth, 프랑스 푸리어대학교의 Pascal Mailley와 Serge Cosnier 박사에게 도움과 격려에 대해 감사함을 전하고 싶다.

나는 유니버시티 대학의 George Guillbault 교수와 크랜필드 대학의 Anthony Turner 교수와 함께 일하면서 얻은 간접적인 영감에 대해 감사를 드리고, 특히, 처음으로 바이오센서 책을 써야겠다고 영감을 받도록 강의를 해주신 옥스퍼드 대학의 Allen Hill 교수에게도 감사를 드리고자 한다. 나는 또한, 'Eirelec Conferences'를 통해서 알게 된 미국 뉴멕시코 대학교의 Joe Wang 교수와 텍사스-오스틴 대학교의 Allen Bard

교수에게도 감사의 말을 전하고 싶다. 또한, 나의 제자였던 Edward Cummings 박사, Min Zhou 박사, Shane McFadden, Catriona Hickey, Stephen Toft의 헌신과 도움에 감사의 말을 전하고 싶다.

특별히 분석과학기술 시리즈의 출판편집자인 David Ando의 편집과 원고에 관한 충고와 격려가 큰 도움이 되었다.

무엇보다도 나의 아내인 Chrissie에게 감사의 말을 전하고 싶다. 그녀의 헌신적인 지지와 격려, 가사의 도움이 없었더라면, 이 책은 완성될 수 없었을 것이다.

Brian R. Eggins
얼스터-조르단스타운 대학교

역자 서문

바이오센서는 생체물질의 선택적 반응과 감지특성을 종래의 전기적 또는 광학적 변환기에 적용하여 특정 화학물 또는 다양한 분석 인자를 측정할 수 있는 센서기술이다. 이러한 바이오센서 기술은 생명공학(BT), 정보기술(IT), 나노기술(NT) 등 첨단기술의 비약적인 발전에 의하여 그 기술의 발전속도가 우리가 예측했던 것보다도 훨씬 빠르며, 최근에 높아지고 있는 인간의 삶의 질과 안전에 대한 요구로 인하여 바이오센서의 기술의 필요성과 중요성은 더욱더 증가할 것으로 예상하고 있다. 이런 추세에 발맞추어 국내에서도 전기-기계-화학-생물 분야의 융합학문이 강화되고 있고 국내의 몇몇 대학에서는 관련 융합학과가 신설되고 있으며 국립농업과학원, 한국전자통신연구원, 한국생명공학연구원 등 국가와 국책연구기관에서는 관련 연구를 활발히 수행하고 있다. 하지만, 안타깝게도 바이오센서 기술을 전문적으로 다루는 책은 전자, 기계, 화학, 생물과 같은 공학과 순수 과학 학문에 비해 상대적으로 부족한 것이 현실이며 국내에서 출간된 몇 편의 역서조차도 바이오센서의 전반적인 기술을 다루기보다는 의료용으로 국한한 전문서적으로만 사용되고 있다. 이에 본 역자들은 바이오센서를 종합적이고 체계적으로 다루는 책을 면밀히 조사하였으며 그 결과로, 이와 같이 Brian R. Eggins가 저술한 "Chemical Sensors and Biosensors"를 번역하기에 이르렀다.

원저는 전기화학, 바이오소재, 광학, 반도체 기술 등 바이오센서 연구에 필요한 다양한 핵심 요소 기술을 다루고 있다. 이에 본 역서에서는 각 분야별로 연구 수행 경험과 관련 지식을 갖고 있는 전문가들이 역자로 참여하여 원저의 내용을 가급적 충실하게 전달하려고 노력하였다.

본 역서는 각 단원마다 학습목표를 기술하고 있으며 본문에서는 각 요소기술별로 관련 기초 이론과 적용 사례를 자세하게 소개하고 있다. 또한, 각 단원의 후반부에는 학습내용을 평가할 수 있도록 평가문제를 제시하고 있어 체계적인 학습이 가능하리라 판단되며 단원마다 제시된 참고문헌 정보를 제공함으로써 이를 바탕으로 최신의 연구정보를 수집할 수 있을 것으로 생각한다. 특히, 본 역서는 바이오센서 기술의 종합적 이해를 돕기 위하여 관련 예제를 충분히 싣고 있기 때문에 바이오센서를 처음 접하는 학생과 연구원들에게 유용할 것으로 생각한다. 또한, 관련 분야 대학의 교재로도 활용이 가능하며 관련 연구개발 분야의 연구원 및 현장 기술자에게도 유용한 참고서로 활용이 가능할 것으로 기대한다. 나름대로 노력을 하였지만 역자들의 짧은 지식으로 인하여 오자나 오역 등이 발견되면 아낌없이 지적해 주기 바라며 추후 이를 반영할 계획이다. 아무쪼록 이 번역서가 국내 바이오센서 분야의 발전에 조금이나마 기여하기를 고대한다.

끝으로, 본 역서가 발간될 수 있도록 지원해 주신 월드사이언스의 박선진사장님과 이은경과장님을 비롯한 편집 담당자들께 깊은 감사를 드리며, 책을 완성하는데 도움을 준 서울대학교 윤경록 연구원과 부산대학교 이영주 연구원에게도 감사드린다.

2012. 2

역자일동

머리글자, 약어 및 부호

A	analyte
A*	analyte analogur
Ab	antibody
AC	alteernating current
Ag	antigen
AMP	adenosine 5'-monophosphate
AP	acid phosphatase; action potential
ATP	adenosine triphosphate
ATR	attenuated total reflectance
BOD	biological oxygen demand
C	coulomb
CHEMFET	field-effect transistor with chemically sensing gate
Cp	cyclopentadiene
CPE	carbon paste electrode
CV	cyclic voltammetry
DAC	*p*-dimethylaminocinnamaldeyde
DC	direct current
DEAE	diethylaminoethyl
DNA	deoxyribonucleic acid
DVM	digital voltmeter
ECQM	electrochemical quartz crystal microbalance
emf	electromotive force
ENFET	field-effect transistor, with enzyme gate system
EW	evanescent wave
FAD	flavin–adenine dinucleotide
Fc	ferrocene
FET	field-effect transistor

FIA	flow-injection analysis
FITC	fluorescein isothiocyanate
FMH	flavin mononucleotide
GC	gas chromatography
CDH	glucose dehydrogenase
GOD	glucose oxidase
HMDE	hanging-mercury-drop electrode
HPLC	high performance liquid chromatography
id	internal diameter
IGFET	insulated-gate field-effect transistor
IR	infrared
IRE	internal reflection element
ISA	ionic-strength adjuster
ISE	ion-selective electrode
ISFET	ion-selective field-effect transistor
IUPAC	International Union of Pure and Applied Chemistry
J	joule
LDH	lactate dehydrogenase
LDV	laser Doppler velocimetry
LED	light-emitting diode
LMO	lactate momooxidase
LOD	lactate oxidase
LSV	linear-sweep voltammetry
M	molarity (mol dm^{-3})
MIS	metal–insulator–semiconductor
mM	millimolar (10^{-3} mol dm^{-3})
MS	mass spectrometry
NAD	nicotinamide–adenine dinucleotide
NAD^+	nicotinamide–adenine dinucleotide (oxidized form)
NADH	nicotinamide–adenine dinucleotide (reduced form)
NMP	*N*-methylphenothiazine
Ox	oxidized species
PCS	phase correlation spectroscopy
PO	peroxidase
ppm	parts per million

PPY	polypyrrole
QCM	quartz crystal microbalance
QELS	quasi-elastic light scattering spectroscopy
R	reduced species
RF	radiofrequency
RNA	ribonucleic acid
SAW	surface acoustic wave
SCE	saturated-calomel electrode
SHE	standard hydrogen electrode
SI (units)	Systéme International (d'Unités) (International System of Units)
SPE	screen-printed electrode
SPR	surface plasmon resonance
TCNQ	tetracyanoquinodimethane
TIRF	total internal reflection fluorescence
TISAB	total-ionic-strength adjustment buffer
TNT	trinitrotoluene
TTF	tetrathiofulvalene
UV	ultraviolet
V	volt
vis	visible
A	absorbance
C	concentration; capacitance
f	frequency
I	electric current; intensity (of light)
L	conductance
m	mass
R	resistance; molar gas constant
t	time
T	thermodynamic temperature
V	electric potential
ε	extinction coefficient
λ	wavelength
ν	frequency (of radiation)

저자소개

Brian R. Eggins

저자는 영국 버밍햄의 킹에드워드학교에서 수학하고 캠브리지대학교 곤빈-키스 칼리지에서 학사와 석사학위를 받았다. 그는 이어서 맨체스터과학기술대학교에서 석사학위와 워릭대학교에서 박사학위를 취득하였다. 졸업을 하고 그는 미국 콜로라도 대학교에서 2년간 연수연구원으로 근무하였다. 그림스비기술대학에서의 강의 경험 후, 그는 얼스터-조르단스타운 대학교로 옮겼다.

그는 현재 얼스터대학교의 물리-분석화학과의 부교수이다. 연구 분야는 바이오센서를 포함한 전기화학과 광-전기화학 분야이다. 그는 15명의 연구원들을 배출하였고 현재 이스라엘과 유럽 4개국의 연구그룹과 함께 EU-지원 연구프로젝트를 수행하고 있다. 그는 캐나다, 미국과 유럽에서 강의 하였고 100편이 넘는 저널논문을 게재하였다. 또한, 그는 맥밀란 출판사에서 발행하는 "*화학구조와 반응성*"과 John Wiley & Sons에서 발행하는 "*바이오센서 개론*"의 저자이다. 그는 영국 왕립화학협회의 회원이다.

제 1 장
개 요

학습목표

- 다양한 종류의 센서를 정의한다.
- 센서에 사용되는 감지물질과 변환기의 종류를 알아본다.
- 변환기에 감지물질을 고정시키는 방법에 대하여 공부한다.
- 주요 성능요인을 이해한다.
- 주요한 적용분야에 대하여 알아본다.

1.1 센서 개요

1.1.1 센서란 무엇인가?

DQ 1.1

센서란 무엇인가?

답

인간은 적어도 다섯 가지의 주요 센서, 즉, 코, 혀, 귀, 눈, 손가락을 가지고 있다. 실험실에서 사용되는 리트머스 시험지는 산의 존재에 따른 색깔반응의 차이정도를 이용하여 용액의 산과 알칼리를 정성적으로 측정한다. 더욱 정확한 측정은 보다 넓은 대역의 색깔반응을 갖는 특수한 지시용액을 사용하거나 간단한 pH종이를 사용함으로써 가능하다. 하지만 가장 좋은 방법은 pH미터를 이용하는 것이며 이러한 pH미터는 계기판에 눈금을 표시하거나 디지털 판독장치 또는 마이크로컴퓨터에 입력신호를 보내면서 전기적인 반응을 나타내는 전기화학적 장치이다.

이러한 관점에서 산성정도에 따라 반응하는 *센서*는 리트머스 염료, pH 지시용액에 사용되는 복잡한 화학염료 혼합물 혹은 pH미터의 유리멤브레인 전극이 될 수 있다.

이때 화학 또는 전기 반응은 보통 우리 눈으로 볼 수 있는 신호로 바뀔 수 있다. 리트머스 종이는 화학물질 자체의 색깔 변화 때문에 눈으로 쉽게 볼 수 있으며 밝은 공간에서는 변화 즉시 확인이 가능하다. pH미터의 경우 전기적 반응(전압변화)은 계기 바늘의 움직임이나 디지털 신호와 같은 관찰할 수 있는 반응으로 전환된다. 이러한 변환이 일어나는 장치를 *변환기*(transducer)라고 부른다.

센서는 세 가지 종류로 나눌 수 있다. 즉, (a) 거리, 질량, 온도, 압력 등을 측정하는 물리센서(본 책에서는 다루지 않을 것이다), (b) 물리적 또는 화학적 반응으로 화학물질을 측정하는 화학센서, (c) 생물학적 성분의 반응을 이용하여 화학 물질을 측정할 수 있는 바이오센서로 구분할 수 있다. 이러한 모든 장치는 눈으로 볼 수 있는 반응이 발생하도록 하나의 변환기에 연결되어야 한다. 화학센서와 바이오센서는 일반적으로 살아있는 생물체 또는 비생물체인 특정 화학물을 감지하거나 측정하는데 관여한다. 우리는 보통 이러한 물질을 *기질*(*substrate*) 또는 더욱 일반적인 용어로 분석물(analyte)로 정의한다. 그림 1.1은 일반적인 센서의 배열을 도식화한 모습이다.

SAQ 1.1

화학센서에 대하여 개략도와 관련 명칭으로 표시하여라.

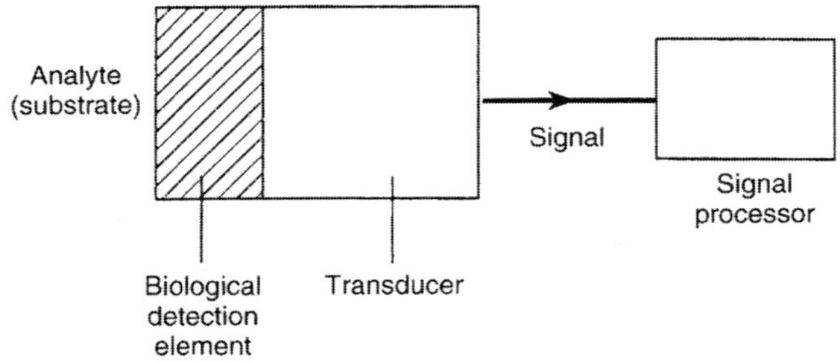

그림 1.1 바이오센서의 개략도.

1.1.2 센서의 기능을 하는 코

사람의 귀, 눈, 손가락은 각각 소리, 빛, 열 등을 감지할 수 있기 때문에 물리센서로 간주할 수 있다. 사람의 코는 아주 적은 양의 화학물질을 감지하는데 이는 인공적으로도 매우 재생하기 어려운 극히 민감하고 선택적인 장치라고 볼 수 있다. 코는 정성적으로 서로 다른 화학물질을 구별할 수 있으며 매우 낮은 검출한계까지 그 양을 측정할 수 있다. 검출하고자 하는 화학물질은 후각 막(membrane, 멤브레인)을 통과하여 측정인자를 검출하는 생물학적 수용체를 가지고 있는 후각모근에 도달한다. 그 반응은 하나의 전기신호로서 후각신경을 통하여 뇌에까지 전달된다. 뇌는 이러한 반응을 우리가 알고 있는 냄새라고 하는 감각으로 변환시킨다. 혀도 유사한 방식으로 작용한다.

그림 1.2는 일반적인 센서와의 비교를 통해 코의 후각시스템의 개요를 도식화한 것이다. 코의 구멍은 냄새 시료를 수집하고 그 시료는 감지기인 후각 막에 의해 검출이 된다. 그 다음 후각수용체의 반응은 변환기에 상응하는 즉, 후각신경에 의해 전기적인 신호로 변환되며 냄새판단을 위해 신경섬유를 따라 뇌에 전달된다. 결국,

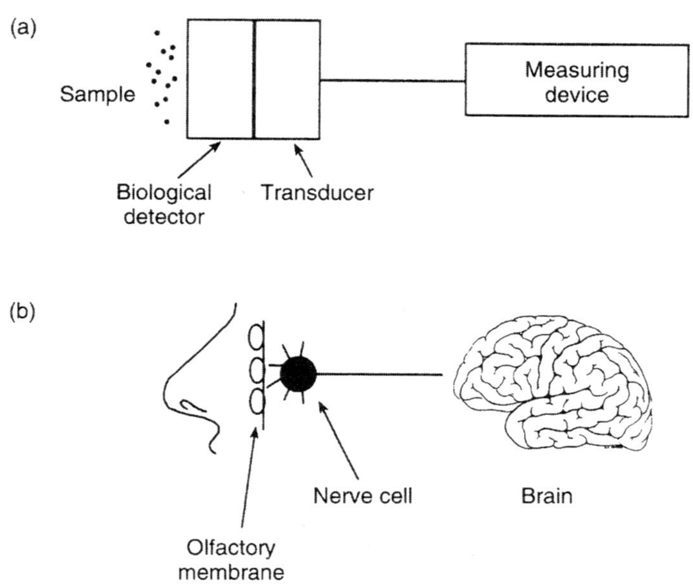

그림 1.2 (a) 센서의 요소부를 나타내는 개략도, (b) 센서로 비유되는 후각 코의 원리 그림 (후각 막은 생물학적인 감지물질이고, 신경세포는 변환기, 신경섬유는 작동기 그리고 뇌는 측정부).

뇌는 하나의 마이크로프로세서와 같이 그 신호를 우리가 냄새라고 부르는 감각으로 전환시킨다.

1.2 센서와 바이오센서 – 정의

센서, 변환기, 바이오센서, 액추에이터(작동기) 등은 여러 가지 다른 용도로 사용이 된다. 본 책에서는 아래와 같이 정의한다:

- *센서*의 정의는 옥스퍼드 영어사전에 따르면 *물리적 특성을 검출 또는 측정하고 기록, 표시 또는 반응하는 장치를 뜻한다.* (이것은 챔버사전에서 정의하는 것과 대비된다, Usher와 Keating의 'Sensors and Transducers'에서 발췌한 것이다.)
- *변환기는 물리화학적 변화를 관찰한 것을 측정 가능한 신호로 변환시키는 장치*이다. 화학센서의 경우 변환기에서 발생하는 전기적 신호의 크기는 특정 화학약품 또는 화학물질 조합에 비례한다.
- *액추에이터(작동기)*는 *행위를 가한다*는 말로써 정의된다. 즉, 하나의 그 현상에 대해 작동하는 장치를 말한다.

우리는 세 가지 형태의 센서(즉, 물리적, 화학적 그리고 바이오센서)에 대하여 생각할 수 있다.

DQ 1.2

물리, 화학, 바이오센서의 차이점을 설명하여라.

답

물리센서는 길이, 무게, 온도, 압력, 전기와 같은 물리량의 측정과 관계가 있다. 센서 반응이 물리적 반응의 형태라고 하는 것 외에는 본 책에서는 자세히 다루지 않는다. Usher와 Keating(참고문헌 참조)의 책에서는 물리적 센서에 대하여 전반적으로 다룬다.

화학센서는 R.W 카트랄의 책(참고문헌 참조)에 의하면 **화학적 반응을 통하여 선택적인 방식으로 특정 기질에 반응하는 장치를 말하여 정성과 정량 결정에 이용될 수 있다**. 이러한 센서는 특정 화학물질 또는 화학물질 집합을 감지하고 측정하는 것과 관련이 있다.

바이오센서는 일종의 화학센서이다. 하지만 종종 고유의 영역으로 취급된다. 바이오센서는 **변환기와 연결된 생물학적 감지물질을 포함하는 장치로 정의**된다. 비록 생물학적요소가 목표물질일지라도 바이오센서가 측정하는 물질은 순수 화학물(심지어는 무기물)이다. 중요한 차이는 그 감지물질은 실제적으로 생물체를 의미한다.

> SAQ 1.2
> 물리센서, 화학센서 그리고 바이오센서의 차이를 설명하시오.

1.3 센서의 특징

1.3.1 감지기

감지기는 모든 센서장치의 핵심요소이다. 즉, 센서가 다른 물질로부터 간섭받지 않고 측정하고자 하는 물질에 선택적으로 반응하도록 한다. 몇몇 이온에 대해서는 이온선택성전극을 이용한 분석방법이 오랫동안 알려져 왔으며 일반적으로 측정인자에 선택적인 멤브레인이 주요 예이다. 바이오센서의 경우는, 가장 일반적인 감지기로 효소가 알려져 있으며 그 외에도 항체, 핵산, 수용체 등이 있다.

1.3.2 변환기 – 검출장치

화학에서 사용되는 분석방법에는 분광, 비색법과 같은 광 변환기가 주요하게 이용되어 왔다. 하지만, 대부분의 센서는 구성의 단순화와 비용 때문에 전기화학적 변환기를 중심으로 개발되었다. 마이크로프로세서 발전으로 전기식 장치가 큰 매력을 가질 것으로 예상된다. 하지만 광섬유 사용을 통한 광학장치의 급속한 발전으로 전화에서 시작한 전기방식의 장치는 곧 쇠퇴할 수도 있다. 게다가, 압전결정체를 기본으로 한 미량분석 및 제어 장치의 이용은 가까운 미래에 경쟁력 있는 기술이 될 수 있다.

변환기는 다음의 네 가지 형태로 세분화 될 수 있다.

1.3.2.1 전기화학적 변환기

(i) *전위차방식.* 전류값이 0일 때 전지에 발생하는 기전력 측정을 기본으로 한다. 그 기전력은 측정물질의 농도의 로그값과 비례한다.

(ii) *전압전류계식.* 증가(감소)하는 전위는 분석된 물질이 산화(환원)될 때까지, 그리고 최고 전위점에서의 급격한 상승(하강)이 일어날 때까지 인가된다. 전류

정점의 높이는 전기활성 물질의 농도에 직접적으로 비례한다. 만약 적합한 산화 전위를 알면, 그 값에 맞춰서 전위를 직접 인가하고 전류를 관찰할 것이다. 이것은 *전류법*(*amperometric*)으로도 알려진다.

(iii) *전도측정식.* 대부분의 반응은 그 용액의 조성 변화와 관련되어 있어 일반적으로 측정용액의 전기전도도 변화를 나타내며 이는 전기적으로 측정될 수 있다.

(iv) *전계효과 트랜지스터*(*FET*) *기반 센서.* 소형화는 앞서 언급한 방식의 전기화학적 변화를 실리콘기반 막트랜지스터로 개발하면서 가능해질 수 있다. 이러한 방법은 대부분 전위차 방식 센서에 이용되지만 전압전류식 또는 전도체 센서에도 사용될 수 있다.

1.3.2.2 광학 변환기

광학변환기는 광섬유의 발달로 뛰어난 활용성과 소형화를 가능하게 함으로써 새로운 발전을 이루게 되었다. 사용기술로서 흡광분광, 형광분광, 발광분광, 내부반사분광, 표면플라즈마분광, 광산란이 있다.

1.3.2.3 압전장치

압전장치는 진동하는 광석으로부터 발생하는 생성 전류와 관계되어 있다. 진동주파수는 표면에 흡착되어있는 물질의 질량에 영향을 받는데 이것은 반응의 변화와 관계되어 있으며, 표면과 연관될 수 있다. *표면음파*장치는 그 중의 한 예이다.

1.3.2.4 열센서

모든 화학과 생물학적 공정들은 열의 생산이나 흡착과 관계되어 있다. 열은 감도가 좋은 서미스터로 측정될 수 있기 때문에, 분석 물질의 양과 관계되어있다.

모든 방식의 변환기에 대한 추가적으로 상세한 내용은 2장과 7장에 나와 있다.

> SAQ 1.3
> 센서의 주요특징을 요약하여라.

1.3.3 고정화기술

감지기는 변환기에 고정되어야 한다. 아래와 같이 다양한 방법들이 고정화기술로서 이용되고 있다:

- 가장 간단한 방법으로 표면에 *흡착*하는 것이다.
- *마이크로캡슐화*는 막 사이에 가두어 고정화시키는 것이다.
- *포괄*(*entrapment*)은 감지기를 이용하여 선택된 물질이 젤, 페이스트 또는 중합체로 된 하나의 매트릭스에 가두는 것으로서 자주 사용되는 방법이다.
- 공유 화학적결합이 선택물질과 변환기 사이에 형성되는 것을 *공유결합*(*covalent attachment*)이라 한다.
- 가교결합은 특수한 화학물질을 이용하여 감지기와 변환기를 연결하는 것이다. *가교결합*은 종종 흡착 또는 마이크로캡슐화 방법과 함께 사용된다.

위의 다양한 방법에 대한 자세한 내용은 3.6절에서 주어진다.

1.3.4 성능요인

(i) *선택성*. 이것은 센서에서 가장 중요한 성질이다 – 즉, 다른 두 물질을 구분하는 능력으로서 가끔씩 변환기의 작동이 그러한 선택성에 영향을 줄 경우가 있지만 대부분 감지기에 사용되는 방식에 지배적으로 영향을 받는다.

(ii) *반응대역*. 이것은 보통 밀리몰(10^{-3} M) 이하를 필요로 하지만 특정한 경우에는 펜토몰(10^{-15} M) 단위까지도 낮아질 수도 있다.

(iii) *정확도*. 이것은 보통 ±5% 보다 우수해야 한다.

(iv) *용액의 특성*. pH, 온도, 이온의 강도와 같은 상태가 고려되어야 한다.

(v) *반응시간*. 이것은 보통 바이오센서가 화학센서보다 30초 또는 그 이상 길다.

(vi) *회복시간*. 이것은 센서가 다음 시료를 분석할 수 있기 전까지 소요된 시간을 말하며 수분이상 되어서는 안 된다.

(vii) *수명*은 보통 감지물질의 안정성에 의해 결정된다. 바이오물질 그 자체의 수명은 종종 몇 달 또는 그 이상일지라도 바이오센서의 수명은 며칠도 안 될 수 있다.

다른 상세한 것은 4장에서 다루기로 한다.

1.3.5 적용범위

1.3.5.1 건강관리

건강관리는 바이오센서와 화학센서가 주로 적용되는 분야이다. 환자의 건강상태를 진단하기 위하여 혈액, 기체, 이온, 신진대사에 필요한 물질들은 규칙적으로 측정

표 1.1 진단의학에서 요구되는 일반적인 분석법

Analyte	Method of assay
Glucose	Amperometric biosensor
Urea	Potentiometric biosensor
Lactate	Amperometric biosensor
Hepatitis B	Chemiluminescent immunoassay
Candida albicans	Piezo-electric immunoassay
Cholesterol	Amperometric biosensor
Penicillins	Potentiometric biosensor
Sodium	Glass ion-selective electrode
Potassium	Ion-exchange-selective electrode
Calcium	Ionophore ion-selective electrode
Oxygen	Fluorescent quenching sensor
pH	Glass ion-selective electrode

되어야 한다. 특히 병원에 입원해 있거나 그 이상 집중적인 치료가 필요하다면 이들의 측정은 더욱 중요하다. 이러한 많은 원소들은 소변과 혈액 시료에 의해서 결정되어 지는데 기본 분석방법으로는 시료를 의료분석실험실에 보내고 수 시간이나 수 일 내에도 분석이 완료되지 않을 수 있다. 현장에서 사용되는 화학센서나 바이오센서는 빠르게는 몇 분 안에 결과를 얻는 것이 가능하다. 최근의 Exac Tech 포도당 센서는 12초 이내에 측정이 가능하다.

이러한 센서의 이용으로 전문적인 실험실 연구자들의 분석 필요성이 없어질 것이다. 숙련된 간호사는 환자의 곁에서 센서를 이용 신속하게 검사할 수 있다. 현대의 스마트센서는 막전위트랜지스터를 기반으로 개발될 수 있으며 하나의 센서 장치 안에 다양한 측정이 가능하도록 만들 수 있다. 나트륨, 칼륨, 칼슘, pH센서를 그 예로 들 수 있으며 포도당, 유산염, 요소 등을 검출하는 바이오센서에도 그러한 기술진보가 가능하다. 표 1.1은 환자의 규칙적인 진료에 필요한 일반적인 센서어레이를 보여준다.

'꿈의 적용'이라고 하는 가능성은 신진대사의 지속적 모니터링을 위하여 환자 몸에 직접 이식된 센서에서 찾을 수 있다. 이러한 센서는 피부를 통과하여 약물투여제어가 가능하도록 마이크로프로세서 시스템을 필요로 한다. 그러한 장치는 특별히 당뇨병과 같은 고질적인 증상에 대해 특히 그 효용성이 크다. 혈액내의 포도당은 계속적으로 모니터링 되고 포도당 농도가 특정한 값에 도달하였을 때 인슐린은 자동적으로 환자의 혈액내로 투여될 것이다. 이러한 형태의 시스템은 가끔 *인공췌장*으로 간주된다. 매번 엄지손가락에 따끔따끔한 통증을 주면서 매 시간마다 많은 양의 인슐린을 주사하는 현재의 시스템보다 환자에게 유용할 것이다.

1.3.5.2 산업생산 제어

센서는 다양한 발효공정에 세 가지 다른 방식으로 이용된다. 즉, (i) 실험실에서 이루어지는 오프라인, (ii) 오프라인이지만, 측정지역에서 가까운데서 이루어지거나, (iii) 실시간 온라인으로 이루어진다. 최근의 주요한 실시간 모니터링 시스템으로 온도, pH, 이산화탄소 그리고 산소측정 방식을 들 수 있다. 하지만, 바이오센서는 설탕이나 효모, 엿기름, 알코올, 페놀 화합물과 같은 직접시료에 적용이 가능하다. 그러한 모니터링은 결과적으로 제품의 품질과 생산효율을 증가시키고, 원재료의 품질관리, 공장자동화와 같은 에너지효율 최적화, 인간의 주관적 판단보다는 객관적 평가가 가능하게 한다. 일반적으로 식품과 음료산업에 다양한 적용이 이루어지고 있다.

1.3.5.3 환경모니터링

공기, 물, 토양, 그리고 다른 환경적인 상황에서 다양한 범위의 잠재요소가 있다. 물을 측정하는 것은 생물학적 산소 요구량, 산성도, 염분, 질산염, 인산염, 칼슘, 그리고 불소를 측정하는 것을 의미하며 반면에 농약, 비료 그리고 공업폐기물은 보다 다양한 분석을 요구한다. 최근의 중요물질로는 아주 낮은 농도(ng L^{-1})에서도 활성화되는 문제가 있는 다양한 종류의 에스트로겐에 의한 내분비선계 장애물질(환경호르몬)이 있다. 몇몇 물질들은 지속적인 실시간 모니터링을 필요로 하거나 다른 물질은 무작위 모니터링을 필요로 한다. 이러한 오염물질 모니터링 외에도 농업, 원예, 수의과학, 그리고 광산 등도 환경모니터링을 필요로 하는 분야이다.

SAQ 1.4

(a) 건강관리, (b) 산업제어, (c) 환경모니터링에 적용되는 센서의 예를 들어라.

요약

이 장은 물리센서, 화학센서, 바이오센서가 무엇인지를 정의하였다. 감지기, 변환기,

작동기, 측정장치를 포함해서 센서의 여러 부분을 설명하였다. 바이오센서를 사람의 코와 비교되었으며 감지기와 변환기, 고정화 방법, 그리고 성능요인을 포함하여 센서의 여러 측면을 설명하였다. 세 가지 주요한 적용사례가 소개되었다.

제 2 장

변환기 요소기술

학습목표

- 전기화학 전지를 구성한다.
- 기준전극의 필요성에 대하여 논의한다.
- 기준전극의 주요형태에 대하여 알아본다.
- 전극전위와 분석물농도 사이의 관계를 알아낸다.
- 이온농도측정을 위한 농도전지를 구성한다.
- 이온선택성전극의 주요형태에 대하여 알아본다.
- 이온선택성전극의 간섭현상과 관련된 원리에 대하여 이해한다.
- 전극을 통하여 전류가 전달되는 세 가지 방법에 대하여 학습한다.
- 전류−전압 곡선(전압전류도, voltammogram)에 대하여 학습한다.
- 전압 (또는 전류식) 전류와 분석물 농도 사이의 관계에 대하여 알아본다.
- 다양한 전극도포의 형태가 선택성을 어떻게 개선할 수 있는지 알아낸다.
- 절연게이트 전계효과 트랜지스터의 개략도를 도시한다.
- 화학적 전계효과트랜지스터, 이온선택성 전계효과 트랜지스터의 적용사례를 설명한다.
- 박막과 후막 (스크린프린트) 전극의 목적을 설명한다.
- 마이크로전극의 장단점을 기술한다.
- 비어−램버트 법칙을 설명한다.
- 센서에 적합한 다양한 광학방법과 반응에 대하여 알아본다.
- 형광과 소광의 발생 메커니즘을 알아낸다.
- 반응과 분석농도 사이의 관계를 알아낸다.
- 화학발광과 생물발광에 대하여 기술한다.
- 광학검출시약이 어떻게 고정되어 광학센서로 구성되는지를 알아낸다.

2.1 개요 – 전기화학적 변환기

센서 적용을 위한 변환기에 유용한 세 가지 기본적인 전기화학적 과정이 있다:

(i) *전위차방식*: 전류의 흐름이 없을 때의 전지전위 측정
(ii) *전압·전류방식*: 전극사이에 산화(또는 환원)전압을 인가시키고 전류를 측정
(iii) *전도식*: 교류전류 브릿지 방법으로 전지의 전도(저항에 상반되는) 값을 측정

2.2 전위차방법과 이온선택성전극: 넌스트(Nernst) 방정식

2.2.1 전지와 전극

은과 같은 금속조각들이 이온들이 포함된 용액 속에 놓여 질 때, 금속과 용액사이에 경계를 따라서 전하분리가 발생한다(그림 2.1). 이것은 소위 말해 *전자의 압력*이라고 불리며 다른 말로 *전위*를 형성한다고 한다. 이는 바로 측정될 수 없고 두 개의 전극과 전해질 조합을 필요로 한다. 각각을 *반쪽전지*라고 불리며 그러한 조합을 하나의 전기화학적 *전지*라고 부른다(그림 2.2).

그 두 개의 반쪽전지(half-cell)는 전기적인 전도성 다리나 얇은 막(멤브레인)에 의해 내부적으로 연결되어 있어야만 한다. 그리고, 디지털 전압계(DVM)와 같은 전위측정용 장치에 의해 그 두 전극은 외부적으로 연결된다. 이러한 전압계는 매우 높은 내부저항(~ 10^{12} Ω)을 가지고 있어서 매우 미세한 전류만이 흐른다. 전기적 회로가 완성되면 전지의 기전력을 측정할 수 있다. 그 값은 두 개의 반쪽전지의 전극전위의 차를 의미한다. 그 크기는 다양한 요소에 영향을 받는다. 즉, (i) 전극의

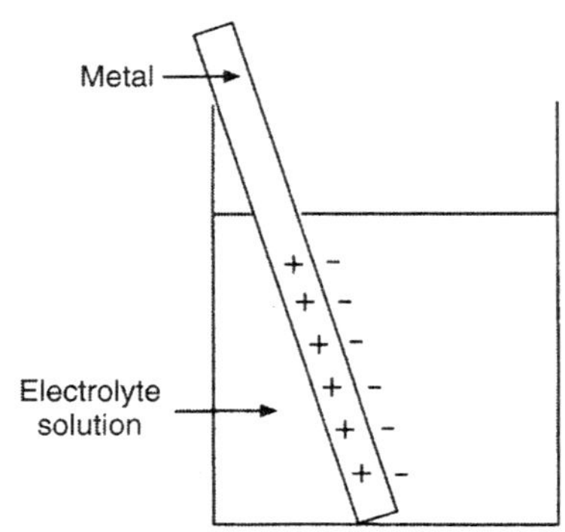

그림 2.1 전해질 용액 속에 담겨진 금속전극 – 반쪽전지.

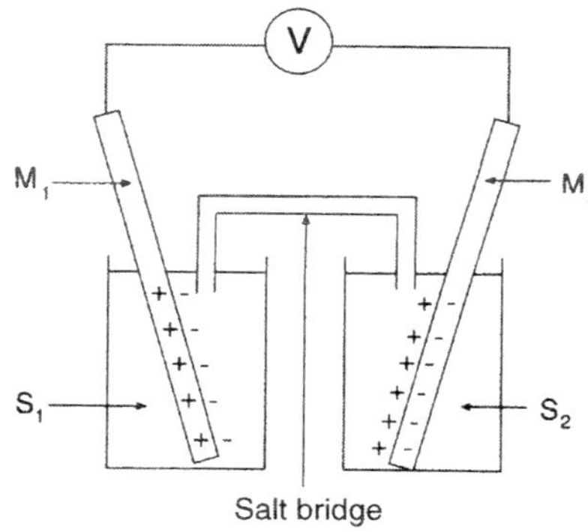

그림 2.2 두 개의 반쪽전지 전극으로 구성된 완전 전지.

물성, (ii) 반쪽전지에 들어 있는 용액의 농도와 물성, (iii) 멤브레인(혹은 염다리) 액체접합전위가 영향을 준다.

> **SAQ 2.1**
> 전지의 기전력을 측정하기 위해서 두 개의 반쪽전지가 필요한 이유는 무엇인가?

실용적인 다니엘(Daniel) 전지는 전기화학적 전지의 좋은 예이다(그림 2.3참고). 전지는 구리와 아연전극을 필요로 하는데 황산구리와 황산아연을 용액으로 구성하고 그와 함께 염다리로 연결한다. 전해질 용액의 농도가 1 M일 때 배터리로써 이용될 수 있으며 기전력은 1.10 V를 나타낸다.

이러한 반쪽전지의 반응을 다음과 같이 정의할 수 있다:

$$Cu^{2+} + 2e^{-} = Cu \qquad (2.1)$$

$$Zn^{2+} + 2e^{-} = Zn \qquad (2.2)$$

(2.1)식에서 (2.2)식을 빼면 다음과 같은 완전한 반응식을 얻을 수 있다:

$$Cu^{2+} + Zn = Cu + Zn^{2+}$$

이 반응의 Gibbs 자유에너지는 음수(negative)이기 때문에 반응은 자연스럽게 왼쪽에서 오른쪽 방향으로 계속되는 것을 볼 수 있다. 이러한 반응은 황산구리 용액을 아연조각에 첨가함으로써 직접적으로 발생한다. 하얀 아연금속은 재빨리 진한 갈색의 구리금속으로 코팅되고 파란색의 황산구리용액은 무색의 황산아연으로 바뀐다.

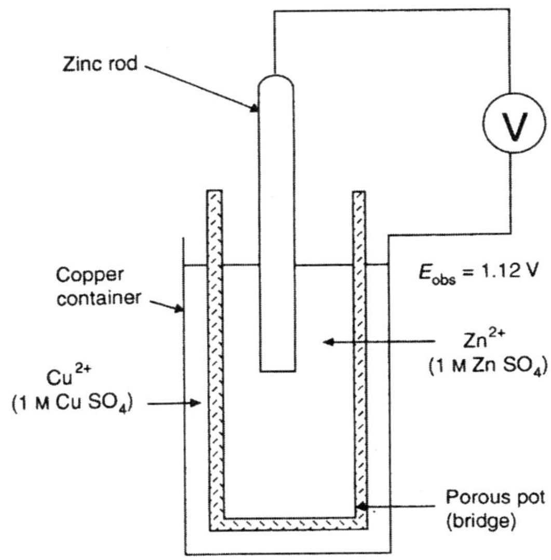

그림 2.3 다니엘 전지의 개략도.

Gibbs 자유에너지는 다음 식에 따라 전지의 기전력과 관계된다:

$$\Delta G = -nFE \tag{2.3}$$

여기서 n은 전달된 전자의 수(이 경우 n = 2), F는 페러데이(Faraday) 상수(96487 C mol^{-1}), E는 전지의 기전력(액체접합전위가 0으로 가정)이다. 그러므로 ΔG가 음수이면 E는 양수이다.

반응식 (2.1)과 (2.2)에 대한 ΔG 값을 구하는 경우, ΔG_{Cu}와 ΔG_{Zu} 값을 알 수 있다면 각각의 E_{Cu}와 E_{Zn}값을 알 수 있다. 하지만 단순한 분리는 불가능하다. 따라서, 다른 접근방법을 생각해야 한다. 주기율표의 첫 번째 요소인 수소를 생각해보면 금속이 아니지만 다음과 같이 전자가 떨어져 나옴으로써 수소이온(H^+)으로 산화된다:

$$H - e^- = H^+$$

일반적으로 식으로 나타내면 다음과 같다:

$$H^+ + e^- = 1/2\ H_2$$

이러한 반응에서 Gibbs 자유에너지(ΔG)는 기준 상태인 0으로 정의된다(이는 수소이온의 농도가 1 M일 때 수소기체의 부분 압력이 1 atm이고 온도는 298 K(25°C)

이다). 모든 표준상태의 경우, Gibbs 자유에너지는 ΔG^0로 나타낸다. 따라서 수소원자의 기준전극전위는 다음과 같다:

$$E_H^{\ 0} = 0$$

그림 2.4에 나타난 바와 같이 다른 어떤 반쪽전지와 결합된 실제 반쪽전지 수소전극을 구성할 수 있다. 그리고 앞선 바와 같이 반쪽전지의 반응을 다음과 같이 정의할 수 있다:

$$Cu^{2+} + 2e^- = Cu \qquad (E_{Cu}^{\ 0}) \tag{2.4}$$

$$2H^+ + 2e^- = H_2 \qquad (E_H^{\ 0}) \tag{2.5}$$

(2.4)식에서 (2.5)식을 빼면 다음과 같은 식을 얻을 수 있다:

$$Cu^{2+} + H_2 = Cu + 2H^+$$

그러므로,

$$E_{cell} = E_{Cu}^{\ 0} - E_H^{\ 0} = +0.34\ V$$
$$E_{Cu}^{\ 0} = +0.34\ V$$

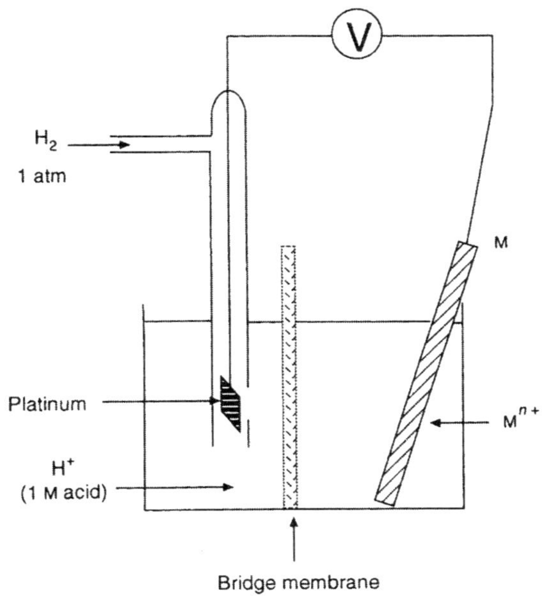

그림 2.4 반쪽전지와 연결된 수소전극.

결국, 모든 범위의 반쪽전지 전극에 대한 *E*값은 *표준수소전극*(SHE)과 비교하여 구할 수 있다.

다른 한쪽의 다니엘 전극의 경우, 즉 아연전극의 경우 다음 식을 정의할 수 있다.

$$Zn^{2+} + 2e^- = Zn \quad (E_{Zn}{}^0) \tag{2.6}$$

$$2H^+ + 2e^- = H_2 \quad (E_H{}^0) \tag{2.7}$$

그러므로 (2.6)식에서 (2.7)식을 빼면 다음과 같은 식을 얻을 수 있다.

$$Zn^{2+} + H_2 = Zn + 2H^+$$

그러므로

$$E_{cell} = E_{Zn}{}^0 - E_H{}^0 = -0.76\ V$$

결과적으로

$$E_{Zn}{}^0 = -0.76\ V$$

다니엘 전극의 구리와 아연에 의한 전지의 기전력을 결합하면 다음과 같다.

$$E_{cell} = +0.34 - (-0.76) = 1.10\ V$$

SAQ 2.2

다음 표시법으로 표현되는 갈바니전지의 전지반응 값은 얼마인가?

$$Pt|Fe^{3+},\ Fe^{2+}||Cu^{2+}|Cu$$

2.2.2 *기준전극*

표준수소전극(SHE)은 다른 전극의 기준이 되는 하나의 *기준전극*(RE)이다. 실험실에서 표준수소전극을 만드는 것은 어렵지 않지만, 전극이 잠재적으로 폭발성이 있는 수소가스를 포함해야 한다는 점 때문에 일상적인 측정에 사용되는 것이 용이하지 못하다는 문제가 있다. 따라서, 온도변화가 적은 계수를 가지면서 만들기 쉽고, 극성이 없고 반복성 있는 전극전위를 제공하는 다른 이차적인 기준전극이 실제적으로 사용된다.

많은 종류의 전극이 고안 되었으나 현재는 두 가지 종류가 광범위하게 이용되고 있으며 장착하기 쉽고 상업적으로 보급되어있다.

2.2.2.1 은-염화은 전극

염화은(AgCl)은 물에서 덜 용해되는 이점을 가지고 있다. 반쪽전지반응은 다음과 같다.

$$AgCl + e^- = Ag + Cl^- \quad (E^0 = +0.22\ V)$$

이 전극은 염화은으로 코팅된 은 철사가 염화나트륨 용액에 담겨있는 구조로 이루어져 있다.

2.2.2.2 포화 염화 제 1수은 전극

'염화 제 1수은'은 염화수은(Hg_2Cl_2)의 오래된 이름이다. 반쪽전지반응은 위의 은-염화은 전극의 반응과 유사하다.

$$Hg_2Cl_2 + 2e^- = 2Hg + 2Cl^- \quad (E^0 = 0.24\ V)$$

이 전극은 염화수은 가루와 포화 염화칼륨을 혼합하여 만들어진 복합물과 접촉하는 수은층으로 구성되어 있으며 모든 구성품이 염화칼륨용액에 담겨져 있는 구조로 되어있다(그림 2.5 참고). 이 전극의 장점은 염화칼륨과 물을 더 이상 용해되지 않을 때까지 간단히 섞음으로써 만들 수 있다는 점이다. 따라서, 무게나 부피측정이

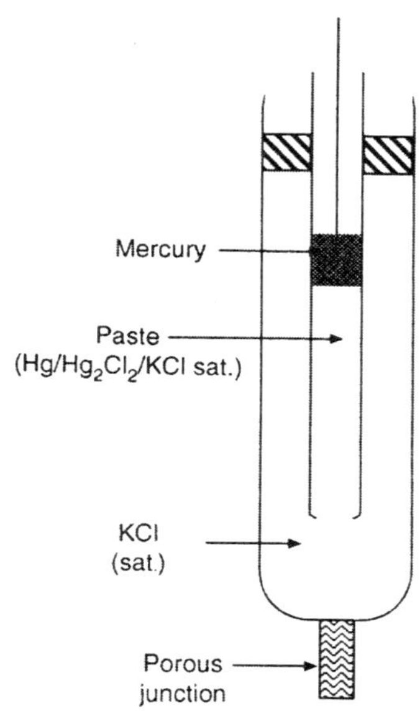

그림 2.5 포화 기준전극의 개략도.

필요 없이 정확하고 재현성 있는 농도의 용액을 만들 수 있다.

이러한 전극들은 수용성용액이 사용되는 대부분의 목적에 적합하다. 다른 형태는 지용성용액이나 염화이온이 없어야 할 때 이용가능하다. 기준전극과 감지전극 사이의 전지기전력을 측정하며 다음과 같은 전지 기전력이 발생한다.

$$E_{\text{cell}} = \Delta E = E_{\text{ind}} - E_{\text{REF}}$$

DQ 2.1

전위차방식의 용어의 의미에 대하여 논하라.

답

전위차방법은 평형상태의 전지기전력 측정방법과 관련된 하나의 분석적 방법이다. 이는 넌스트 방정식을 사용하여 이온의 농도(활동도)를 직접적으로 측정하거나(직접 전위방식), 적정방식을 통하여 종말점(end-point)을 측정할 수 있다(적정 전위방식).

SAQ 2.3

기준전극에 요구되는 특성은 무엇이 있는가?

2.2.3 정량적 관계: 넌스트 방정식

지금까지 우리는 오직 산화된 물질(Ox)이나 환원된 물질(R) 중의 한 종에 대해 보통 1 M의 농도에서 전극전위를 고려했었다. 이제부터는 다양한 농도가 그 전극의 전위에 주는 영향을 고려해야 한다. 이러한 효과는 전위차 방법의 분석응용에서 기본적으로 중요하다. 기본 넌스트 방정식은 다음과 같은 기본적인 열역학적 방정식에서 유도된 지수관계식이다.

$$\Delta G = RT \ln K$$

그래서 반쪽전지 반응의 경우

$$\text{Ox} + ne^- = \text{R}$$

넌스트 방정식은 다음과 같다.

$$E = E^0 + \frac{RT}{nF} \ln\left(\frac{a_{\text{Ox}}}{a_{\text{R}}}\right)$$

여기서 a_{Ox}와 a_{R}는 이온 활동도를 의미한다. 즉, 이상적 열역학적 농도를 말하며 희석용액에서 관행적으로 농도와 같은 의미로 사용될 수 있다.

이는 보통 10의 몇 승으로 표현된다. 결국, 밑수를 e로 하는 자연로그보다는 10을 밑수로 하는 상용로그를 사용한다. 넌스트 방정식은 다음과 같이 된다.

$$E = E^{0} + 2.303\frac{RT}{nF}\log_{10}\left(\frac{[\mathrm{Ox}]}{[\mathrm{R}]}\right)$$

이러한 식은 염기와 산 혼합물의 pH를 알 수 있는 Handerson-Hasselbach 식과 형태가 일치한다는 것을 알아야 한다.

$$\mathrm{pH} = \mathrm{p}K_{a} + \log_{10}\left(\frac{[\mathrm{A}^{-}]}{[\mathrm{HA}]}\right)$$

로그대수(Logarithms)

로그대수표가 더 이상 계산(곱하기, 나누기, 승수, 제곱근)에 꼭 필요한 도구가 아닌 만큼 로그대수는 요즈음의 학생들에게는 생소할 수 있다. 그러나 로그대수의 개념은 아직까지 여러 과학 작업에는 필수적이다. 따라서, 우리는 보통 $2 \times 2 = 2^2$ = 2의 제곱 = 4라고 말한다. 비슷하게 $2 \times 2 \times 2 = 2^3$ = 2의 세제곱 = 8 등으로 표현한다. 숫자 2의 승수는, 즉, 2 또는 3, 숫자가 4와 8의 2를 밑수로 하는 로그대수라고 부른다. 우리가 빛의 속도인 300,000,000 m/s 같은 아주 큰 숫자를 측정할 때 3×10^8 m/s와 같이 10의 승수로 표현하면 더 편리하다. 유사하게 예를 들면 0.00000001몰(즉 1/100000000 M)의 희석용액의 농도와 같은 아주 작은 숫자도 1×10^{-8} M과 같이 더 쉽게 표현할 수 있다. 이러한 예에서 승수나 +8과 −8과 같은 지수들은 밑수가 10인 로그이다. 과학적 작업에서는 'e'라고 부르는 특별한 밑수가 사용되기도 한다. 이는 자연로그라고 알려져 있다. e의 값은 2.718...이다. 밑수가 10인 로그 값의 경우 2.303을 곱한다. 결국 x의 자연로그(ln이나 log x라 부르는)는 2.303 $\log_{10} x$와 같다. 사실상 이러한 변환은 상용로그와 자연로그 두 값을 제공하는 공학용 계산기에서는 거의 필요가 없다. 로그대수의 수를 보면 사람들이 항상 사용해 왔던 진수나 지수를 필요로 한다. 공학용계산기 역시 마찬가지다.

10^x

LOG

기본함수는 수의 상용로그로 주어지고 역함수는 역대수인 10^x로 나타낸다. 유사 방식으로 다음과 같이 표시된다.

e^x

LN

이것은 x의 자연로그를 취하는 것과 같으며 다만 그 역은 e^x으로 나타난다. 만약 이러한 개념이 생소하다면 설명된 내용을 가지고 약간의 연습이 필요하다. 그래서 10의 지수로 된 농도 표현법을 위한 도구가 필요할 수 있다.

산성도(수소이온농도)의 측정은 pH정도를 로그값으로 취하여 표현한다. 그래서 10^{-3} M의 산성농도일 때 우리는 3과 같은 음의 표시값을 양의 값으로 취하여 pH는 3이라고 간주한다. 일반적으로,

$$\mathrm{pH}(x) = -\log_{10}(x)$$

약간 복잡하지만 자주 사용되는 예인 1 M의 아세트산(약산)의 pH는 수소이온 농도로 1.8×10^{-5}이다. 그래서 $\mathrm{pH} = -\log_{10}(1.8 \times 10^{-5}) = 4.745$이므로 $10^{-4.745} = \log(1.8 \times 10^{-5})$이다.

만약 우리가 상수 $R = 8.314$ J $\mathrm{K^{-1}}$ $\mathrm{mol^{-1}}$, $F = 96480$ C $\mathrm{mol^{-1}}$과 T의 값을 넣는다면 다음과 같은 식을 얻을 수 있다.

$T = 298$ K(25°C일 때)	$RT/F = 0.0257$ V
$T = 293$ K(20°C일 때)	$RT/F = 0.0252$ V
$T = 298$ K일 때	$2.303(RT/F) = 0.0591$
$T = 293$ K일 때	$2.303(RT/F) = 0.0580$

이러한 후자 0.06에 근접한 값은 일반적이며 다음과 같이 간단한 형태의 넌스트 방정식이 얻어진다.

$$E = E^0 + 0.06\log\left(\frac{[\mathrm{Ox}]}{[\mathrm{R}]}\right)$$

환원된 물질인 R은 보통 금속으로 일정농도(활성도) 값으로 1로 간주되며 다음과 같이 더욱더 간단한 형태의 식이 된다.

$$E = E^0 + 0.06 \log [\mathrm{Ox}]$$

우리는 그 식을 E^0와 $2.303(RT/F)$가 미지수 또는 이론적 값과 다르다고 가정하여 다음과 같이 일반화할 수 있다.

$$E = K + S \log [\mathrm{Ox}]$$

이 방정식은 매우 유용하고 실제적인 형태인 넌스트 방정식이다. 우리가 나중에 실험

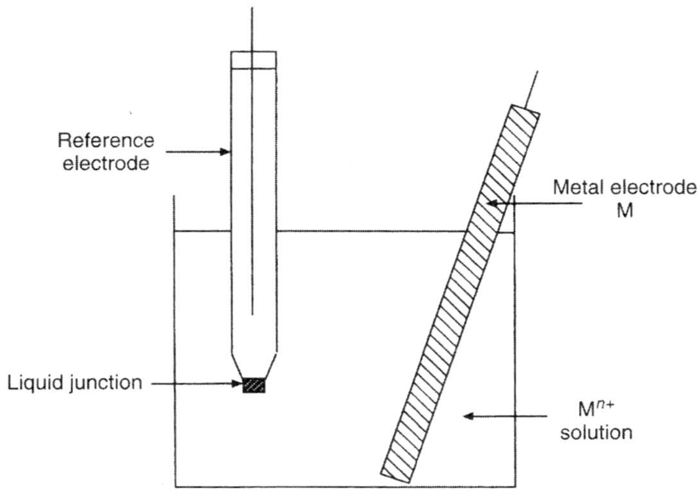

그림 2.6 반쪽전지와 결합한 기준전극.

데이터에서 확인할 수 있듯이, 우리는 log[Ox]에 대한 E 값의 그래프를 그릴 수 있다. 그 그래프는 기울기 S와 절편 K를 갖는 직선이다. 실험적으로 결정된 S와 K 값은 이론값, 즉, $S = 2.303(RT/F)$와 $K = E^0$와 비교될 수 있다.

만약 그림 2.6에 나타난 바와 같이 기준전극 전위(E_{REF})와 액체접합전위(E_{lj})를 포함하면 다음과 같은 식을 얻을 수 있다.

$$E_{cell} = E'_{M/M^{n+}} - E_{REF} - E_{lj}$$
$$= E'_{M/M^{n+}} = E'^0 + S\log[M^{n+}]$$

그러므로

$$E_{cell} = (E'^0 - E_{REF} - E_{lj}) + S\log[M^{n+}]$$
$$E_{cell} = K + S\log[M^+]$$

이와 더불어

$$K = (E'^0 - E_{REF} - E_{lj})$$

SAQ 2.4

넌스트 방정식이 어떻게 아래와 같은 형태로 간단화 될 수 있는지 증명하시오.

$$E = K + S\log C$$

여기서 K와 S는 무엇을 뜻하는가?

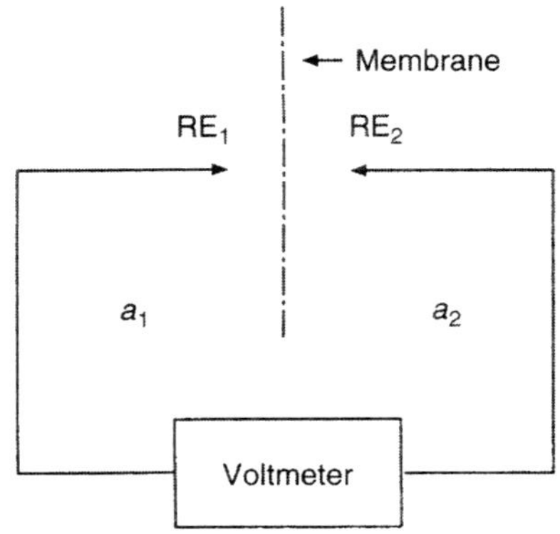

그림 2.7 농도전극의 개략도: RE_1과 RE_2는 기준전극을 뜻한다.

> SAQ 2.5
>
> 하나의 전극과 아연봉으로 구성된 갈바니전지가 298 K 온도에서 아연이온의 용액에 담겨있으면서 EMF 값이 −0.789 V를 나타낸다. 아연이온의 활동도는 얼마인가?

만약 기준전극 대신에 그림 2.7에서 보는 것과 같이 똑같은 산화환원물질이지만 다른 농도를 갖는 Ox를 사용하면 아래와 같이 두 개의 반쪽전지 반응을 만들 수 있다.

$$E_1 = E^0 + S \log [\mathrm{Ox}]_1$$

$$E_2 = E^0 + S \log [\mathrm{Ox}]_2$$

첫 번째 식에서 두 번째 식을 빼면 아래 식을 얻을 수 있다.

$$\Delta E = E_1 - E_2 = S \log ([\mathrm{Ox}]_1/[\mathrm{Ox}]_2)$$

만약 $[\mathrm{Ox}]_2$가 일정하게 유지된다면 (기준농도에서) 우리는 다음 식을 얻을 수 있다.

$$\Delta E = \text{constant} + S \log [\mathrm{Ox}]_1$$

여기서 상수는 $-S\ \log[\mathrm{Ox}]_2$이다.

이러한 결과는 대부분의 이온선택성전극에서 실용적으로 사용되는 형태이다. 일반적인 실용적 배치 형태는 그림 2.7에서 보여 준다.

이 그림의 왼쪽에는 측정될 시험용액이 있으며 기준전극이 담겨있다. 이온선택성 멤브레인은 시험용액과 표준용액 사이의 중간에 존재한다. 그 표준용액은 측정하고자 하는 이온이 고정농도로 담겨있다. 이러한 표준용액에 이차의 기준전극을 배치한다. 2개의 기준전극은 높은 저항의 전압계 – 보통 디지털 전압계 – 를 통해 연결되어 있다. 이러한 전극 시스템은 아래에 설명하는 많은 방법 중에 하나를 이용하여 표준용액으로 캘리브레이션 작업이 수행된다.

측정전압은 모든 것은 동일하나 농도 차이에 의해 발생하는 두개의 반쪽전지 사의 차이 값이다. 우리는 다음과 같이 전압값을 아래와 같이 나타낼 수 있다.

$$E = E_{\mathrm{RE1}} + E_{\mathrm{RE2}} + E_{\mathrm{lj}} - S \log a_2 + S \log a_1$$

그러면

$$E = \mathrm{K} + S \log a_1$$

여기서,

$$K = (E_{\mathrm{RE1}} + E_{\mathrm{RE2}} + E_{\mathrm{lj}} - S \log a_2)$$

a_1과 a_2는 각각 시험 용액과 기준용액의 이온 활동도이다.

DQ 2.2

ISE(Ion-Selective Electrode, 이온선택성전극)는 무엇인가?

답

ISE는 다른 이온들 보다는 하나의 특정한 이온에 반응하도록 설계된 하나의 이온선택성전극이다. 이는 적절한 기준전극에 상대적 전위를 측정하는 전위차방식의 장치로서 시험용액에 존재하는 이온의 활동도(혹은 농도)에 로그크기로 비례한다. 이러한 장치는 대부분 대략 10^{-6}에서 1 M 정도의 농도범위에서 선형적 범위를 가지면서 신속하게 반응하며 측정원리는 멤브레인을 사이에 두고 시험용액과 내부용액 사이에 농도차이가 있을 때 전위가 발생하는 이온선택성 멤브레인의 이용을 기본으로 한다.

2.2.4 이온선택성전극의 실용적인 측면

가장 낮은 검출한계를 가지면서 일관되고 반복성 있는 결과를 얻기 위해서는 올바른 주의법이 고려되어야 한다. 시료표준화는 복잡한 전처리를 포함하는 것은 아니다. 일반적으로 특수한 완충(buffer) 용액의 첨가로서 충분하다. 다음은 알아야 할 몇 가지 사항들이다:

(i) 이온강도는 시료간에 일정하게 유지되어야 한다. 이러한 이온강도는 각각의 시료와 표준용액에 어떤 방식으로도 방해하지 않는 목적으로 상당히 높은 일정한 농도의 전해질을 첨가하면서 유지될 수 있다.

(ii) pH가 특정 범위에서 조절되어야 할 경우도 있다. 이것은 불화물과 같은 몇몇 시료에서 매우 중요하게 영향 받는다.

(iii) 간섭이온을 최소화하거나 제거하는 성분을 첨가하는 것이 가능하거나 또는 필요할 수 있다.

이러한 특성을 제공하기 위한 적절할 혼합물을 보통 이온강도조절제(ISAs) 또는 전체이온강도조정버퍼(TISABs)라고 부른다.

예를 들어 질산을 측정하는데 사용되는 ISA로 보통 황산나트륨이 쓰인다. 이것은 엄밀하게 pH버퍼는 아닐지라도 요구된 한계치인 2에서 12로 내부 pH를 잘 유지한다. 그러나 존재할 수 있는 염소와 아질산염의 상당한 간섭정도를 제거하지는 않는다. 더 복잡한 조성을 갖는 다른 ISA가 이러한 문제를 해결할 수 있다. 은황산염은 원래 염화이온을 침전시키는데 사용되었다. 하지만 은황산염은 현재 복합물이지만 상대적으로 저렴한 납아세테이트 복합물이 그 용도를 대신하여 사용되고 있다.

2.2.5 측정과 캘리브레이션(검량선작성)

2.2.5.1 캘리브레이션 그래프와 직접측정

이 방법은 가장 간단한 방법으로 다양한 농도의 표준용액에 ISA를 첨가하여 만들고 전기신호(전압)가 측정되며 농도(로그값)에 대한 전압 값을 나타내는 캘리브레이션 그래프(검량선)가 작성된다. 직선성의 이탈 또는 넌스트 식의 기울기 문제는 중요하게 고려하지 않는다. 시료는 이어서 직접 측정되고 시료에 대한 농도값은 작성된 검량선을 이용하여 예측된다. 새로운 검량선은 주기적으로 다시 작성된다.

2.2.5.2 표준물첨가법

시료는 직접측정법과 같이 준비하고 전기신호, 즉 전압을 측정한다. 그리고 예상 시료농도에 보통 열배정도 되는 표준용액을 일정량 첨가하고 그 때의 전압값을 읽는다. 그 값을 하나의 식으로 근사시키고 그 식은 첨가 표준용액에 의한 희석 값을 보정하도록 한다.

미지의 농도인 V_u ml 용액 내에 미지농도 C_u가 있고 V_s ml 용액의 첨가 표준용액인 C_s 농도가 있다면,

$$E_1 = K + S \log C_u$$

그리고

$$E_2 = K + S\log(C_uV_u + C_sV_s) / (V_u + V_s)$$

첫 번째 식에서 두 번째 식을 빼면 다음과 같은 식을 얻을 수 있다.

$$E = S\log\{C_u / [(C_uV_u + C_sV_s) / (V_u + V_s)]\}$$

이 식을 다시 정리하면

$$C_u = C_s / \{10^{E/S}\ [1 + (V_u / V_s)] - V_u/V_s\}$$

그러면 미지의 시료용액의 농도인 C_u를 알아 낼 수 있다.

2.2.5.3 Gran 선도

이 방법은 표준물첨가법 중의 하나로 다중표준물첨가법을 이용한다. 이는 다섯 지점 또는 그 이상과 같이 많은 첨가를 행하는 것 외에는 표준물첨가법과 같다. 위에 사용된 용어와 다른 점은 단일-값 C_s가 아닌 변수-값 C_s라는 점이다. 즉, Gran 선도에서는 매번 첨가에 의한 동일한 용액에서 농도 증가값을 이용한다. 그래서 다음과 같은 식을 얻을 수 있다:

$$E = K + S\log(C_u + C_s)$$

그러면

$$E/S = K/S + \log(C_u + C_s)$$

$K' = 10^{K/S}$이다. C_s (Gran 선도)에 대한 $10^{E/S}$의 그래프는 그림 2.8에서 보여준다. 그래프는 $10^{E/S} = 0$, $C_u = -C_s$일 때로 음의 절편인 $-C_u$ 값을 가진 직선이다. 이 유도식은 첨가된 표준용액의 양에 대한 교정값을 나타내지는 않는다.

SAQ 2.6
측정 이온의 농도와 전지 전위는 어떠한 관계를 갖는가?

DQ 2.3

캘리브레이션 그래프, 단일표준물첨가법, 다중표준물첨가법에 대해서 정확도와 편리성 측면에서 서로의 장점을 논하라.

답

캘리브레이션 그래프는 정확도가 데이터 수에 의존하는 대부분의 조건에서 이용될

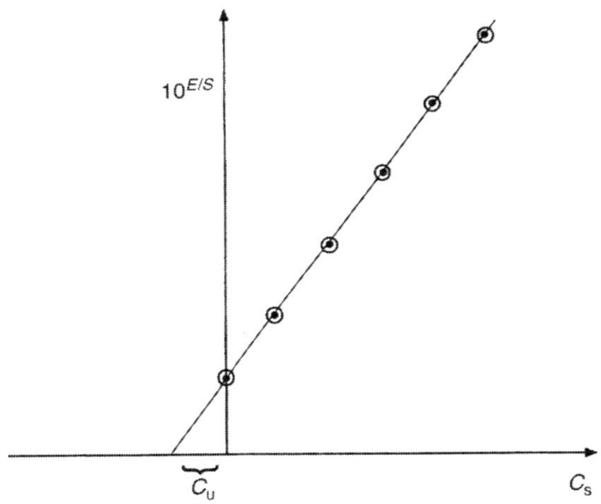

그림 2.8 전형적인 Gran 선도의 예.

수 있다. 어떤 미지 값의 농도가 그래프 범위 내에 있거나 또는 심지어 캘리브레이션 식이 선형일 경우 범위 밖에서 있을 때 결정될 수 있다. 그러한 캘리브레이션 그래프는 그 기울기가 비 넌스트식 이거나 심지어는 약간의 곡률이 포함되어 있어도 이용이 가능하다. 하지만, 이러한 그래프는 보통 5 ~ 10개의 표준용액을 가지고 준비해야 하는 시간이 소요되는 문제가 있다.

단일표준물첨가법은 단지 하나의 표준 용액만을 필요로 한다. 하지만 미지의 값에 적절하게 반응할 수 있도록 알맞게 조화가 이루어져야 한다. 이러한 접근은 EMF 농도의 대수와 선형관계가 있고 그 기울기는 넌스트 식(59 mV/decade)을 따른다고 가정한다. 실제 기울기가 캘리브레이션 그래프에서 결정될 수 있는 조건에서 다른 기울기를 이용하여 단일 표준물첨가법을 이용할 수 있다. 이러한 경우에는 계산 값이 정확치 않다.

다중표준물첨가법은 표준 용액을 미지용액에 더하는 것을 의미하는 것으로서 일반적으로 캘리브레이션 그래프 접근 방법보다 편리하지만 단일표준물첨가기술과 같이 기울기 값을 알아야 하는 것은 물론 선형적 관계가 적용될 수 있는지를 확인해야 한다. 그럼에도 불구하고 대응하는 그래프는 그리기 쉽고 어떤 추가적 계산이 없이도 음의 교차점으로 하나의 결과를 보여준다.

SAQ 2.7

다음 데이터는 칼슘 이온선택성전극의 캘리브레이션 결과와 미지 시료인 S에 대한 EMF 값이다. 시료 S의 칼슘 농도는 얼마인가?

[Ca] (M)	E (mv)
1.00×10^{-4}	−2.0
5.00×10^{-4}	+16.0
1.00×10^{-3}	+25.0
5.00×10^{-3}	+43.0
1.00×10^{-2}	+51.0
[S]	+33.0

DQ 2.4

다른 종류의 이온선택성전극의 유사성과 차이점을 논하라.

답

모든 이온선택성전극은 하나의 선택적인 멤브레인과 측정이온을 함유한 표준용액과 내부 기준전극을 포함한다. 차이점은 사용되는 멤브레인의 형태이다. pH전극에 사용되는 유리 멤브레인은 매우 잘 알려져 있다. 그러나 다른 형태들의 외형은 모두 같아 보인다. 고체센서 형태는 단일 결정 또는 압축한 가루 펠릿을 이용하지만 그 반면에 액체이온 교환방식은 기공이 있는 막 속으로 잠겨 진 액체형 이온교환기를 이용하며 내부용액으로 해당 이온교환 액체를 사용한다(5.1.3절 참조).

2.3 전압전류법(Voltammetry)과 전류법(Amperometry)

2.3.1 선형스윕 전압전류법

위의 두 용어 즉, *전압전류법*과 *전류법*은 전해질이라고 명명되는 고농도의 용액과 산화 또는 환원되는 이온, 즉, 전자기반응 이온이 존재하는 전기화학 전지에 작동전극과 기준전극 사이에 전압을 선형적으로 바꾸는 원리를 적용하는 모든 기술을 포함한다.

전지에서 발생하는 전류는 계속적으로 측정되며 인가전압에 대한 전류의 변화는 즉 *전압전류도(Voltammogram)*를 통하여 관찰된다. 가장 잘 알려진 기술은 *선형스윕 전압전류법(Linear sweep voltammetry)*으로 불려진다. 전형적인 전압전류도는 그림 2.9에서 볼 수 있다.

즉, 시작점(A점)에서 발생 전류는 매우 작다. A점과 B점 사이에서 전류는 불순물에 의한 잔류전류와 이중층 사이의 전하 충전 (전극과 용액 접촉면은 하나의 축전지 같이 작용)에 의하여 매우 서서히 증가한다. 이러한 것을 일반적으로 *배경전류*

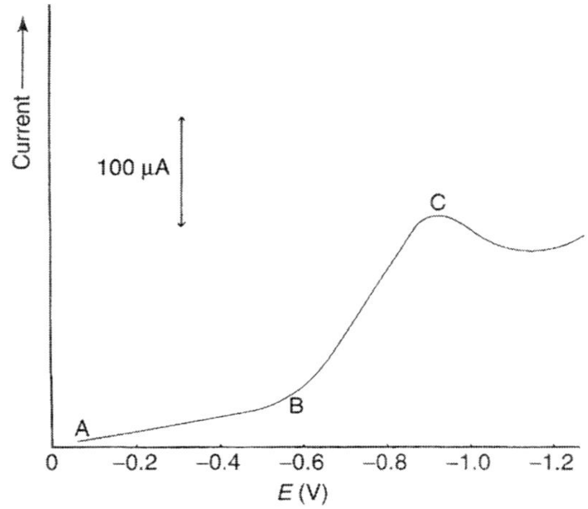

그림 2.9 선형 스윕 전압전류도.

(*background current*)라고 부른다. B점에서, 전위는 산화된 물질(Ox)의 환원전위에 접근하고 이러한 전위의 증가는 다음 식의 반응원리에 따라서 전자가 빠른 속도로 전극에서부터 산화물질로 이동한다.

$$\mathrm{Ox} + n\,\mathrm{e}^{-} \rightarrow \mathrm{R}$$

높은 환원증가율은 전지 전류 증가를 야기시킨다. 이러한 영역에서 순수 전지 전류값은 다음식과 같이 음극(환원) 전류(i_c)와 양극 전류(i_a)의 대수적 합에 의해 결정된다.

$$i_{net} = i_c + i_a$$

여기서

$$i_c = n\,F\,Ak_f^0 C_{Ox} \exp\left[-\alpha n\,F(E - E_{eq})/RT\right]$$

그리고

$$i_a = -n\,F\,Ak_b^0 C_R \exp\left[(1 - \alpha)n\,F(E - E_{eq})/RT\right]$$

E_{eq}는 평형전위이다.

E(인가전압)가 증가하면서, i_c는 증가하고 i_a는 감소한다. 그래서 결국, 전압전류파에 상승점이 관찰된다. 하지만 이러한 상승점은 Ox의 농도가 환원공정에 의하여 낮아지게 되고, 전류는 용액 내 Ox의 확산이 감소하면서 줄어들게 된다. 이것은 결과적으로 그림 2.9에 나타난 것 처럼 C점에서 전류의 피크가 발생한다. 이러한

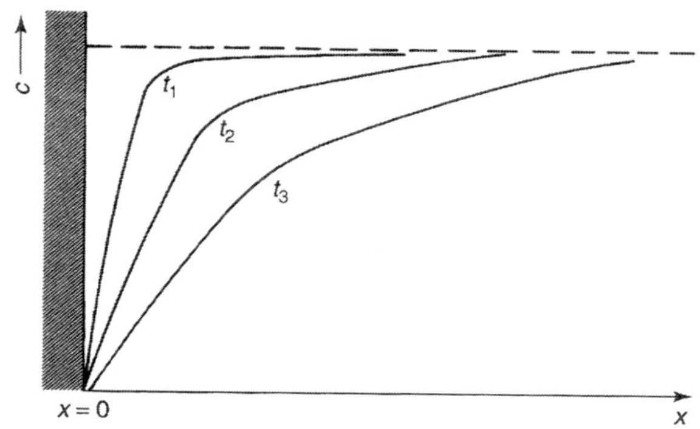

그림 2.10 계단 인가전압 산화환원공정에 대한 전극에서의 확산효과.

확산효과는 그림 2.10에 잘 나타나있다.

확산한계전류(i_d)값은 다음과 같이 Fick의 확산 제1법칙으로부터 얻을 수 있다.

$$\text{전극 표면에서의 물질의 흐름} = \mathrm{d}N/\mathrm{d}t = D\,\mathrm{d}C/\mathrm{d}x \tag{2.8}$$

결국,

$$i_d = n\,F\,A\,D\,\mathrm{d}C/\mathrm{d}x$$

Fick의 확산 제2법칙은 그림 2.10에 나타난 바와 같이 시간에 따라 점진적 감소효과를 나타낸다.

$$\mathrm{d}C/\mathrm{d}t = D\,\mathrm{d}^2C/\mathrm{d}x^2 \tag{2.9}$$

이러한 방정식의 단순한 해를 구하기 위해서는 매우 고차원적인 선행수학 기술을 필요로 하며 더욱 복잡한 상황의 경우에는 컴퓨터를 이용한 수치해석 방식을 적용해도 오직 근사적 해만 구할 수 있다. 그러나 해답은 매우 명확한 결과를 나타낸다. 우리 목적측면에서, 가장 중요한 결과는 그림 2.9에서 (C점) 전류의 최고점(피크)을 표현하는 것이다. 가역적인 전자 이동상황을 위해 최고 전류값(i_p)은 다음과 같은 Randle-Sevčik 방정식으로 나타낸다.

$$298\text{ K일 때}\quad i_p = 2.68 \times 10^5\, n^{3/2} A D^{1/2} C_{Ox}\, v^{1/2} \tag{2.10}$$

만약 가역반응이 일어나지 않는 다면 혹은 전자 이동속도가 느리다면 (k_f와 k_b가 작은 값), 반응은 *비가역* 반응이라 부르고 방정식은 다음과 같이 변경된다.

$$298\text{ K일 때}\quad i_p = 2.98 \times 10^5 n(\alpha n_a)^{1/2} A D^{1/2} C_{Ox}\, v^{1/2} \tag{2.11}$$

여기서 알아야 할 중요한 점은 두 경우 모두 *전류 최고점은 Ox농도에 직접적으로 비례*한다는 것이다. 이것은 사용측면에서 매우 중요하다. 피크 전류가 발생하는 전위값 E_p는 가역반응의 경우 다음 식과 같이 Ox/R의 표준환원전위와 관련이 된다.

$$E_p = E^0 + 0.056/n$$

비가역적인 반응의 경우에는 모두 다른 요인들이 관련된다.

DQ 2.5

전해질 용액 내에서 전기적 전류의 흐름에 영향을 주는 요인들에 대하여 논의하라.

답

세 가지 과정들이 전해질 용액 내 전기의 흐름에 영향을 준다. **이온이동(Migration)**은 다른 전류에서 두 전극사이의 전압구배 사이에서 이루어지는 이온의 이동과 관련된다. 이는 전도도와 임피던스 저항을 측정하여 관찰이 된다. 하지만, 전압전류방식에서는 고농도의 지지 전해질을 첨가하면 이온이동효과를 제거할 수 있다. **대류(Convection)**는 전체 용액의 움직임과 관련되어 용액이동과 함께 충전된 전하입자가 이동된다. 교반 또는 회전전극을 이용하는 것은 대류현상을 발생시킨다. 순 전압전류현상을 위해서는 전지를 조용하고 안정적 조건으로 만들어야 대류현상을 제거할 수 있다. **확산(Diffusion)**은 고농도 영역에서 저농도 영역으로 이동하는 물질의 움직임을 말한다. 그러므로 전극의 전위가 기질을 산화 또는 환원을 시키면 전극표면의 농도는 감소될 것이며 용액 내에 존재하는 많은 기질(측정 이온)이 전극으로 이동할 것이다. 확산은 전압전류법 과정과 관계된 주요 전류제한요소이다.

SAQ 2.8

(a) 확산전류에 대하여 설명하여라.
(b) 확산전류는 반응기질의 농도와 어떤 관계를 갖고 있는가?

2.3.2 순환전압전류법

전극 표면에 산화된 물질(Ox)양이 환원과정으로 감소되면서 환원된 물질(R)로 교체된다. 따라서 만약 양(+)의 최고점에서 역으로 전위 스윕을 수행하면 대칭되는 역방향 스윕을 기대하게 된다. 전위가 환원전위를 향해서 역으로 스윕이 되면서 환원된 물질은 다시 산화물질로 다시 산화가 시작될 것이다. 이때 전류는 산화피크에 도달할 때까지 음의 방향으로 증가할 것이다. 그림 2.12는 그림 2.11의 시간에 따른 인가 전위변화에 의해서 발생한 총 순환전압전류 값을 나타낸다.

그림 2.12에서 나타난 두 개의 피크는 원래의 기질의 환원에 해당하는 것이고 다른 하나는 원래의 기질로 복원되면서 나타난 재 산화현상을 나타낸다. 그 때의 피크 전류는 거의 같은 높이를 가지며 피크 전위는 0.056/*n* V의 차이를 가지고 있다. 그 두 개의 평균 피크 전위는 기질의 농도 또는 전자이동의 확산계수 또는 속도에 상관없이 표준 산화환원과 같은 값을 나타낸다.

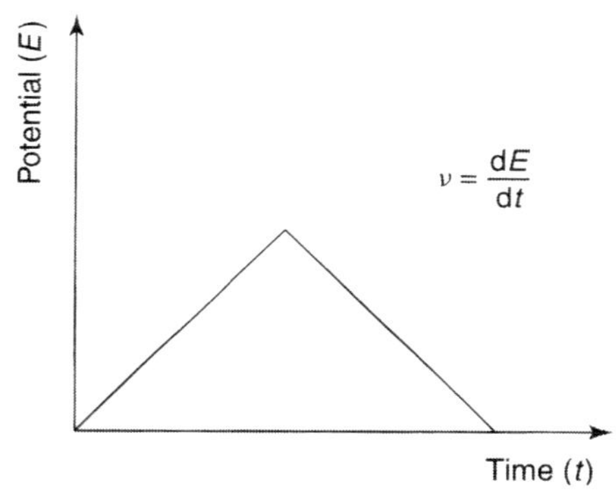

그림 2.11 전형적인 시간함수인 인가 전위변화의 형태.

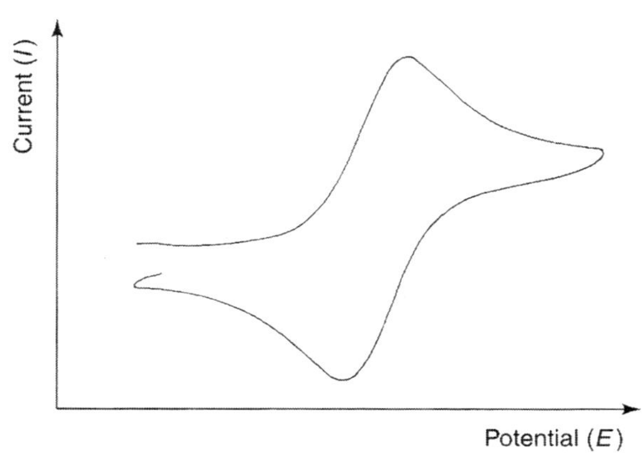

그림 2.12 전형적인 가역적 순환전압전류도.

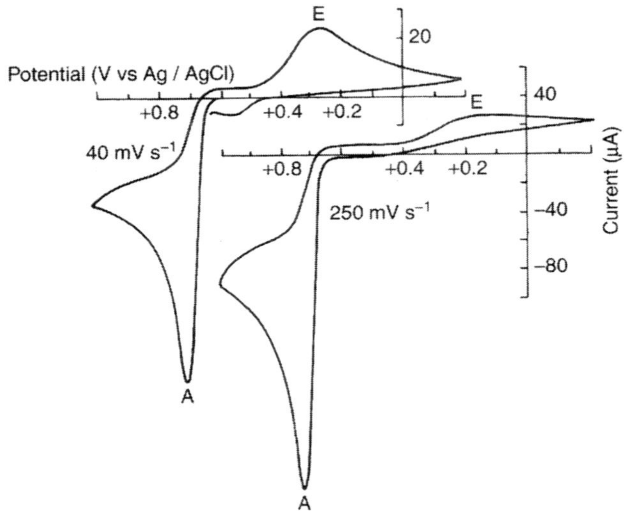

그림 2.13 파라세타몰의 순환전압전류도.

만약 전극과정이 비가역적이라면 피크간격은 $E_{p(c)} - E_{p(a)} > 0.056/n$ 조건이 되어 멀어질 것이다. 그러나 두 피크전위의 평균은 여전히 E^0의 올바른 측정값이다. 때때로 반대의 피크가 존재하지 않을 수도 있고 형태가 비틀린 모양이거나 다를 수도 있다. 이는 초기의 형성된 환원물질의 추가적인 반응에 의한 완전한 비가역성을 의미한다. 이러한 예는 탄소반죽전극에서 전기화학적으로 쉽게 산화되는 4-아세틸아미노페놀(파라세타몰)에서 관찰된다(그림 2.13).

SAQ 2.9

(a) 순환전압전류법에서, 음이온 피크전위가 양이온 피크전위와 완전히 같지 않은 이유는 무엇인가?
(b) 어떻게 두 개의 피크전위에서 표준 산화환원 전위에 대한 값을 얻을 수 있는가?

초기 반응이 산화과정일 때 (전자의 손실), 초기 피크는 하향 방향이다. 반대스캔이 가해지면, 해당하는 환원 피크는 초기 산화피크에서 잘 분리가 되면서 훨씬 넓어지는 경향을 나타낸다. 세 가지 다른 스윕속도와 다른 pH 값에서 관찰되는 결과는 그림 2.14의 반응메커니즘은 순환전압전류도 형태와 반응메커니즘을 잘 설명한다.

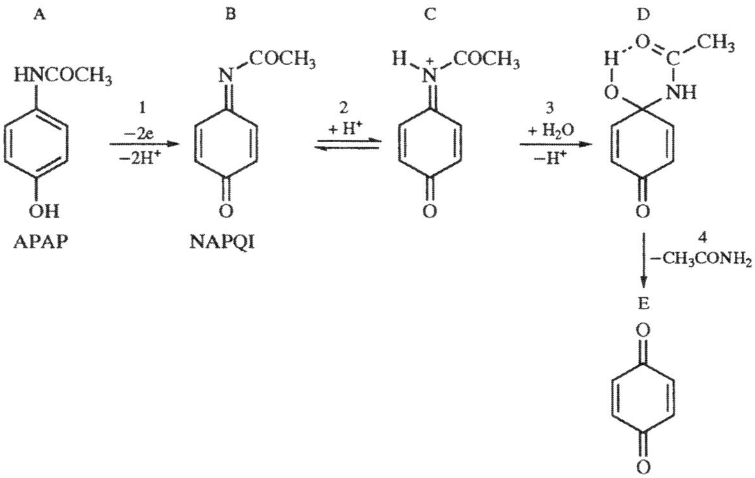

그림 2.14 파라세타몰의 전압전류법에 의한 산화 메커니즘.

2.3.3 *크로노암페로메트리(Chronoamperometry)*

*크로노암페로메트리*는 일종의 확산 제어기술의 변형형태로 바이오센서에서 유용하게 사용된다. 시간에 따라 인가전압을 바꾸는 대신에, 구형파의 전위형태로 순간적으로 변할 때(그림 2.15) 시간의 함수로서 전류값이 측정된다. 이때 그림 2.10에 나타난 바와 같이 확산 표면의 붕괴 또는 퍼지는 현상으로 인하여 감쇠현상이 발생한다. 분석적으로 구할 수 있는 확산방정식의 간단한 해법은 감쇠정도가 시간의 제곱근의 역수와 비례적 관계가 있는 코트렐 방정식에 근거하여 구하는 것이다.

$$i_d = \frac{nF\ ADC_{Ox}}{\pi^{1/2} t^{1/2}} \tag{2.12}$$

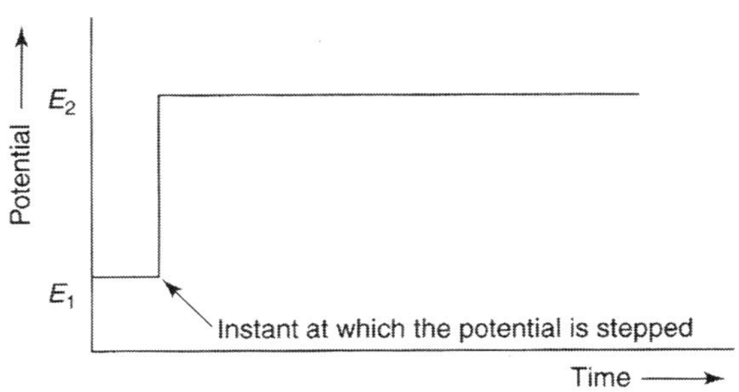

그림 2.15 크로노암페로메트리를 위한 전위구형파함수.

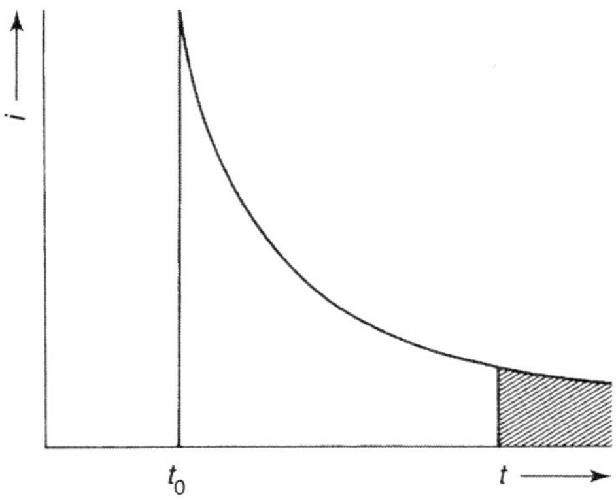

그림 2.16 구형파전위 산화환원과정과 관련된 전류-시간프로파일.

이와 관련된 전류-시간 그래프는 그림 2.16에서 볼 수 있다.

시간에 따른 전류변화 측정방식은 일반적으로 위 방정식의 n, A 또는 D를 결정하는데 사용된다. 항목 $i_d/t^{1/2}$와 다른 변수들은 그림 2.16에서 얻은 데이터로부터 결정될 수 있다.

2.3.4 전류법 (Amperometry)

이 방법은 크로노암페로메트리 분석적 응용을 위한 일반적인 명칭이다. 어떤 전지와 전극 설정 조건에서, 감쇠전류는 일정시간 후 안정 상태에 도달한다. 그림 2.16에서 곡선의 음영부분 영역이 해당된다. 결국, 그때의 전류는 시간 변화에 상관없이 일정하게 되고 다음과 같은 식으로 정의될 수 있다.

$$i = \frac{nFAD^{1/2} C_{\mathrm{Ox}}}{\delta}$$

여기서 δ는 확산층 두께와 관련된 상수이다. 이러한 관계는 비록 전류가 가장 높은 값에서 상당한 감쇠가 되었어도 분석 작업에 매우 유용하다.

SAQ 2.10

확산전류는 다음 현상과 어떤 관계를 가지는가?

(a) 측정이온의 농도?
(b) 전극의 표면적?
(c) 스윕 또는 계단 인가전위 시작 후 걸린 시간?
(d) 전압전류법에서의 인가전위 스윕속도?

2.3.5 동적효과와 촉매효과

바이오센서와 관련된 대부분의 적용 예는 그 반응을 단순하게 가역 또는 비가역 반응으로 설명하기 매우 어렵다. 그림 2.13과 2.14에서 주어진 파라세타몰과 같이 때때로 복잡한 반응이 발생하지만 단순한 양자이동을 가진 이중화학반응의 경우가 존재한다. 즉, 다음과 같이 일반화된 방정식이 적용될 수 있다:

$$\mathrm{Ox} + n\mathrm{e}^- = \mathrm{R}$$

$$\mathrm{R} + \mathrm{A} \xrightarrow{k} \mathrm{B}$$

바이오센서에 특별히 유용하거나 일반적인 또 다른 반응은 원래의 반응물(Ox)이 아래 식과 같이 뒤따라서 재생성된다:

$$\mathrm{Ox} + n\mathrm{e}^- = \mathrm{R}$$

$$\mathrm{R} + \mathrm{A} \xrightarrow{k} \mathrm{Ox} + \mathrm{B}$$

이 반응은 여러 번 반복되는 환원과정에 영향을 미친다. *R*의 역 산화현상은 발생

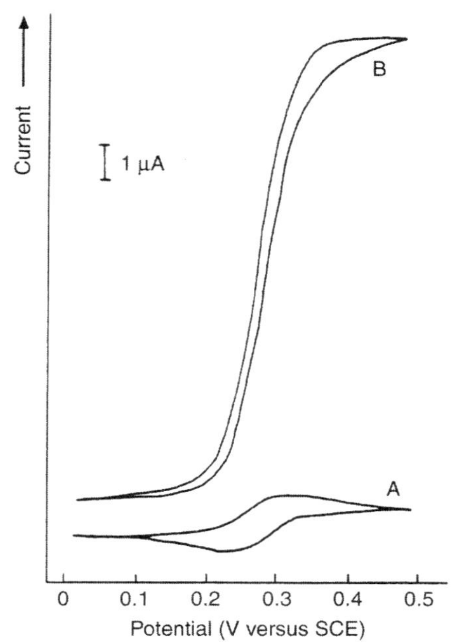

그림 2.17 포도당 존재에 의해서 얻어지거나(A) 또는 포도당산화효소 첨가(B)에 의해서 얻어진 페로센의 촉매순환 전압전류도.

하지 않지만 전진 환원피크는 그림 2.17에 나타난 바와 같이 계속해서 반복해서 증가한다.

그림에서, 역순환 전압-전류도는 페로센(dicyclopentadieneiron III)의 효과를 보여준다. 촉매파형은 포도당 존재에서 포도당 효소와 반응을 하면서 발생한다(제5장에서 보다 자세하게 설명되어있다).

SAQ 2.11
촉매반응으로 제한되는 파와 운동적으로 제한되는 파의 근본적 차이는 무엇인가?

2.4 전기전도도

전도도는 저항의 역수로서 용액 내 전자 흐름의 용이성 정도를 나타낸다. 옴의 법칙으로 다음 관계를 설명할 수 있다.

$$E = IR$$

L은 전도계수로서

$$L = 1/R \ (1 \text{ 지멘스(S)는 } 1 \text{ ohm}^{-1}\text{에 해당한다})$$

따라서,

$$E = I/L$$

전도계수는 저항과 유사하게 전지의 물리적 크기와 관계가 있다. 길이 l, 단면적 A를 갖는 전지의 경우, 전도계수 $L = \kappa A/l$ 여기서 κ는 비전도계수이다(S cm^{-1}). 비전도계수는 용질의 몰농도로 나누면서 정규화하여 $\Lambda = \kappa/C$(C는 mol cm^{-3})가 된다. 여기서 Λ의 단위는 S $mol^{-1}cm^{-2}$이다.

전도현상은 용액 내에 존재하는 이온의 농도와 직접적인 관계를 나타내며 측정하기 용이하다. 그림 2.18은 일반적인 전도성 브릿지회로를 나타낸다. 전통적인 브릿지의 경우, 저항 R_3는 브릿지가 균형이 되도록 조정되고, 전지 상수는 전도도계수를 비전도도계수로 전환하는데 사용된다. 현대 계측기에서는 자동적으로 디지털 신호의 값으로 표시된다.

전도도 값은 해당 이온의 전하충전, 이동성, 이온 해리정도에 따라 변한다. 이러한 모든 조건들은 복잡하게 작용을 하며 각각에 대한 선택성도 문제가 된다. 그래

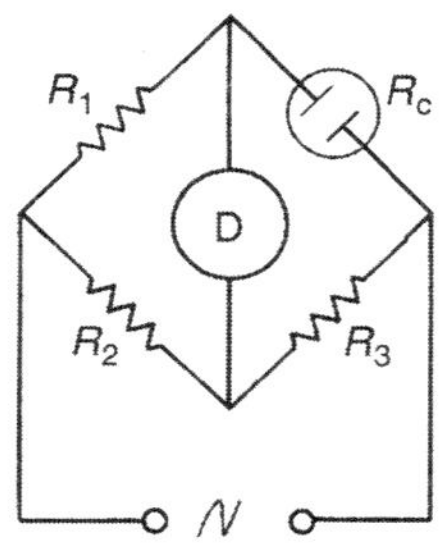

$$R_c = R_3 \times \frac{R_1}{R_2}$$

$$L_c = \frac{1}{R_c} = \frac{R_2}{R_1 R_3}$$

그림 2.18 전도브릿지회로도.

서, 멤브레인 또는 코팅 방법으로 선택성을 높이는 것이 필요하다.

전도성의 측정은 일반적으로 교류 전류를 이용하여 이루어진다. 교류 전류에서 주파수를 바꾸면서 정량적인 값인 임피던스의 역수인 *어드미턴스(admittance)*를 측정한다. 어드미턴스는 간단한 전도 현상뿐만 아니라 시스템의 축전과 유도 특성에 영향을 받는다. 어드미턴스 값은 주파수반응 분석기를 이용하여 허수요소를 분리하여 그림 2.19와 같이 *아르간 선도(Argand Plot)*에서 표시될 수 있다. 일반적으로 이러한 그림을 *어드미턴스(임피던스)* 스펙트럼이라 불리며 센서와 바이오센서 개발에 사용되어지며 최근에 그 활용성이 증가하고 있다.

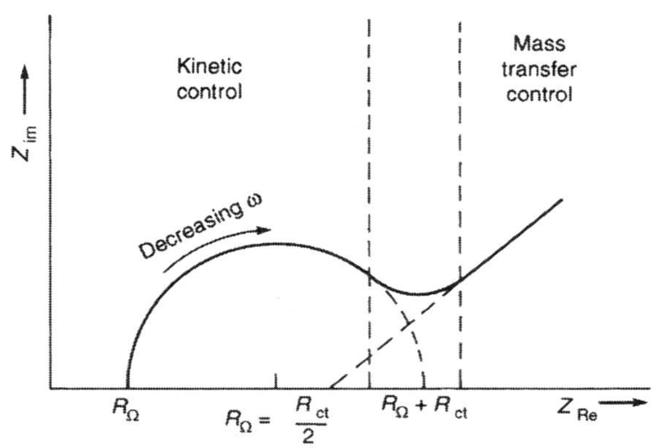

그림 2.19 실근의 임피던스에 대응하는 허수 근의 임피던스의 주파수 영향성을 보여주는 전형적인 아르간 선도.

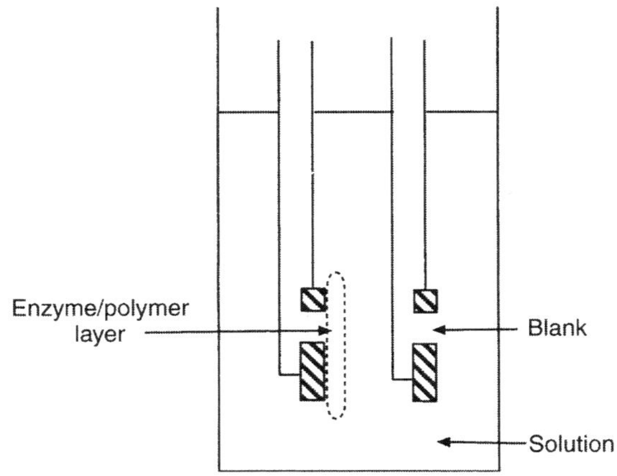

그림 2.20 바이오센서에 사용되는 차동형태의 전도전지 개요도.

SAQ 2.12

전도브릿지에 직류가 사용되지 않는 이유는 무엇인가?

특히, 전도도의 변화는 이온수, 이온충전, 이온의 해리, 운동성의 변화를 만드는 모든 반응을 측정하는데 사용된다. 일반적으로 그림 2.20에 나타난 바와 같이 차동형태의 전도전지가 사용된다.

DQ 2.6

변환기로써 전도장치를 사용하는 이유에 대하여 논하라.

답

이온수, 이온에 전하충전 정도, 다른 이온의 운동성을 포함하는 모든 반응과 변화는 용액의 전도 변화를 야기시킨다. 전기전도도 측정기술은 비록 사용정도가 많지는 않지만 상대적으로 간단한 방법이다.

2.5 전계효과 트랜지스터(Field-Effect Transistors, FET)

전계효과 트랜지스터(FET)는 게이트(gate)상에서 전위차 신호를 측정하는 소형 증폭 변환장치이며 신호 검출을 위하여 별도의 기준전극을 필요로 한다. 회로 배선을 최소화시키면 전기적 노이즈가 크게 감소되고 감도도 향상된다. FET장치는 신호를 읽거나, 분석용 데이터의 처리를 할 수 있는 집적화 시스템의 한 종류이다. 하지만 아직까지 만족할 만한 실용화된 소형 기준전극이 존재하지 않는다. Janata에 따르면 대부분 보고된 형태는 일반적인 기준전극의 기본 개념의 형태가 아닌 새로운 것으로 예를 들면, 단순 백금(platinum) 또는 단순 은선(silver wire)에서 은-염화은 잉크로 제작된 스크린프린트 형태의 유사-기준전극(pseudo-reference electrode)을 들 수 있다. 아마도 가장 만족스러운 접근방법은 두 개의 FET를 이용하여 하나는 분석물에 대해 반응을 하지 않는 단순 FET와 다른 하나는 해당 분석물에 선택적으로 반응하는 막(membrane)을 가진 FET로 구성하여 그 두 개의 FET 사이에서 값의 차이를 이용하는 것이다.

2.5.1 반도체 – 개요

재료는 금속, 비금속 또는 반도체로 분류할 수 있다. 일반적으로 금속은 전기적 전도도가 좋으나, 비금속은 전도도가 나쁜 절연체의 거동을 보여준다. 반도체는 금속과 비금속 사이의 속성을 갖고 있다. 이들의 차이점은 에너지 수준을 형성하는 방식이다. 비금속 원자들은 분자를 형성하기 위해 조합될 때 분리 결합과 비 결합(anti-bonding) 분자궤도를 형성한다. 결합 궤도는 결합전자를 포함하고 있지만 비결합 궤도는 자극(excitation)에 의해 전자이동이 생기지 않으면 빈 상태가 된다. 이러한 수준사이의 에너지 공간은 잠겨(forbidden) 있고 채워져 있지 않게 된다. 금속에서는 에너지 대역이 겹쳐져 있어서 잠긴 영역이 존재하지 않는다. 전자는 자유롭게 에너지 대역을 통해 이동할 수 있어서 높은 전도도를 보여준다. 반도체는 비록 잠긴 영역에 의해 분리되어 있지만 에너지 대역을 형성한다. 낮은 에너지 수준의 대역을 *가전자대*(*valance band*; VB)라고 명명하고 높은 에너지 수준의 대역을 *전도대역*(*conduction band*; CB)라고 부른다. 둘 사이의 에너지 차를 *대역차*(*band gap*)라고 부르는데 이들 특징은 그림 2.21에서 보여주고 있다.

만약 적은 양의 도펀트(dopant)를 반도체에 첨가하면 전자의 결핍(과잉의 양공)이 생기는 n형 반도체 또는 전자가 과잉으로 존재하는 p형 반도체가 된다. 주기율표에서 5번째 원소, 예를 들면 비소는 p형 반도체가 되고, 3번째 원소 갈륨은 n형 반도체를 형성한다.

페르미 준위(Fermi level; E_F)는 전자가 채워질 확률이 0.5가 되는 에너지 준위이다. 본질적으로 도핑이 안 된 반도체는 VB와 CB사이에 놓여진다. 반면에 도핑된

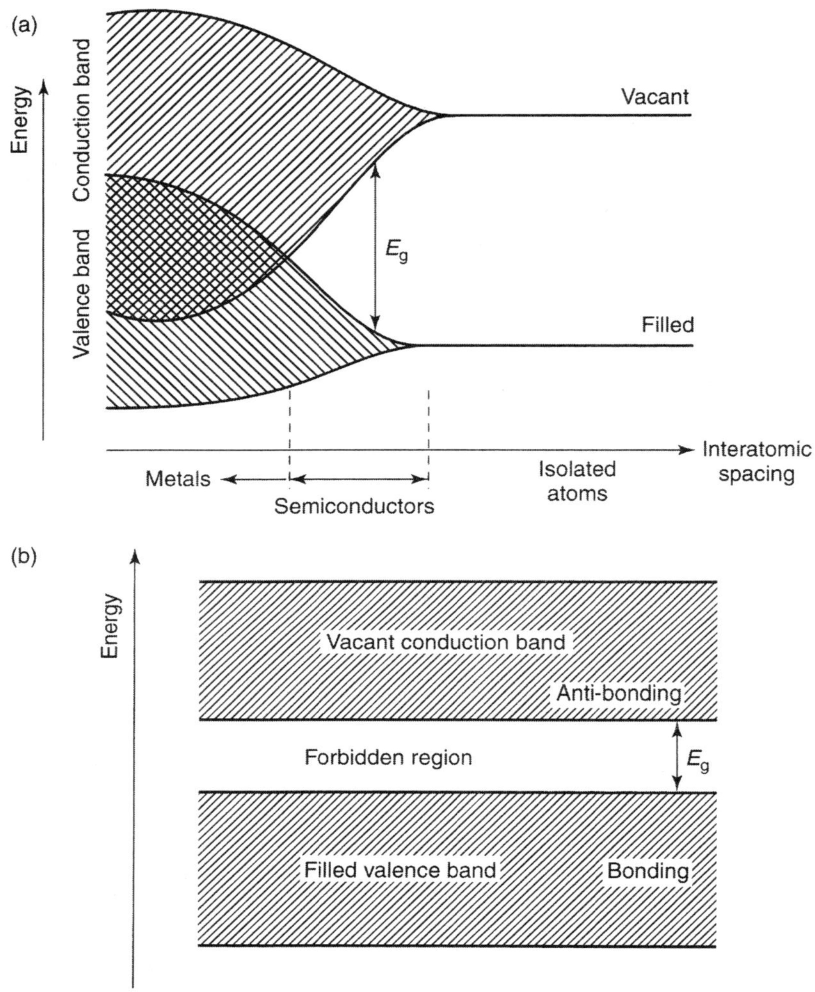

그림 2.21 (a) 에너지 대역과 원자상호간의 간격에 따른 재료의 분류 (b) 반도체 대역 에너지 모델.

반도체는 E_F 값이 p형 물질인 경우에는 VB에, n형 물질인 경우에는 CB가까이에 위치하게 된다.

센서에 응용하기 위한 반도체의 일반적인 배열은 금속–절연체–반도체(MIS)시스템이다. 만약 전압 인가가 없다면, 페르미 준위는 반도체와 금속이 같다. 하지만 전압이 분리된 양쪽에 인가될 때, MIS 시스템은 축전지와 같이 작용하여 양쪽 면에 전하가 축적된다. 그림 2.22는 p형 반도체에서 발생하는 에너지 준위를 보여주며

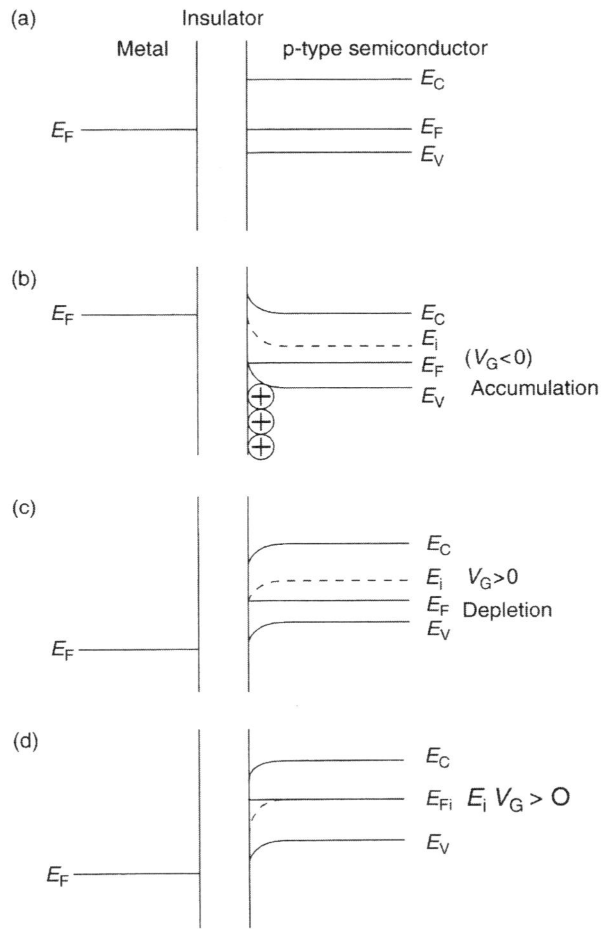

그림 2.22 인가전압 V_G의 함수로 정의되는 MIS 시스템의 에너지대역.

MIS 시스템을 가로지르는 게이트 전압의 효과를 보여준다. 작은 음전압 ($V_G < 0$)을 가할 때, 금속/절연체(M/I)와 반도체/절연체(S/I) 접촉면에서 각각 전자와 정공(양전하)이 축적된다. E_F값은 반도체 부근의 에너지 수위와 V_G에 동일한 양으로 금속보다 낮은 값으로 이동하고 이것을 보상하기 위해 위쪽으로 휘어진다. 작은 양전압($V_G > 0$)일 때, 양공은 S/I계면에서 밀려남으로써 공핍의 효과가 발생한다. 이 경우에는 VB와 CB가 이것을 보상하기 위해 아래로 휘어진다. 만약 V_G가 더욱 증가하면, 결국 홀(정공)과 전자의 농도는 계면 근방에서 같아지고 페르미 준위는 다시 VB와 CB중간에 놓이게 된다(그림 2.22(d) 고유수준과 동일). 이 보다 전압이 더 증가되면 전자 농도의 과잉이 일어나고 반도체로 전환되어 본질적으로 n형이 된다. 전이를 발생하기 위해 필요한 전압은 문턱전압(V_T)으로 알려져 있다.

2.5.2 반도체 – 용액접촉

n형 반도체가 산화환원쌍(Ox/R)을 가진 용액과 접촉할 때, 페르미 준위는 산화환원 전위 E^0에 관련된다. 만약 반도체의 E_F 값이 용액의 값보다 위에 있으면, 반도체에서 용액으로 전자의 흐름이 발생하고 CB와 VB는 위쪽을 향해 휘어질 것이다(그림 2.23). 만약 계면의 영역이 밴드 갭 에너지(E_G)보다 큰 에너지 빛으로 발광 한다면, 전자-정공 쌍의 분리가 생길 것이다. 정공은 VB에 상응하는 전위를 나타내면서 표면으로 이동하고 결과적으로 환원물질(R)에서 산화물질(Ox)로 산화를 일으킨다. 전

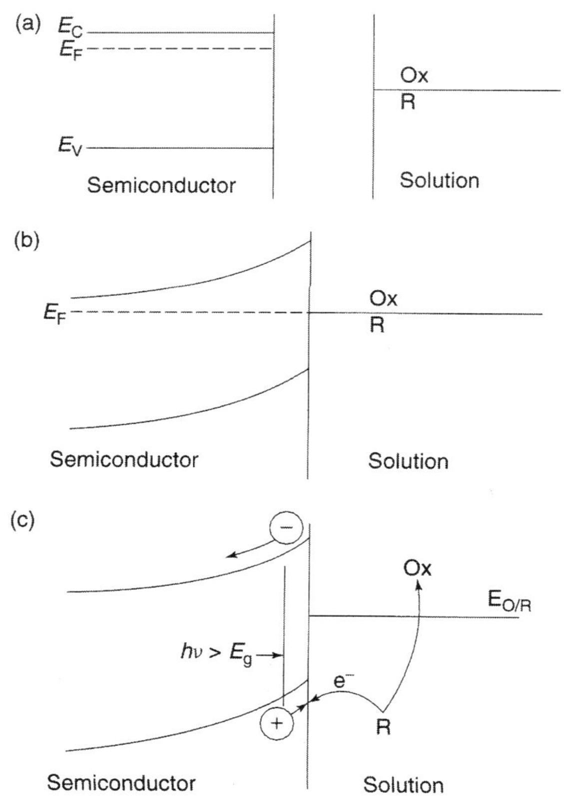

그림 2.23 n형 반도체와 산화환원쌍(Ox/R)을 가진 용액사이의 접합전위의 형태: (a)접촉 전; (b) 발광 전 평형상태; (c) 발광 후($h\nu > E_G$).

자는 반도체상과 외부 회로로 이동을 하거나 전자 공여체(electronacceptor) (Ox)와 반응해서 환원이 일어난다. 이러한 현상은 광촉매로 알려져 있으며, 이산화 티타늄 (TiO_2)은 광촉매 물질로써 널리 이용되고 있다.

> SAQ 2.13
> 전계효과 트랜지스터에서 어떻게 전이(inversion)가 발생하는가?

2.5.3 전계효과 트랜지스터

이것은 MIS시스템에서 변화를 제어하고 모니터링하기 위해 제작된 장치이다. p형 S/I시스템에서 전이는 p층의 양쪽에 놓여진 두 개의 n형 센서로 관찰될 수 있다. FET의 기본 형태는 절연-게이트 전계효과 트랜지스터(IGFET)이다. 이것은 그림 2.24에서 보여준다. n형 실리콘으로 구성된 소스영역(4)은 이산화규소(silicon dioxide)로 이루어진 절연체(2)를 가진 p형 실리콘(1)에 의해 드레인영역(5)인 n형 실리콘과 떨어져 형성된다. 소스는 인가하는 전위 V_D에 의해 드레인에 대응하여 전기적으로 바이어스(bias)된다. 게이트(3)는 다른 부분과 절연된 금속인데 그림 2.25에서 나타난 것처럼 금속/절연체/반도체(MIS)로 배열된 축전 샌드위치 형태로 되어 있다.

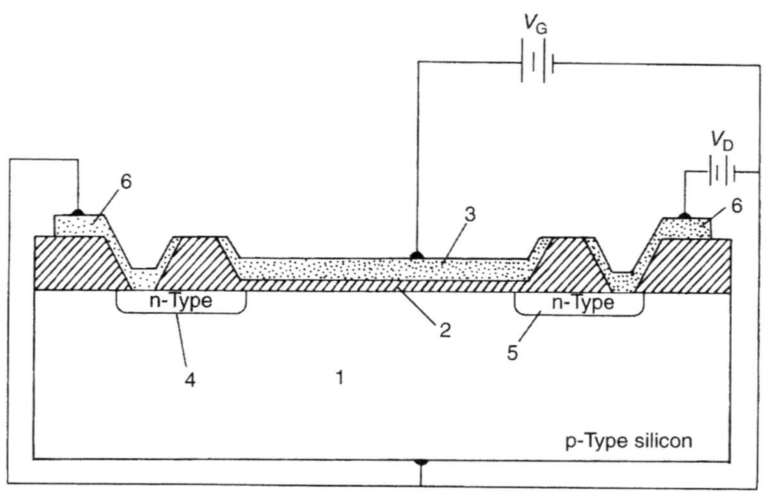

그림 2.24 절연게이트 전계효과 트랜지스터(IGFET)의 개요도: 1, p형 실리콘; 2, 절연체; 3, 게이트 금속; 4, n형 소스; 5, n형 드레인; 6, 소스와 드레인에 접촉하는 금속.

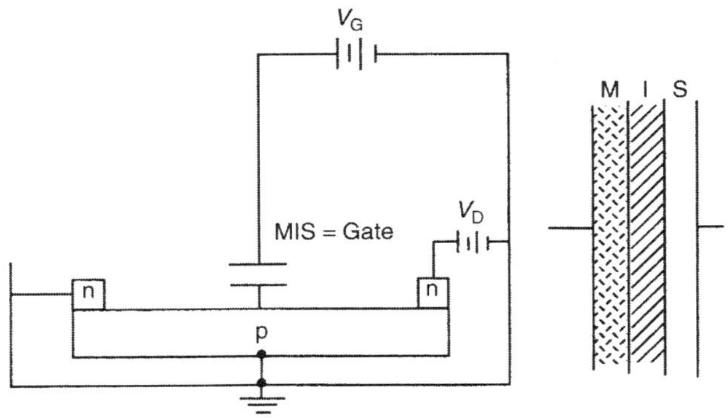

그림 2.25 IGFET 내 게이트의 개요도: M, 금속; 1, 절연체; S,반도체.

이러한 게이트 영역은 바이어스 전위 V_G로 전하가 축적된다. 드레인(5)에서 소스(4)로 흐르는 전류 I_D가 측정된다. 또한, p형에서 n형으로 실리콘이 변할 때 필요한 문턱전압 V_T조건에서 전이가 발생한다. 양의 V_D와 V_G 값이 V_T 값에 비해 작을 때, 실리콘(1)은 p상태로 그대로 있어 드레인 전류는 없다. 즉, n형 실리콘은 양의 p형 실리콘과 관계되어 양의 값으로 바이어스된다. $V_G > V_T$일 때 표면에 전이가 발생하며 p형이 n형 실리콘으로 변하며 전류는 p−n 접합에서 역 바이어스의 간섭 없이, 드레인에서 소스로 흐를 수 있다. 그러면서 V_G는 전이층에서 전자의 수를 조절하여 축전값을 제어한다. 전류 I_D는 소스에서 드레인으로 흐르고 전이층 표면의 전기저항과 V_D에 비례한다.

이러한 장치를 센서로 사용하기 위해서는 게이트의 금속은 화학적 검출 표면으로 바꾸어야 한다. 이것의 일반적인 형태는 그림 2.26에 보여주는 화학적감응-게이트 전계효과 트랜지스터(CHEMFET)로 알려져 있다. 이러한 센서에서, 화학적 선택성 감응막 (3)은 분석용액(7)과 접촉한다. 기준전극(8)은 V_G 바이어스를 통해 회로를 완성한다. 막전위와 용액전위 차는 바이어스를 보정한다.

그 때의 전류는 그림 2.27에서 나타난 회로를 이용하여 일정한 V_G에서 직접 측정된다. 다른 방법으로는, 그림 2.28과 같은 회로를 이용하여 일정한 I_D를 유지하기 위해 V_G 값이 변하면서 그 변화된 V_G를 측정한다. CHEMFET에서 더 진보된 형태는 이온선택성 전계효과 트랜지스터(ISFET)로서 FET를 하나의 이온선택성전극으로 사용하는 것이다. 다음으로 ENFET는 효소 시스템을 포함한 게이트를 갖는 바이오센서 형태이다.

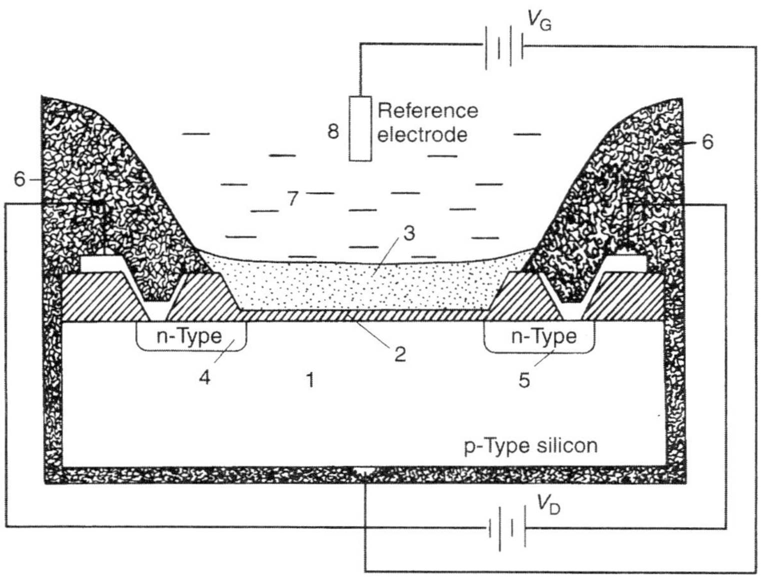

그림 2.26 화학적 감응 게이트표면을 가진 전계효과 트랜지스터의 개요도: 1. 실리콘 기판; 2. 절연체; 3. 화학적 선택막; 4. 소스; 5. 드레인; 6. 절연보호제; 7. 분석 용액; 8. 기준전극.

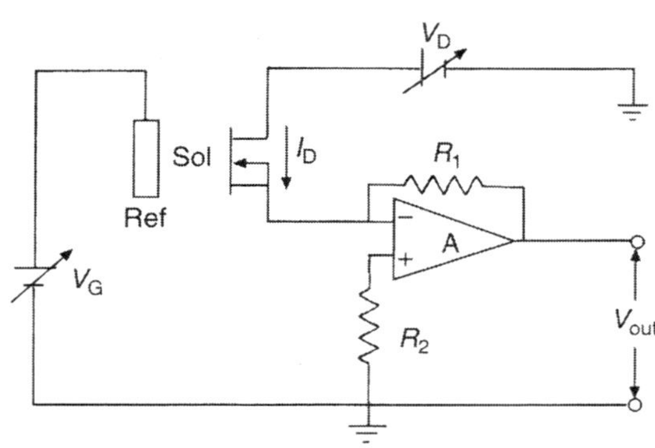

그림 2.27 일정 게이트 전압에서 I_G를 측정하는데 사용되는 회로의 개요도.

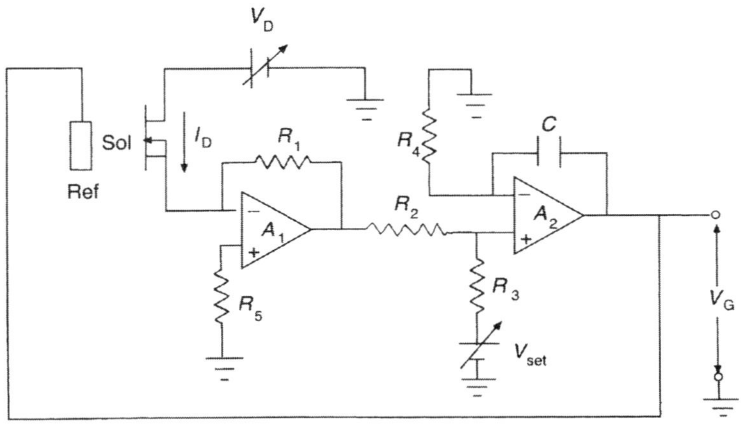

그림 2.28 일정 드레인 전류에서 V_G의 변화를 측정하는데 사용되는 회로의 개요도.

2.6 피복전극, 박막전극, 스크린프린트 전극

피복전극은 3장에서 자세히 설명할 것이다. 센서를 제조하는데 있어서 중요한 점은 소형화이다. 이러한 점을 뒷받침하는 세 가지 개발제품으로 스크린 프린팅으로 형성된 후막전극, 박막전극과 마이크로전극이다.

2.6.1 후막 – 스크린프린트 전극

작동전극은 일반적으로 흑연분말을 원료로 한 잉크를 폴리에스테르 재료에 도포하여 만들어진다. 기준전극은 일반적으로 은–염화은 잉크로 제작되며 전형적인 형태는 그림 2.29에 나타낸 바와 같다.

벗김 전압전류법에 사용되는 다른 성분으로서 금, 수은, 킬레이트제 등을 탄소 잉크 속에 첨가하거나 전자전달을 촉매 반응하기 위해 프탈로시아닌과 페로센과

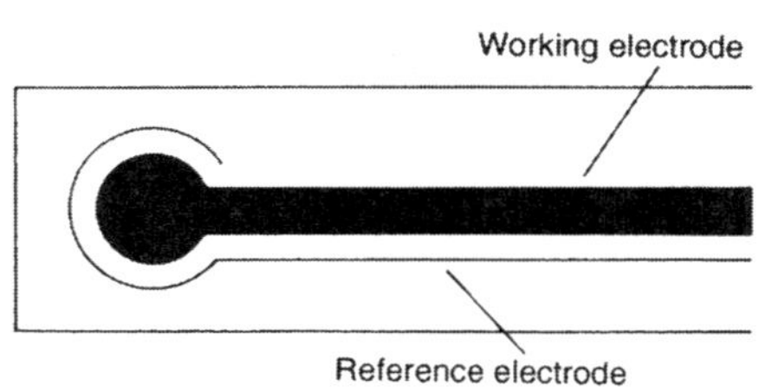

그림 2.29 스크린프린트 전극.

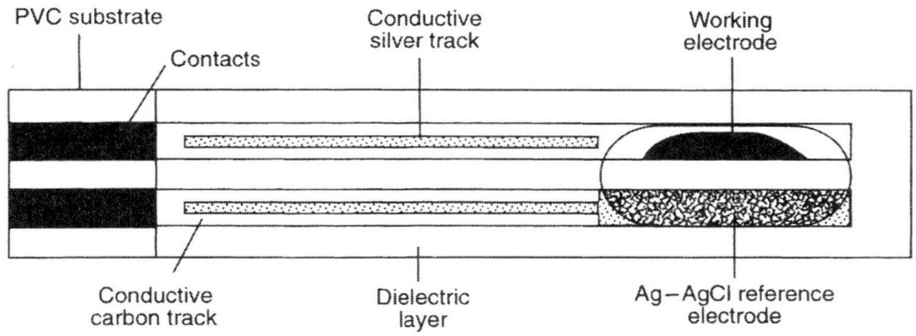

그림 2.30 ExacTech 일회용 바이오센서 전극 스트립 개요도.

같은 매개체나 포도당, 아스코르브, 글루타티온의 옥시다아제, 요산분해효소 등의 효소를 탄소잉크 속에 조합시킬 수 있다. 스크린프린트 전극은 최소화, 범용성 그리고 경제성에 장점이 있고, 특히 일회용 전극으로 대량생산에 유리하다. 그 예로 상업적으로 판매되는 포도당 바이오센서 'ExacTech'가 출시되어 있다(그림 2.30).

SAQ 2.14
스크린프린트 전극은 바나나와 같은 식물조직물질을 이용하여 어떻게 만들 수 있는가?

2.6.2 마이크로전극

1 – 10 μm범위의 크기를 가지는 초미세전극이라 불리는 마이크로전극은 환경시료는 물론 전기적 분석에 사용될 수 있는 실험실 범위까지도 사용된다. 마이크로전극은 인간의 머리카락 단면보다 몇 배나 작은 표면적을 가지고 있다. 이들은 pA, nA 같은 적은 전류로 작동하고 안정적인 반응과 짧은 반응시간을 가진다. 전극들은 디스크, 밴드, 실린더, 고리 그리고 어레이 형태로 만들어진다. 간단한 디스크 형은 유리 또는 에폭시 수지에 백금선 또는 탄소섬유를 내장시키고, 용액 중에 디스크(단면)를 노출하여 만들 수 있다.

작은 크기 때문에 이중층의 축전 용량은 작아서 패러데이 전류는 주변 축전 전류와 비교하여 크다. 그러한 작은 전류 크기 때문에 *IR* 감소는 매우 커서(또는 제거), 낮은 극성의 유기 용제와 같은 저항이 높은 매체에서 쉽게 작동이 가능하다.

이들 전극의 전압전류 거동형태는 주변효과(edge effect)에 의해 지배받는다. 그 결과 전형적인 순환전압전류곡선은 그림 2.31에 보여주는 것 같이 사인함수 형태를

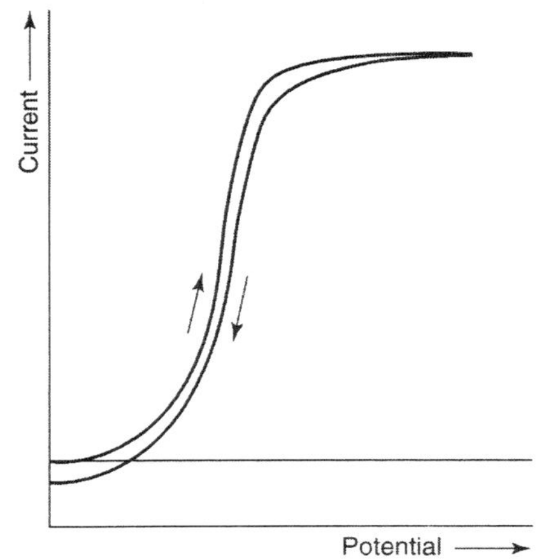

그림 2.31 미세전극으로 얻어진 순환전압전류도의 예.

가진다.

안정상태 전류의 결과는 다음과 같은 식으로 정의된다.

$$I_{ss} = 4nFC^{b}Dr$$

여기서 r은 디스크의 반경이고, D는 전기활성 물질의 확산계수이다. 그 전류값은 시간에 독립적이다.

최소 *IR* 문제를 가지고 있기 때문에 전극은 관행적인 기준전극 형태인 두 개의 전극 조합으로 이용이 가능하다. 중요한 문제는 전극을 닦고 조정해야 것과 낮은 노이즈와 미전류세 측정 장치가 필요한 점이다.

센서의 적용범위는 생체 내 중금속 분석, 고성능 액체 크로마토그래피(HPLC)를 위한 검출기, 흐름주입분석 시스템의 이용 등 다양하다. 센서는 또한 뇌-화학과 같은 의학적 분석에도 사용된다. 주사전기화학현미경(Scanning electrochemical microscopy: SEM)은 미세전극을 사용하며 전극 조합체는 크로마토-전기전압도를 구현하는데도 사용된다.

낮은 *IR* 오차 때문에, 미세전극은 전형적인 순환전압전류법 보다 빠른 스캔 속도(0.1 V s^{-1} 대비 700 V s^{-1})로 이용될 수 있어서, 짧은 분석시간과 큰 전류 특성으로 센서 감도는 향상된다. 이들은 또한 모세관 전기이동에 사용되기도 하는데, 예를 들면 *논우렁이*(*Planorbis corneus*)의 단일 신경세포에 있는 세레토닌(seretonin)의 농도를 결정하는 것 같이 매우 작은 생물 환경 연구에 이용된다.

2.6.3 박막전극

박막 기술은 '스마트' 전기화학적 센서를 위한 집적화된 실리콘 웨이퍼를 만들기 위해 이용된다. 박막전극을 이용하는 얇은 층 전지는 적은 용액에서도 신속한 산화 또는 환원을 일으켜 빠른 전기량 분석이 가능하다.

고체상형태의 가스센서는 박막전극을 사용한다. 예를 들면, 얇은 산화아연 막은 400°C에서 이산화탄소를 검출할 수 있다. 표면위에 가스 흡착이 되면서 전도도의 변화를 일으키게 되고, 이것을 측정할 수 있다. 이러한 센서는 또한 다양한 탄화수소(톨루엔, 프로판 등) 뿐만 아니라 에틸알코올, 디에틸에테르를 ppm 수준까지 검출할 수 있다. 산화주석도 비슷하게 작동한다. 예를 들면, 그림 2.32에 나타난 바와 같이 백금이 입혀진 산화주석(두께 0.3 μm)은 페라이트(ferrite) 기질 위 실리카층 위에 도포가 된다. 페라이트의 다른 면은 이산화루테늄(ruthenium dioxide)의 두꺼운 층으로 되고 완전한 시스템을 위하여 금 접점이 추가된다. 이러한 센서들은 일산화탄소와 에탄올 검출을 위해 고안되었다.

p형과 n형 반도체 양쪽은 (주로 n형) 가스가 존재할 때 높은 저항에서 낮은 쪽으로 변한다. 그 때 가스는 효과적으로 하나의 전자의 도너(donor) 역할을 한다.

그 반도체는 적은 양의 산소를 흡수하여 과잉 전자와 아래의 식을 근거로 반응을 하게 된다.

$$O_2 + 2e^- \longrightarrow 2O^-_{ads}$$

이때 표면 산화물은 다음과 같이 가스와 반응을 한다.

$$G + O^-_{ads} \longrightarrow GO_{des} + e^-$$

이러한 효과는 산화주석의 전기 전도도의 증가값으로 검출된다.

> SAQ 2.15
> 초미세전극의 장점은 무엇인가?

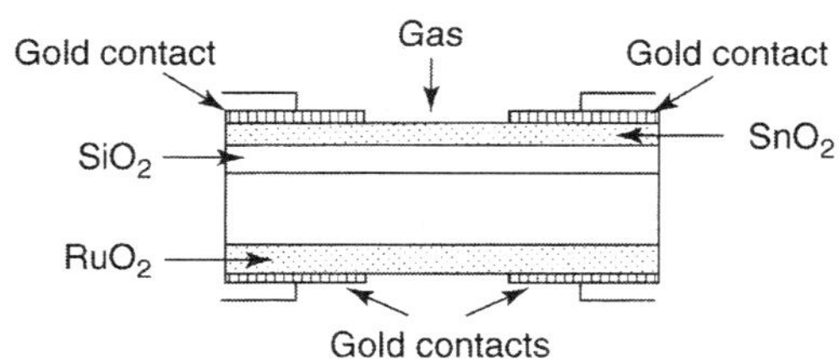

그림 2.32 주석 산화물기반 박막 가스센서의 개요도.

2.7 광도측정 센서

2.7.1 개요

대부분의 생물 분석법은 초기에는 광도측정 형식을 기반으로 하였다. 이 분석법은 광 특성 변화가 큰 물질의 변화를 이용하였다. 아마도 가장 잘 알려진 것으로는 생화학 반응에 있어서 NAD^+/NADH와 관련된 것일 것이다(여기서 NAD^+와 NADH는 각각 니코틴아미드-아데닌 디뉴클레오티드의 산화 및 환원된 형태). 예를 들어

$$\text{pyruvate} + \text{NADH} + H^+ = \text{L-lactate} + NAD^+$$

NADH는 최대 흡수파장대(λ_{max}) 340 nm에서 강한 흡광도를 나타내지만, NAD^+는 이 파장대에서 전혀 광을 흡수하지 않는다. NADH는 또한 400 nm에서 형광을 발생한다. NAD^+와 NADH의 흡광 스펙트럼을 그림 2.33에 나타내었다.

이러한 특성은 시약과 분석대상물을 나눠 측정한 다음 섞어서 분광광도계의 큐벳에

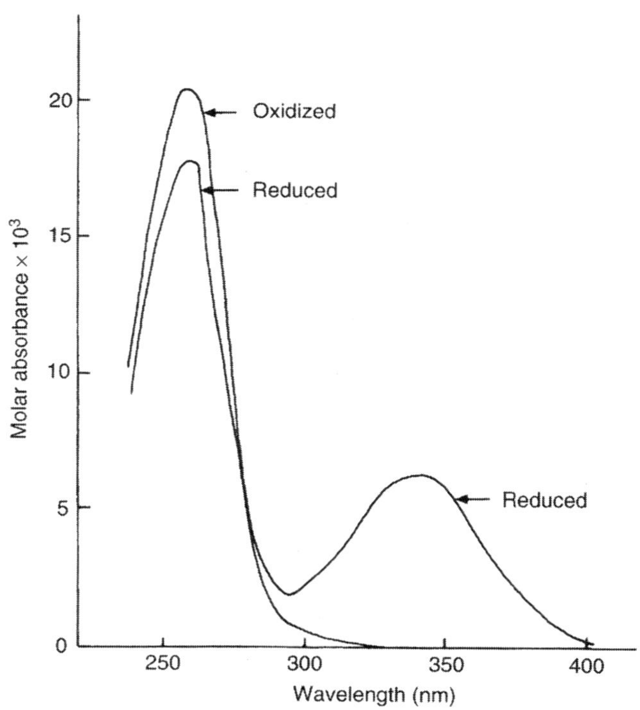

그림 2.33 니코틴아미드-아데닌 디뉴클레오티드의 산화와 환원 형태에 대한 흡광 스펙트럼.

넣는 기존의 방법으로 사용될 수 있다. 문제는 광학 기술을 사용하여 어떻게 센서를 만드는가 하는 것이다.

기본적인 광학적 반응은 다음과 같은 비어-램버트(Beer-Lambert) 법칙(일반적으로 비어의 법칙으로 불려짐)을 기반으로 한다.

$$-\log(I/I_0) = A = \varepsilon Cl \qquad (2.13)$$

여기서 I_0는 투사광의 강도, I는 투과광의 강도, A는 **흡광도**(일반적으로 기기에 의해 직접 측정됨), ε 감쇠계수, C 분석대상물의 농도, l 용액을 통과하는 빛의 경로 길이이다. 마지막 항에 의해 센서의 크기가 제한 받을 수 있으며, 이런 특성은 전기화학 장비에서는 나타나지 않는다.

DQ 2.7

광학 센서의 장점은 무엇인가?

답

광학 센서의 장점은 다음과 같다:

(i) 비록 기준물질이 종종 사용되긴 하지만, 일반적으로 기준전극이 필요 없다.
(ii) 전기적 간섭이 없다.
(iii) 고정화된 시약이 광섬유와 접촉할 필요가 없으며 쉽게 대체가 가능하다.
(iv) 전기 안전 위협이 없다.
(v) 산소와 같은 일부 분석대상물은 평형 상태에서 측정할 수 있다.
(vi) 보정에 대해 매우 안정적이다. 특히, 두 가지 다른 파장의 세기 비율을 측정할 수 있으면 더욱 안정하다.
(vii) 산소와 일산화탄소와 같은 반응에 대해 다른 파장을 지닌 여러 시약을 고정화함으로써 하나 이상의 분석대상물에 대해 동시에 반응 할 수 있다.
(viii) 시약의 상태 변화를 관찰하기 위해 여러 파장을 측정할 수 있다.
(ix) 전기적 신호 변환기보다 높은 수준의 정보를 지닐 수 있는 가능성이 있다.

광학 센서의 단점은 다음과 같다:

(i) 적절한 시약이 개발되었을 때만 사용할 수 있다.
(ii) 배경 환경광의 간섭을 받을 수 있다. 간섭은 직접적인 방법 또는 변조 기술을 사용하여 제거할 수 있다.

(iii) 전기적 센서랑 비교하면 제한된 동적 범위를 갖는다 – 이온선택성전극의 10^6 – 10^{12}와 비교하여 일반적으로 10^2.

(iv) 광학 센서는 크기가 큰 장치이고, 시약의 양에 의존하며, 그에 따라 소형화하기 어렵다.

(v) 빛이 투과되고 있는 조건에서는 시약의 장시간 안정성에 문제가 있다.

(vi) 분석대상물이 시약 상으로 이동하는데 필요한 물질전달 시간 때문에 반응시간이 느릴 수 있다.

2.7.2 광학기술

센서로 이용 가능한 광학 기술의 범위를 살펴보자. 그림 2.34는 전자기 스펙트럼을 보여주고 있는데, 가시선, 자외선, 그리고 근적외선과 같은 중요한 방사선의 상대적인 파장을 보여주고 있다.

바이오센서의 응용을 위해 이용된 주요 광학 특성은 다음과 같다:

- 자외선–가시선 흡광
- 형광 (또한 인광) 방사
- 생물발광
- 화학발광
- 내부반사 분광법(Internal reflection spectroscopy, IRS)
- 레이저광 산란법

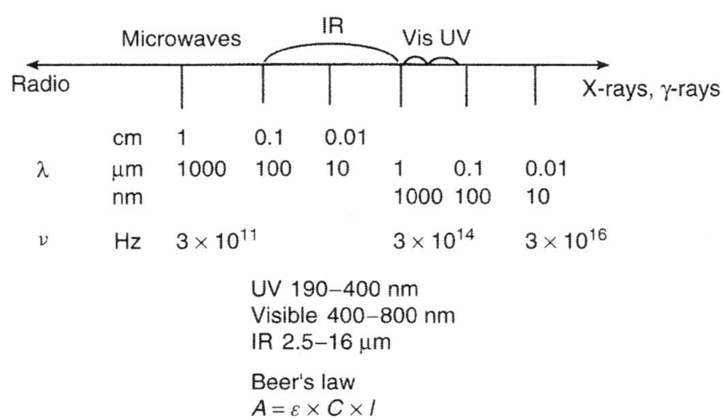

그림 2.34 전자기 스펙트럼.

2.7.3 자외선 및 가시선 흡광 분광법

전자기 스펙트럼의 자외선 또는 가시선 영역에서 유기 분자나 생체 분자의 전자 전이가 일어난다. 여기(勵起)의 주요 방식은 다음과 같다:

- $\sigma \rightarrow \sigma^*$와 $\pi \rightarrow \pi^*$, 즉 결합에서 반결합 분자궤도로
- $n \rightarrow \sigma^*$와 $n \rightarrow \pi^*$, 즉 비결합에서 반결합 분자궤도로

스펙트럼이 분자 구조에 대한 정보를 일부 제공할 수는 있지만, 주로 적용되는 것은 비어-램버트 법칙(식 2.13)을 사용할 수 있는 정량 분석이다.

흡광도는 분광광도계의 단색화장치(monochromator)를 통과하는 빛에 의해 측정되고, 그 빛의 세기를 광전증폭관이나 광다이오드에서 측정하므로 특정 파장에서의 흡광도에 비례하는 전기적 신호를 생성한다. 측정된 흡광도는 농도에 선형적으로 비례한다. 하지만, 흡광도를 위해 필요한 기기는 비교적 복잡하고 고가일 수 있기 때문에 센서로 이용할 수 있는 가능성은 제한된다.

> SAQ 2.16
> 비어-램버트 법칙을 논하라.

> SAQ 2.17
> 감쇠계수 10^3을 갖는 분석대상 물질이 용액 상태로 1 cm 셀에 담겨있으며 470 nm에서 빛을 흡수하는 것으로 알려져 있다. 셀에 물을 넣었을 때 흡광도는 0으로 설정되었고, 분석대상물질이 분광기의 셀에 넣어졌을 때 흡광도는 0.850이었다. 이 분석대상물의 농도는 얼마인가?

2.7.4 형광분광기

빛을 흡수한 뒤, 들뜬 물질은 여러 가지 방식으로 감쇠된다. 만약 분자가 가장 낮은 단일한 들뜬상태(excited singlet state)로 빛을 내지 않고 감쇠할 수 있는 시간이 있을 만큼 충분히 복잡한 구조를 지니고 있으면, 그 분자는 일반적으로 초기 들뜬 상태보다 파장이 낮은 재 방사를 할 수 있다. 이런 현상을 *형광*이라고 부르며 그림 2.35에 나타내었다.

방사된 형광은 자외선-가시선과 유사한 방법으로 측정할 수 있으며, 이 또한 비어-램버트 법칙에 의해 지배된다. 이 방법은 종종 흡광도 방법보다 더 민감하다. 또한, 파장의 변화는 분석을 하는데 장점이 된다.

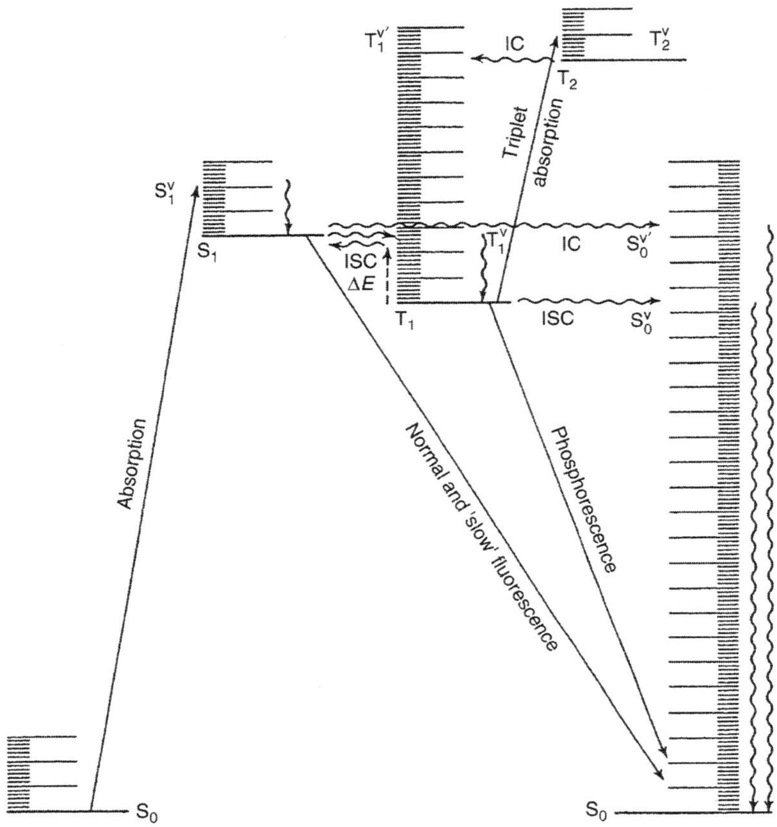

그림 2.35 흡광 및 형광 방출과정을 보여주는 Jablonski 도표(관련된 인광 과정도 표시되어 있다).

하지만, 들뜬 분자는 비방사 감쇠가 진행되는 동안 다른 종과 반응할 수 있는 시간이 있기 때문에, 에너지를 다른 새로운 화학물질에 전달하고 감소된 형광 출력을 내면서 기저 상태로 되돌아 올 수도 있다. 이런 현상은 *소광*이라고 하며, 형광 특성을 이용하는 또 다른 강력한 방법을 제공한다:

형광 $$M^* \xrightarrow{k_f} M + h\upsilon$$

소광 $$M^* + Q \xrightarrow{k_q} M + Q^*$$

형광의 세기는 초기 흡광세기 I_0에서 I_f로 감소한다. 소광 효과는 아래의 스턴-볼머(Stern–Volmer) 관계식에 의해 묘사된다.

$$I_f/I_0 = 1/(1 + (k_q/k_f)[Q]) \tag{2.14}$$

DQ 2.8

어떻게 비어-램버트 법칙을 형광에 적용하는가?

답

빛의 흡수는 형광을 비어-램버트 법칙에 따르도록 하고 형광의 세기도 이 법칙에 지배 받도록 한다. 분석대상물의 농도에 따른 형광 세기와 관련된 완전한 표현식은 아래와 같다.

$$I_f = 2.303\,\phi_f I_0 \varepsilon C l$$

여기서 I_f는 형광 세기, ϕ_f는 형광 과정의 양자 효율, I_0는 여기광의 세기, ε는 분자 흡광률, C는 분석대상물의 농도, l은 셀의 파장 경로이다.

2.7.5 발광

어떤 화학 반응은 발열 없이 빛을 발생하는데 이를 화학발광이라고 한다. 이와 유사한 생물 시스템으로부터의 빛의 방사를 생물발광이라고 한다.

2.7.5.1 화학발광

화학발광은 어떤 물질의, 일반적으로 산소와 과산화수소와의, 산화의 결과 일어나는데, '차가운 상태'로 어떤 여기광도 없이 어두운 상태에서 가시광을 발생시킨다. 가장 잘 알려져 있는 이런 종류의 물질은 그림 2.36에 나타낸 루미놀이다. 이와 비슷한 방식으로 반응하는 다른 좀 더 복잡한 물질도 있다.

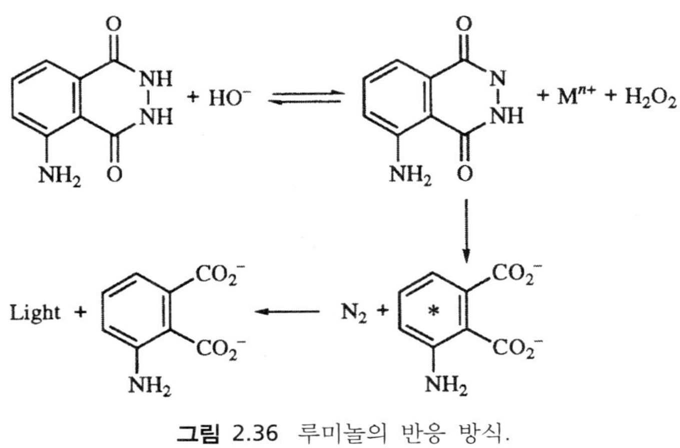

그림 2.36 루미놀의 반응 방식.

표 2.1 화학발광 분석 시스템의 보기

Analyte	Lebel	Chemiluminescent reactants
Human IgG	Luminol	H_2O_2–haemin
Testosterone	Luminol derivative	H_2O_2–Cu(II)
Thyroxine	Luminol derivative	Microperoxidase
Biotin	Isoluminol	H_2O_2–lactoperoxides
Hepatitis B	Isoluminol derivative	Microperoxidase–peroxide
Rabbit IgG	Isoluminol	Microperoxidase–peroxide
Cortisol	Isoluminol	Microperoxidase–peroxide

루미놀은 일반적으로 *표지물*로 사용된다. 이 물질은 산소, 과산화수소 또는 과산화물과 관련된 어떤 분석법에도 적용할 수 있다. 특히 면역분석법에 유용하며 표 2.1에 일부 예를 보여주고 있다. 하지만, 양자 효율이 단지 1%이기 때문에 감도는 제한적이다.

발광과 형광을 모두 결합한 흥미로운 접근 방식을 그림 2.37에 나타내었다. 여기서 항원에 대응하는 항체는 루미놀로부터의 방사에 의해 형광을 발생하는 형광 화합물로 표지되고 항원은 루미놀로 표지된다.

항원–항체 결합에서 루미놀은 형광 물질을 들뜨게 만드는 460 nm의 빛을 내고, 그로 인해 525 nm에서 형광이 발생하여 결과적으로 양자 효율을 증가시킨다. 이와 동시에, 표지되지 않은 항원이 표지된 항체와 결합할 수 있다. 이런 경우 형광은 일어나지 않고 단지 루미놀로부터의 460 nm 방사만 있다. 이에 따라 두 개 파장에서 결합 및 비결합 항원을 함께 분석할 수 있다.

루미놀을 과산화수소 및 과산화효소(Peroxidase)와 함께 사용하는 바이오센서를 제작할 수 있다. 광섬유의 끝에 루미놀을 포함시킨 폴리아크릴아미드(polyacrylamide)겔을 붙이고 이 위에 과산화효소를 고정화시킴으로써 과산화수소를 측정할

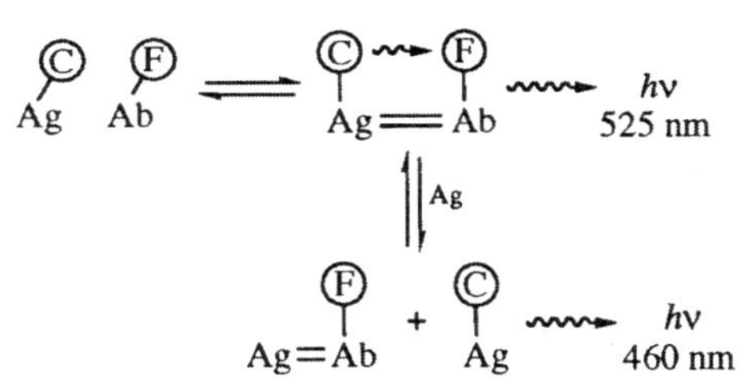

그림 2.37 형광표지한 항체와 화학발광표지한 항원을 사용한 경쟁 면역분석법. 이중 표지한 복합물에서 형광물질은 화학발광의 수용체로서 작용한다.

수 있는 광섬유센서를 제작할 수 있다.

만약 [S] >> K_m이면 발광은 발광체의 확산이 없이 현장에서 직접 검출될 수 있고 멤브레인 막의 두께에 독립적이다. 물론 외부광원은 필요하지 않다. 이 센서는 직접 광다이오드에 연결될 수 있다. 이 센서는 반응 시간 2분 조건에서 1−10 mM의 과산화수소를 검출할 것이다. 한 가지 확실한 응용은, 이 센서를 포도당 측정을 위한 포도당 − 포도당 산화효소(Glucose oxidase) 반응 장치에 연결시키는 것으로, 이로 인해 0.15−1.5 mM 선형적인 농도 범위를 얻을 수 있다.

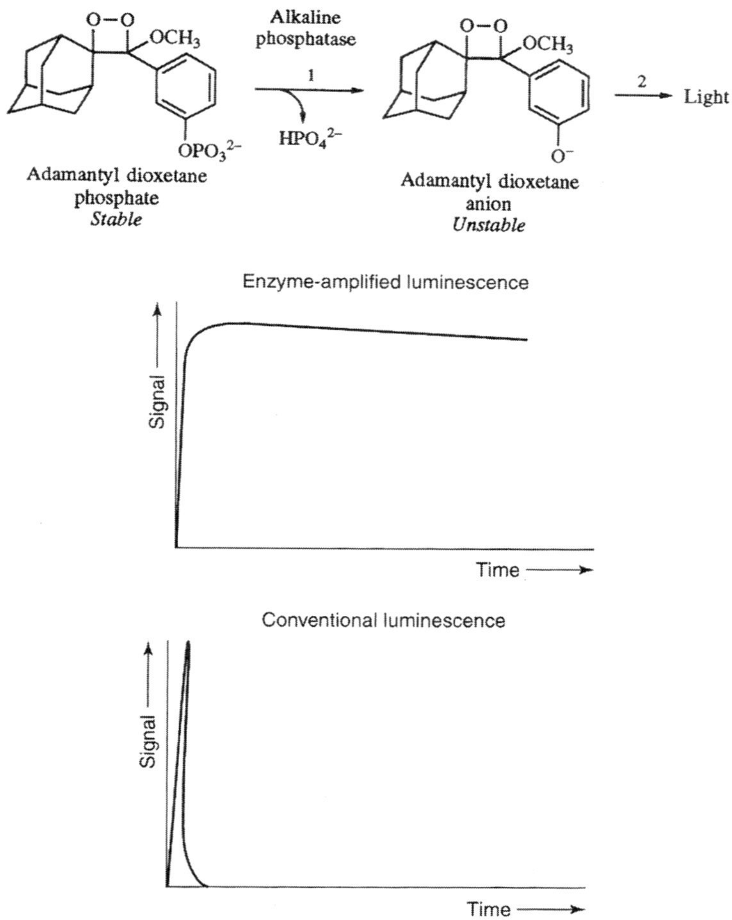

그림 2.38 아다만틸 디옥세탄의 인산 에스테르 가수분해를 통한 알칼리성 인산분해효소로 활성화된 발광의 기작.

새로운 형태의 화학발광 시스템의 최근의 예는 알칼리성 인산분해효소(alkaline phosphatase)의 영향 하에서 가수분해되어 불안정하고 형광을 띄는 아다만틸 디옥세탄 음이온(adamantyl dioxetane anion)을 형성하는 아다만틸 디옥세탄 인산(그림 2.38)과 관련된다. 형광의 지속시간은 기존의 발광과 달리 수 분에 이른다. 형광 과정과 관련된 물질의 구조와 기작을 그림 2.38에서 보여주고 있다.

이런 특성은 인산분해효소를 사용하여 인산에스테르(phosphate ester)를 가수분해하는 것과 관련된 여러 형태의 분석법에 사용될 수 있다. 아다만틸 디옥세탄 인산은 인산분해효소를 위해 다른 유기 인산과의 경합이 허용될 수 있다.

2.7.5.2 생물발광

주로 반딧불이와 같은 어떤 생물 종은 발광을 낼 수 있다. 이것은 루시페린(luciferin)으로 알려진 다양한 구조의 물질들에서 유래한다(그림 2.39).

아래와 같이 발광소가 효소의 촉매작용에 의해 산화되면 빛을 낸다.

$$\text{luciferin} \xrightarrow{\text{luciferase, } O_2} \text{oxyluciferin} + h\nu \text{ (562 nm)}$$

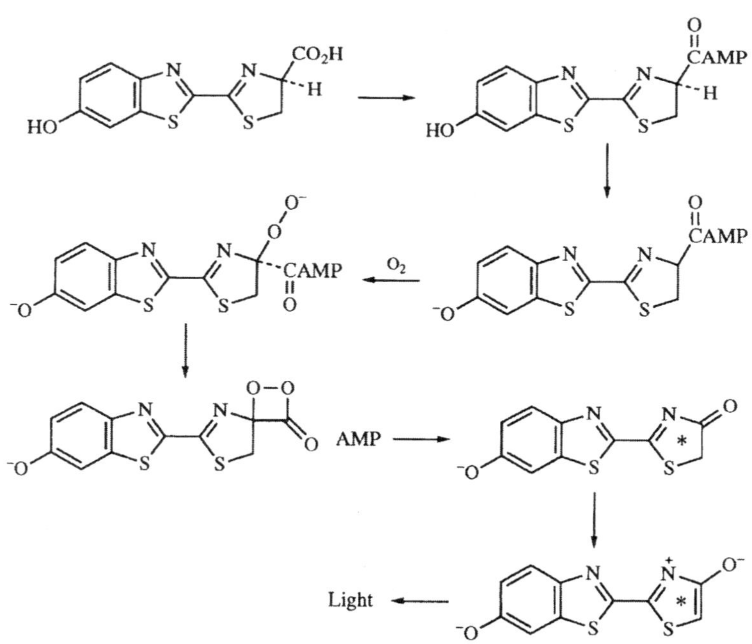

그림 2.39 발광소와 아데노신 3인산(adenosine 5'-triphosphate, ATP)의 반응 기작.

어떤 발광소 종류들은 ATP, 플라빈 모노뉴클레오티드(flavin mononucleotide, FMN), 환원된 형태의 조효소, 플라빈-아데닌 디뉴클레오티드(flavin-adenine dinucleotide, FDAH)와 같은 보조요소와 결합한다.

$$\mathrm{ATP + luciferin + O_2 \xrightarrow{luciferase} AMP + PP + oxyluciferin + CO_2 + H_2O + h\nu}$$

여기서, PP는 파이로인산염.

이 반응은 아주 민감해서 펜토 몰 농도까지 측정 가능하다. 심근경색과 근육이상의 진단과 관련된 크레아틴 키나아제(Creatine kinase)의 측정은 중요한 의학적 진단법의 하나로서 아래의 방법으로 수행될 수 있다.

$$\mathrm{AMP + creatine\ phosphate \xrightarrow{creatine\ kinase} ATP + creatine}$$

여기서 AMP는 아데노신 5′-인산이다.

박테리아 발광효소는 발광소와 상관없이 아래와 같이 $FMNH_2$와 같은 환원된 플라빈과 함께 여기된 복합물을 형성한다.

$$\mathrm{FMNH_2 + O_2 + RCHO \longrightarrow FMN + RCOOH + H_2O + h\nu\ (478-505\ nm)}$$

대부분의 분석학적 반응들은 그림 2.40처럼 환원된 형태의 니코틴아미드-아데닌 디뉴클리오티드(NADH)를 형성한다. 이것은 예를 들어 그림 2.41에 제시한 바와 같이 알코올을 측정하는데 결합될 수 있다.

$$\mathrm{ETOH + NAD^+ \longrightarrow CH_3CHO + NADH + H^+}$$

아주 획기적인 응용 예는 그림 2.42와 같이 이 시스템을 면역 분석적으로 이용하여 트리니트로톨루엔(TNT)을 측정하는데 사용하는 것이다.

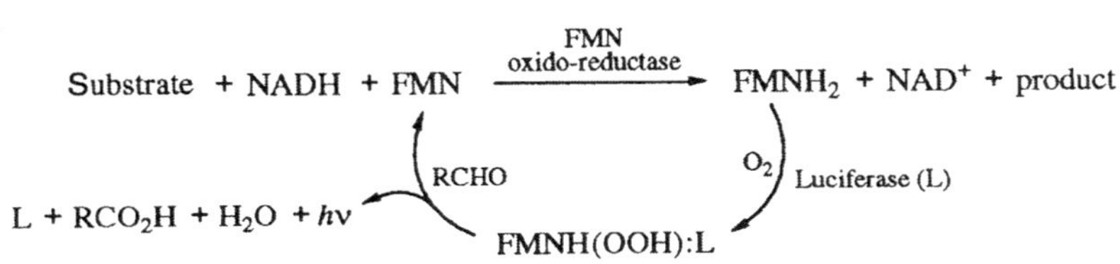

그림 2.40 니코틴아미드-아데닌 디뉴클리오티드(NAD)의 환원된 형태와 플라빈 모노뉴클리오티드(FMN)를 통한 박테리아 발광효소의 기본 작동방식.

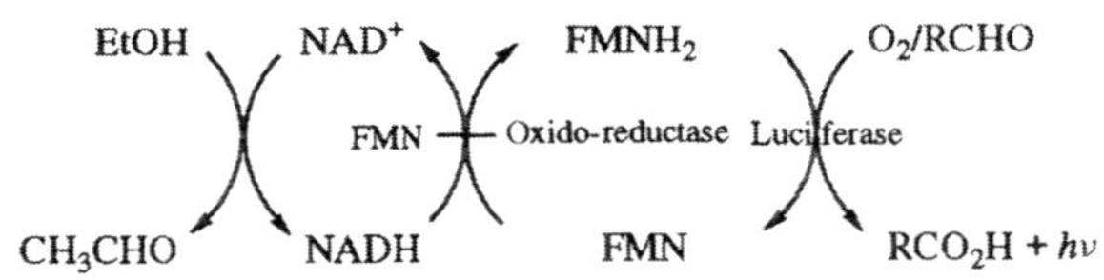

그림 2.41 NAD와 NADH를 통한 에탄올의 생물발광 분석(EtOH/NAD/발광소).

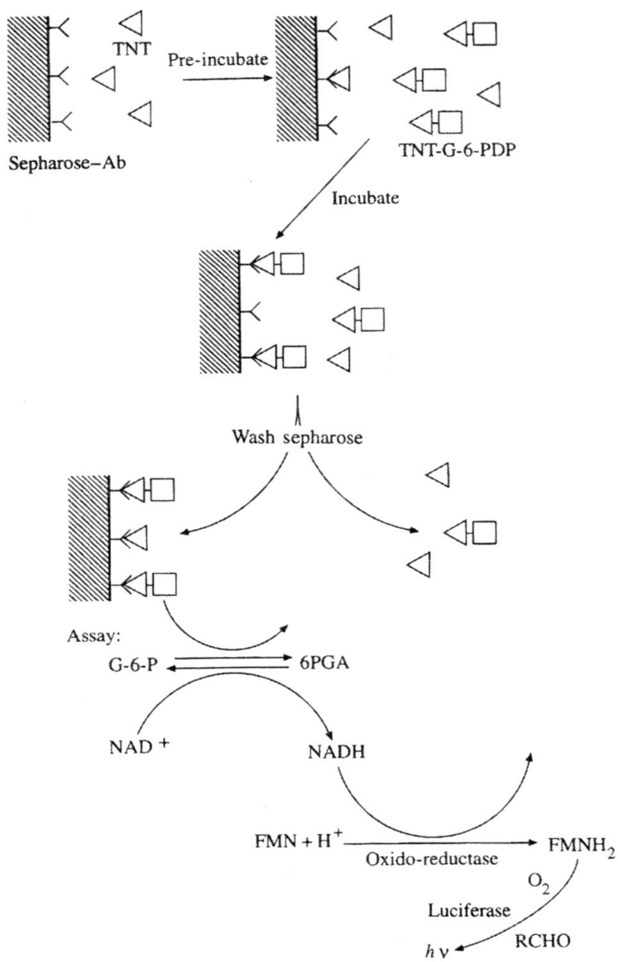

그림 2.42 트리니트로톨루엔(TNT)의 증폭된 생물발광 면역분석법.

DQ 2.9

다른 광 측정 방법과 비교하여 발광 방법의 장점은 무엇인가?

답

대부분의 광학측정 방법은 분석대상물이 있을 때의 빛의 흡수(또는 발산)와 분석대상물이 없을 때 일반적으로 그 값이 0(원점)가 아닌 대응 빛(배경치)을 비교한다. 하지만 발광 (화학발광 또는 생물발광)은 빛이 전혀 없는 배경을 대상으로 측정한다. 이 말은 더 민감한 검출기를 사용할 수 있고 더 낮은 수준의 빛을 검출할 수 있다는 것이다. 따라서, 위의 트리니트로톨루엔의 예에서처럼 검출 한계를 상당히 낮출 수 있다.

SAQ 2.18

'화학발광'이란 무엇인가?

SAQ 2.19

생물발광의 두 가지 원인을 말하여라.

2.7.6 광 변환기

광섬유는 광측정 분석법을 센서로 변환시키는데 필요한 핵심 요소다. 광섬유는 지난 15−20년 동안 개발되어 왔다. 이런 부품들은 '광전도체' 또는 '광전선'으로 취급될 수 있다. 금속 전선이 전기를 전달하고 전력과 전기적 정보를 종종 멀리 떨어져 있는 필요한 곳까지 전달하는 것처럼 광섬유도 빛을 전달한다. 사실, 현재 광섬유는 전화 통신을 위한 전선을 교체하고 있다. 광섬유는 빛의 *도파관* 역할을 한다. 원래 광섬유는 유리로 만들어 졌지만, 현재는 중합체가 유리나 전기에 이용되는 금속 전선보다 훨씬 저렴하기 때문에 많이 이용되고 있다.

빛의 파장은 그림 2.43처럼 *내부 전반사*로 섬유를 따라 전파된다. 내부 전반사는 아래 식에서처럼 (그림 2.44 참조) 광의 입사각과 매질의 굴절률에 따라 다르다.

$$\sin\theta/\sin\phi = n_2/n_1 = n \text{ (Snell's law)}$$

$\phi = \pi/2$이고 $\theta = \theta_c$이면 $\sin(\theta_c) = n_2/n_1$, 여기서 θ_c는 TIR을 위한 임계각. 따라서, 만약 $\sin\theta > n_2/n_1$이면, 내부 전반사가 일어나고 반면 $\sin\theta < n_2/n_1$이면 굴절과 반사가 일어난다.

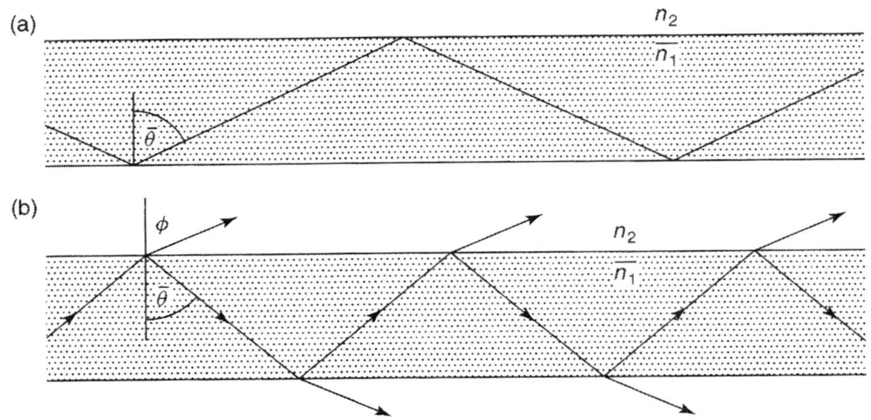

그림 2.43 단일 내선 광섬유의 전반사 모습, (a) 반사되는 그리고 (b) 굴절되는 광선의 경로를 보여주고 있다.

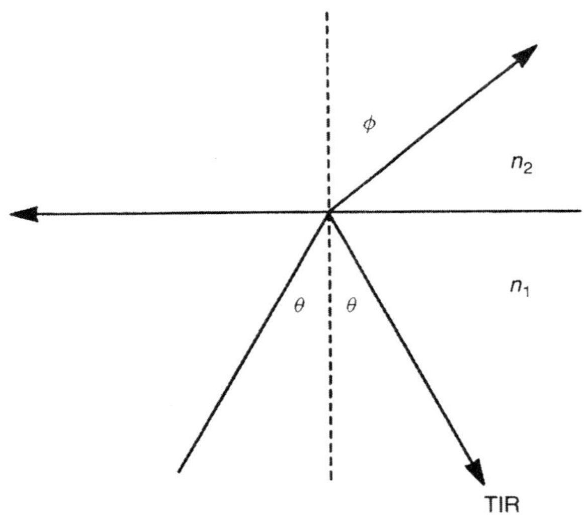

그림 2.44 스넬(Snell)의 법칙과 내부 전반사의 묘사.

이 원리는 평면조화파와 원주파에 적용될 필요가 있다. 적용 시 광섬유의 구부러짐과 위상각 변화의 영향을 고려해야 한다.

센서의 도파관은 외인성 및 내재성 두 가지 방식으로 사용된다. 외인성 방식에서는 도파관은 단순히 빛을 광원에서 광수집기까지 전달하는 역할을 한다. 이 방식에서는 비어의 법칙이 일반적으로 사용될 수 있다. 내재성 방식에서는 빛이 변형된다

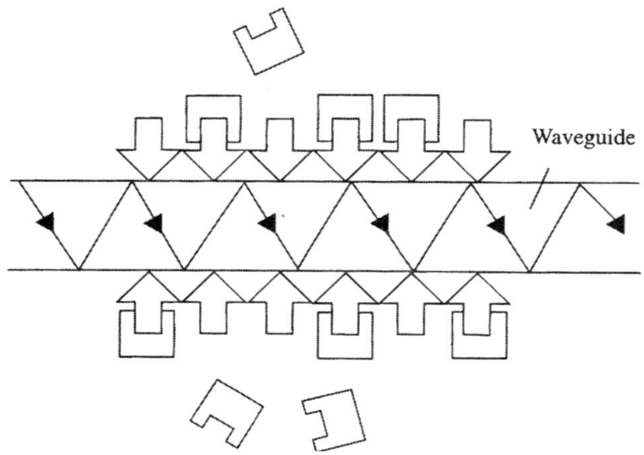

그림 2.45 소멸장(evanescent field) 관찰을 이용한 광센서의 개략도.

– 도파관에 인접한 소멸장 투과 깊이 내에 놓여 있는 측정 대상체에 의해 도파관 내에서 위상, 편광 및 세기가 변조될 수 있다(그림 2.45).

SAQ 2.20
'내부 전반사'란 무엇인가? 그림을 이용하여 설명하여라.

SAQ 2.21
광섬유는 어떻게 빛을 전달하는가?

2.7.7 장치 제작

기준전극이 항상 필요한 전기화학 변환기와 달리 광센서는 기준전극을 필요로 하지 않는다. 하지만, 광원이 시료와 기준 사이에서 나뉘는 '기준 원점'이 있으면 장치가 더 잘 작동한다. 검출은 서로 다른 분석 및 기준 파장의 변화를 초래하고, 그러면 이 두 파장에서의 신호비를 얻을 수 있다. 이렇게 하면 산란과 광원의 변동을 없앨 수 있다.

아래와 같이 다른 형태의 빛을 위한 도파관은 다른 재질로 제작될 필요가 있다:

- λ > 450 nm, 플라스틱 (예, 폴리아크릴아미드)

- λ > 350 nm, 유리
- λ < 350 nm, 용융 실리카
- λ > 1000 nm, 게르마늄 결정

광측정 센서에서는 시약이 분석대상물과 반응하여 센서에 의해 관찰될 수 있는 독특한 광학적 성질을 지닌 화합물을 형성할 수 있도록 고정화되어야 한다.

2.7.8 고체상 흡광 표지 센서

이 센서의 활용을 위한 선택 기준은 아래와 같다:

- 고정화 지지체의 선택
- 원하는 광선 내에서 활동도를 유지하는 지시물질의 고정화
- 활동도를 유지하는 생체 감지 분자의 고정화
- 반응조 형상
- 광원과 검출기 부품의 선택

휴대형 장치를 위해서는 LED나 광다이오드 검출기와 같은 저전력 부품이 요구된다. LED는 현재 제한된 파장 대역만 지니고 있다(표 2.2).

고정화된 결합체의 광학적 성질은 반응조의 형상에 달려있다. 예를 들어 지시물질은 폴리아크릴아미드(Polyacryl amide, PAA)가 도포된 마이크로 구슬에 공유결합하여 산란되는 많은 빛을 검출할 수 있다(6.2절과 66절 참조).

그림 2.46−2.48은 세 가지 다른 형태의 반응조를 보여주고 있다.

표 2.2 광원 및 광검출기와 그에 상응하는 파장

Light source	Wavelength	Detector	Wavelength (nm)
Blue	455−465	−	−
Yellow	580−590	Photodiode	560 (460−750)
Green	560−570	Photodiode	750
Red	635−695	Photodiode	800
Near-infrared	820	Photodiode	850
Infrared	930−950	Photodiode	900 (250−1150)
		Phototransistor	940

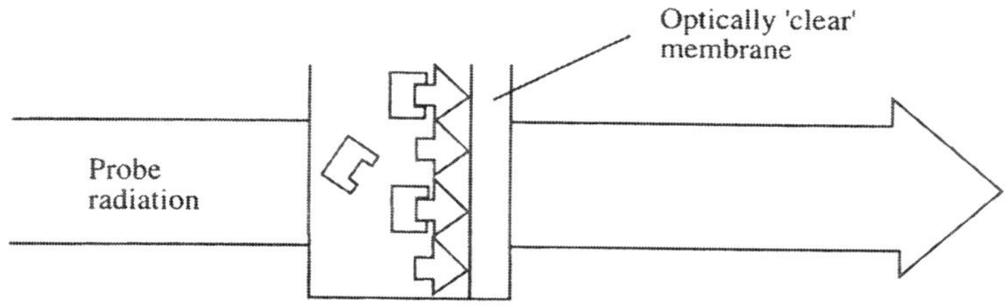

그림 2.46 고체상태의 광센서 개략도.

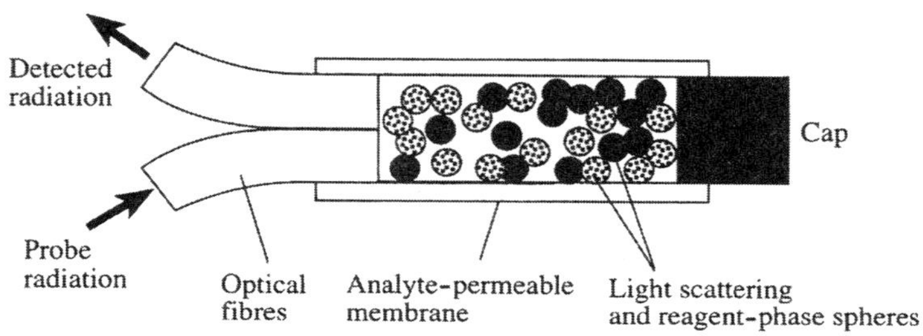

그림 2.47 광센서의 개략도: 광원과 검출광이 같은 파장을 갖는 광산란 탐사침.

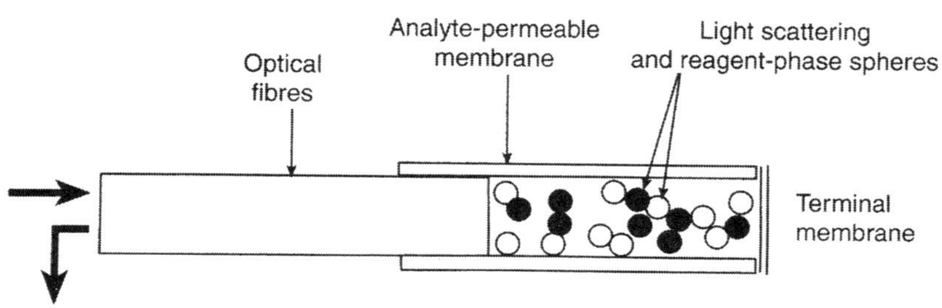

그림 2.48 광센서 개략도: 광원과 검출광이 다른 파장을 갖는 광산란 탐사침.

2.7.8.1 촉매작용

고정화된 시약은 분석대상물을 다른 광학적 성질을 지닌 물질로 변환할 목적의 촉매일 수 있다. 예를 들어 고정화된 알칼리 인산분해효소는 인산-P-니트로페닐(*p*-nitrophenyl phosphate)을 강한 흡광 스펙트럼을 갖는 P-니트로페녹사이드(*p*-nitrophenoxide)로 가수분해한다.

SAQ 2.22
광원을 어떻게 하면 소형화 할 수 있는가?

2.7.9 적용

광센서는 추후 6장에 기술되는 바와 같이 pH, 산소, 이산화탄소, 암모니아 및 이온들을 측정하는데 사용할 수 있다. 전위차 변환기를 이용하여 바이오센서를 제작하였듯이 동일 범위의 분석대상물을 대상으로 하여 이들 광센서를 기반으로 한 바이오센서를 제작할 수 있다.

요약

이 장의 전반부는 전지의 기전력 이론과 이를 전위차 측정과 이온선택성전극에 응용하는 것으로 시작하였다. 개략적인 전압전류법과 전류법 배경(수학적 유도를 제외한)이 그 뒤를 이었으며, 구형파에 의한 크로노암페오메트리 뿐만 아니라 선형 스윕 전압전류법과 순환전압전류법을 언급하였다. 임피던스 분광학을 포함한 전도도에 대해서도 설명하였다. 전계효과 트랜지스터 관점에서 소형화와 화학센서, 이온선택성센서, 그리고 효소전극에의 적용도 논의하였다. 마이크로전극 뿐만 아니라 후막 및 박막전극도 소개되었다.

두 번째 부분에서는 광측정 분석법의 장점 및 단점에 관한 내용들을 소개하였다. 자외선-가시선 흡광과 형광 분광측정법의 광학적 기술을 소개하였고 비어-램버트 법칙을 제시하였다. 고전적인 화학발광과 생물발광의 바이오센서로의 적용도 그림 예와 함께 묘사하였다. 센서 개발을 위한 광학 도파관을 제작하기 위한 광섬유의 이용도 논의하였다. 광측정 시약의 고정화 방식과 센서 장치의 다른 구조도 제시하였고, 주된 응용범위에 대해서도 간략히 논의하였다.

추가 참고문헌 목록

Albery, W. J. and Cranston, D. H., 'Amperometric enzyme electrode', in *Biosensors: Fundamentals and Applications*, Turner, A. P. F., Karube, I. and Wilson, G. S. (Eds), Oxford University Press, Oxford, UK, 1987, pp. 180–210.

Bartlett, P. N., 'The use of electochemical methods in the study of modified electrodes', in

Biosensors: Fundamentals and Applications, Turner, A. P. F., Karube, I. and Wilson, G. S. (Eds), Oxford University Press, Oxford, UK, 1987, pp. 211–246

Blackburn, G. F., 'Chemically sensitive field effect transistors', in *Biosensors: Fundamentals and Applications*, Turner, A. P. F., Karube, I. and Wilson, G. S. (Eds), Oxford University Press, Oxford, UK, 1987, pp. 481–530

Carr, R. J. G., Brown, R. G. W., Rarity, J. G. and Clarke, D. J., 'Laser light scattering and related techniques', in *Biosensors: Fundamentals and Applications*, Turner, A. P. F., Karube, I. and Wilson, G. S. (Eds), Oxford University Press, Oxford, UK, 1987, pp. 679–703

Karube, I., 'Microbiosensors based on silicon technology fabrication', in *Biosensors: Fundamentals and Applications*, Turner, A. P. F., Karube, I. and Wilson, G. S. (Eds), Oxford University Press, Oxford, UK, 1987, pp. 471–480

Kuan, S. S. and Guillbault, G. G., 'Ion selective electrodes and biosensors based on ISEs', in *Biosensors: Fundamentals and Applications*, Turner, A. P. F., Karube, I. and Wilson, G. S. (Eds), Oxford University Press, Oxford, UK, 1987, pp. 135–152

McCapra, F., 'Potential applications of bioluminescence and chemiluminescence in biosensors', in *Biosensors: Fundamentals and Applications*, Turner, A. P. F., Karube, I. and Wilson, G. S. (Eds), Oxford University Press, Oxford, UK, 1987, pp. 617–638

Schultz, J. S., 'Design of fibre optic biosensors based on bioreceptors' in *Biosensors: Fundamentals and Applications*, Turner, A. P. F., Karube, I. and Wilson, G. S. (Eds), Oxford University Press, Oxford, UK, 1987, pp. 639–655

Seitz, W. R., 'Optical sensors based on immobilised reagents', in *Biosensors: Fundamentals and Applications*, Turner, A. P. F., Karube, I. and Wilson, G. S. (Eds), Oxford University Press, Oxford, UK, 1987, pp. 599–617

Sutherland, R. M., and Dahne, C., 'IRS devices for optical immunoassays', in *Biosensors: Fundamentals and Applications*, Turner, A. P. F., Karube, I. and Wilson, G. S. (Eds), Oxford University Press, Oxford, UK, 1987, pp. 655–679

제 3 장

검출 요소

학습목표

- 이온에 선택적으로 반응하는 원리를 이해한다.
- 이온선택성전극장치의 원리, 장점과 단점을 공부한다.
- 이온선택성전극의 간섭효과와 관련 원리를 이해한다.
- 니콜스키-아이즌맨(Nicholskii-Eisenman) 방정식 사용법을 공부한다.
- 선택요소로서 전도도측정방식의 사용과 제한점을 이해한다.
- 탄소반죽(carbon paste)의 사용과 같이, 선택성을 증가시키기 위해 전극을 변형하는 다양한 방법을 이해한다.
- 전도성, 이온교환 및 산화환원성 폴리머의 사용에 의한 전극의 변형이 이온성 인식에 기여할 수 있는가를 평가한다.
- 특수한 시약을 이용하는 선택성 복합체의 원리를 이해한다.
- 선택성을 증가시킬 수 있는 운동성(역학) 조절의 세 가지 예시를 공부한다.
- 합성된 분자와 유사한 크기의 공간에 시료 분자를 특이적으로 끼우는 분자의 예시를 배운다.
- 분자를 인식하는데 사용하는 주요 분광분석 도구의 주요 요점을 공부한다.
- 미생물, 생체조직, 미토콘드리아, 항체, 핵산, 그리고 수용체로부터 전달되는 것을 포함하는 다양한 효소와 같이 바이오센서에서 선택성 물질로 사용 될 수 있는 생체재료의 차이점을 이해한다.
- 각각의 재료의 활동방식을 설명할 수 있고 장점 및 각각을 적용하는 방식에 대해 논의한다.
- 변환기에 생체재료를 고정시키는 다섯 가지의 주요 방법을 학습한다.
- 각각의 방법에 대해 적절한 실용성과 가장 유용한 소재에 대해 이해한다.

3.1 개요

이 장에서는 센서가 인식하고 분석할 수 있는 다양한 방법에 대해 다루고 있다. 이러한 감지는 이상적으로는 측정 대상체에만 반응하는 *특이성*(*specific*)을 의미 하지만, 때때로 이것은 측정 대상체가 다른 것보다 높게 반응하는 *선택성*(*selective*)을 의미하기도 한다. 이러한 경우, 만약 다른 이온이 너무 높은 농도를 가질 경우, 다른 종으로부터 간섭(interference)이 발생할 수 있다. 우리는 다음을 포함하는 다양한 감지모드를 관찰할 수 있다:

- 이온
- 분자
- 생물체

이 장의 마지막 부분은 변환기에 센서요소를 붙이는 방법(고정화)에 대한 부분이다.

3.2 이온의 감지

3.2.1 이온선택성전극 – 개요

이온선택성전극(ISEs, Ion-selective electrodes)은 앞서 2장에 설명되었다. 이것은 농도차 전지의 기전력 원리를 기초로 한다. 따라서 이것은 분석대상체의 농도(로그 크기)에 비례하는 기전력과 관계된 전위차 장치이다. 선택성은 내부기준용액과 분석시료 사이에 위치하는 이온선택성 막(membrane)에 의해 제공된다.

3.2.2 간섭

이온선택성전극은 이온특이성전극이라 명명하지 않으며 일반적으로 다른 이온에 어느 정도 반응하면서도 측정하고자 하는 이온에 높은 반응성을 나타낸다. 다른 이온에 반응하는 것을 이른바 *간섭*이라고 부른다. 예를 들면 불소전극은 같은 농도의 불소와 수산화이온 조건에서 수산화 이온에 대해서는 불소에 비해 1/10 수준으로 반응한다. 이러한 간섭 정도는 아래의 식과 같이 니콜스키–아이즌맨(Nicholskii–Eisenman) 방정식을 이용하여 얻어진 간섭계수로 평가된다.

$$E = \text{constant} + RT/nF\ \ln(a_i + k_{ij} a_j^{n/z}) \tag{3.1}$$

여기서 n과 z는 각각 이온활동도 a_i를 갖는 주이온과 이온활동 a_j를 갖는 간섭이온의 전하수를 말하며, k_{ij}는 선택성계수이다. 선택성계수는 표에서 제시된 값을 이용할 수 있으며, 일부는 표 4.1에 나와 있다.

예를 들면, 불소 이온선택성전극의 경우 수산화이온에 대한 선택성 계수는 0.1이다. 이것은 불소와 수산화 이온이 동일 농도조건에서 수산화이온에 대한 불소 이온선택성전극의 반응은 불소이온에 대한 반응에 비해 0.1배 수준임을 의미한다.

만약 정확한 측정을 원한다면 간섭이온을 배제하거나 제거하는 것이 필요하다. 그 선택성계수는 간섭에 대한 상대적인 수치를 나타내는데 그 결과 간섭문제를 해결하기 위한 특별한 처리방법이 필요함을 알 수 있다. 불소 이온선택성전극은 수산화이온 외에, 알루미늄과 철(III)은 불소와 복합체를 쉽게 형성하므로 간섭문제의 원인이 될 수 있다.

수산화물은 간단히 용액의 산성 수치를 낮춤으로써 제거할 수 있다. 만약 우리가 pH를 5로 맞추면 pOH는 9가 된다. 즉 수산화이온의 농도는 10^{-9} M이 된다. 이것은 불소 이온선택전극의 검출한계인 10^{-6}보다 매우 낮다. 알루미늄이나 철(III) 이온은 더욱 강력한 합성제를 첨가함으로써 제거할 수 있다. 예를 들면, 구연산나트륨은 불소가 알루미늄이나 철(III)과 결합하는 것보다 더욱더 강력하게 결합한다. 그러므로 불소 이온선택성전극을 이용하여 불소를 분석하기 위해서 염화나트륨(1 M)과 아세트산(1 M)을 함유한 이온강도조절버퍼(Ionic Strength Adjustment Buffer, ISAB)를 이용하고 수산화나트륨과 시트르산(10^{-3} M)으로 pH를 5.5로 맞추어야 한다.

실제로, 용액 내에서 일부 간섭이온들이 존재할 수 있고, 간섭이온의 활동성을 측정하는 것이 바람직하다. 이러한 다중 이온문제를 해결하는 새로운 접근방법은 용액 내에 각 이온에 반응하는 선택성전극 어레이를 이용하는 것이다. 각 이온선택성전극에서 얻어진 반응치는 컴퓨터로 입력되고, 각각의 이온쌍간의 상호적 간섭특성을 고려하여 복합이온 문제를 해결한다. 이러한 방법은 *신경망 기법*을 적용한 기술로서 예를 들어 칼륨, 칼슘, 구리, 염화물, 질산염이온 등으로 구성된 혼합물에서 각 이온성분을 결정하는데 사용되어 왔다. 이러한 기술은 전도성 측정에도 사용될 수 있다.

이온선택성전극의 또 다른 문제는 무거운 분자량을 갖는 겔을 만들 수 있는 단백질과 지방질의 매트릭스효과로서 해당 선택성 막의 작동성능을 저하시켜 센서의 수명을 단축시킬 수 있다.

SQA 3.1

각 샘플과 표준용액에 이온-강도 조정버퍼용액(Ionic-Strength Adjustment, ISA)을 첨가하는 목적은 무엇인가?

(a) 모든 용액이 동일한 총 이온강도를 갖도록 하기 위하여
(b) 이온강도를 1 M로 조정하기 위해
(c) 측정되는 EMF 값이 측정 이온의 활동도에만 직접적으로 관계시키기 위하여

DQ 3.1

10^{-3}에서 10^{-4} M의 대역을 갖는 칼륨이온의 농도를 측정하기 위하여 칼륨선택성 전극을 사용할 때 10% 오차에 대한 은이온의 최대-허용농도는 얼마인가? 칼륨이 있는 조건에서 은에 대한 선택성 계수는 1.00×10^{-4}이다.

답

10^{-4} M에 대한 10%오차는 10^{-5} M를 의미한다.

선택성 측면에서 1 M Ag^{+}는 10^{-4} M K^{+}에 대한 반응과 똑같은 반응을 나타낼 것이다. 따라서 10^{-4} M K^{+} 유사하게 반응할 Ag^{+} 농도는 0.1 M이다.

3.2.3 전도장치

이온은 용액 내에서 전기적 흐름, 즉 전류가 발생되도록 한다. 이러한 과정에는 일정한 선택성이 존재하며 다음의 원리에 기초한다. 전해질 용액의 전도성은 저항의 역수로서 정량적으로 측정된다. 그 전도성 정도를 표시하기 위해 전도 전지의 치수와 관련된 매개변수를 정규화하는 것이 일반적인 방식이다. 이러한 정규화과정은 현대 분석기에서는 자동적으로 수행되어진다. 전도도의 값은 다음의 요소에 따라 달라진다:

- 이온화 정도 – 이것은 소금과 같은 강한 전해물과 유기산과 염기와 같은 약한 전해물을 구분한다.
- 이온의 전하량
- 용액 내 이온 수 – (대략적으로) 이온농도
- 이온의 이동성 – 이것은 이온의 크기와 관계가 있는데 크기가 큰 이온에 비해 작은 이온은 큰 이동성을 가지므로 전도성에 더 높은 영향을 끼친다.

전도성은 현실적 측면에서 전도성과 관계를 맺는 또 다른 선택적 물질을 필요로 하기 때문에 센서개발에서 광범위하게 사용되지는 않았다. 하지만, 전도장치는 이온크로마토그래피에서 감지기로써 사용되고 있다.

3.2.4 피복전극과 스크린프린트전극

3.2.4.1 개요

전극은 자체만으로는 선택성을 갖고 있지 않다. 그러나 다양한 방법으로 (다음에 설명된 것처럼) 전극을 피복함으로써, 선택성을 부여할 수 있다. 예를 들면, 탄소반죽전극은 매우 쉽게 제작할 수 있다. 전극 표면이나 전극 자체의 매트릭스에 다양한 종류의 고분자를 혼합시키면 매우 정교하게 전극의 선택성을 높일 수 있다.

3.2.4.2 피복탄소반죽전극

가장 간단한 형태의 (피복) 전극은 *탄소반죽전극*(CPE)이다. 이것은 1960년에 수은이 전극의 재료로써 적절하지 못한 이후로 산화환원반응 연구에 도입되어 사용되었다. 이것은 그림 3.1에서 보여주는 것처럼, 전극 홀더 내에 뉴졸(Nujol) 흑연가루 혼합물을 이용하여 단단한 반죽을 형성하는 것이다.

이 전극은 그 반죽 내에 피복물질을 섞으면서 간단한 전극형태가 된다. 이러한 피복 물질은 포도당 바이오센서에서 사용되는 페로센(ferrocene)처럼 자체적으로 전극활성을 나타낼 수 있거나 혹은 반죽의 표면에 전기반응성이 있는 분석물질을 추출할 수 있는 복합물질이 될 수 있다.

또 다른 바이오센서 적용사례는 '바나나트로드'(bananatrode)인데, 이것은 바나나 펄프를 반죽과 섞어서 다른 카테콜과 도파민을 측정하는데 사용된다(자세한 내용은 제2장과 8장에 기술되어 있다).

탄소반죽전극을 사용한 다른 형태는 반죽과 복합물질을 혼합한 것이다. 그 형태는 전기적 반응 대상물질을 반죽표면으로 추출할 수 있다. 그래서 2,9-디메틸-1 (2,9-demethyl-1), 10-페난트롤린(10-phenanthroline)은 구리와 복합물을 형성하고 1가의 구리를 측정하기 위해 전압전류식 산화원리로 2가의 구리, 아연, 코발트, 납, 니켈, 철 등으로부터 간섭을 없애고 은으로부터는 간섭을 최소화여 3×10^{-7}M의 검출한계 값을 제공한다(8.2절을 참조하라). 은(I)의 측정을 위해 유사한 방법이 개발되었는데 하나의 다른 페난트롤린(phenanthroline)을 적용한 방식이다.

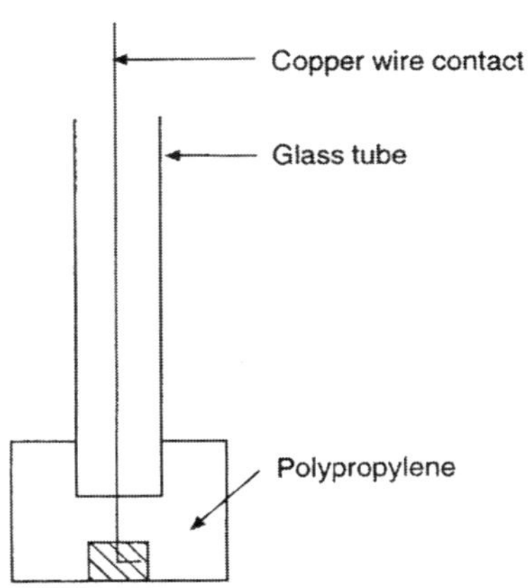

그림 3.1 탄소반죽전극의 개요도.

3.2.4.3 중합체(Polymer) 전극

최근 연구의 많은 부분은 전극표면을 다른 종류의 중합체를 코팅하여 전극표면을 변형하는 방향으로 진행되어 왔다. 이러한 변형은 주로 세 가지 형태가 있는데, 전도 중합체, 이온교환 중합체, 산화/환원 중합체이다.

종종, 특별한 전기화학 효과를 증가시키기 위해서 화학적 물질을 중합체로 코팅된 면에 부착하거나 중합체 구조에 첨가한다. 이러한 적용사례는 전압 또는 전도측정방식에서도 가능 하지만 대부분 전압전류측정법에서 이용된다.

3.2.4.4 전자 전도중합체

가장 많이 연구되고 있는 전도중합체는 폴리아세틸렌(polyacetylene), 폴리피롤(polypyrole), 폴리아닐린(polyaniline)과 폴리치오펜(polythiophene)이다. 이러한 물질은 전자적으로 전극표면에 기질을 전기적으로 산화시키면서 쉽게 만들 수 있다. 사용된 용매와 용액의 특정한 음이온은 중합체의 특성, 특히 센서로 사용되는 선택성 특성에 중요한 영향을 끼친다. 폴리피롤은 다목적이어서 가장 많이 연구된 물질이지만 기본 원리는 다른 종류의 전도중합체와 유사하다.

0.1 M의 염화칼륨 수용액에 피롤을 포함한 용액은 그림 3.2에 보여주는 순서에 따라, +0.8 V의 조건에서 산화백금 혹은 유리탄소 전극표면에 산화가 진행되어 폴리피롤을 형성한다. 할로겐에 의해 산화된 SbF_5, AsF_5, $FeCl_3$과 같은 화학적 제조방법이 사용될 수 있다. 이러한 전기화학적 방법은 용매와 측정 이온을 바꾸면서 많이 달라질 수 있다. 이러한 전도중합체의 가장 중요한 전기화학적 특성은 그들의 산화환원작용이 서로 뒤바뀔 수 있는 것이다. 중합체는 그림 3.3의 순환전압전류법에서 보여주는 것처럼 특정한 전위에서 전기활성을 나타내며, 환원은 전기적 전도단계로부터 비전기적 전도단계까지 발생할 수 있다(비록 물질은 계속해서 이온전도성을 유지할지라도):

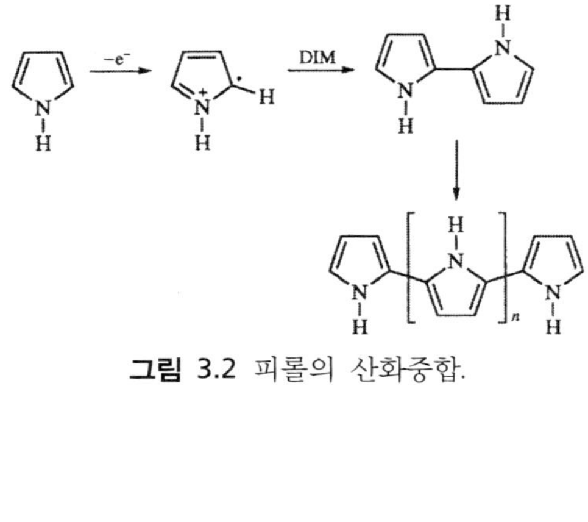

그림 3.2 피롤의 산화중합.

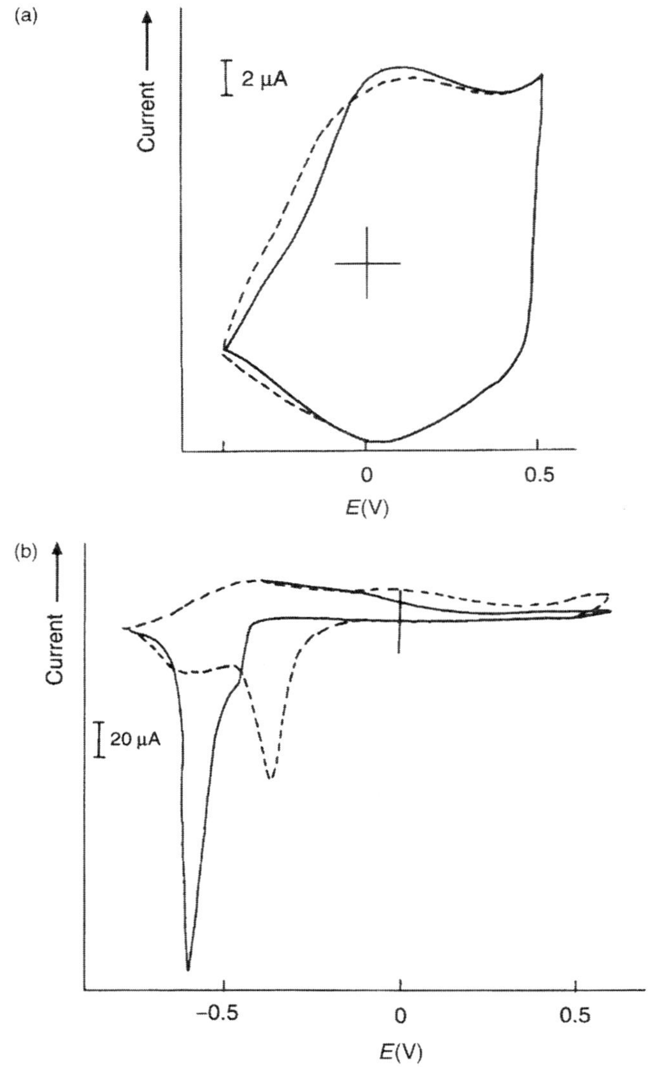

그림 3.3 다른 반대 음전위를 가진 폴리피롤의 순환전압전류도.

폴리아닐린은 세 개의 다른 산화 단계를 가지기 때문에 그림 3.4에서 나타난 것처럼 세 개의 전환모드가 있다. 그러한 변화는 물질의 전기적 저항에 높은 효과를 나타내므로 분자인식 성능에 큰 효과를 나타낸다.

다양한 형태의 분자간 상호작용은 주요하게 다음과 같은 다양한 분자감지 형태를 가능하게 한다:

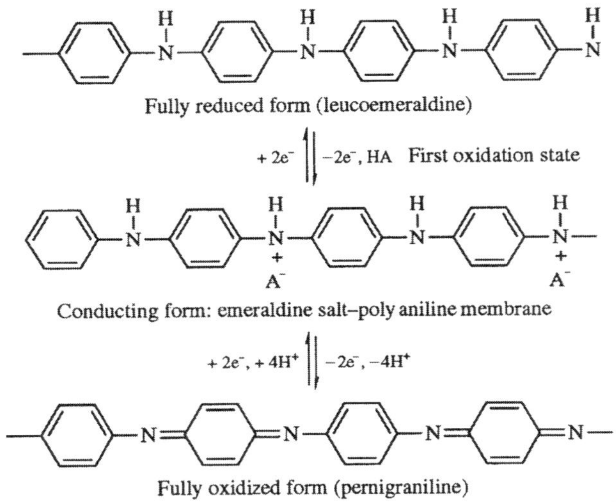

그림 3.4 다양한 전환 모드를 나타내는 아닐린의 산화로 얻어진 폴리아닐린.

$$PPY + A^-_{(soln)} \rightleftharpoons PPY^+ + A^-_{(poly)}$$

- 이온–이온
- 이온–쌍극자
- 쌍극자–쌍극자 (수소 결합)
- 이온–전기유도
- 쌍극자–전기유도
- 분산

대상이온의 감지는 일반적으로 (a)킬레이트화와 합성, (b)효소–기질간의 상호작용, (c)항체–항원간의 상호작용에 의해서 이루어진다. 이러한 감지는 폴리피롤내에 EDTA를 융합하는 것과 해당 폴리머 매트릭스 내에 적합한 이온군을 결합하거나 글루코오스나 요소 산화효소와 같은 생물인식 요소를 중합체내로 융합함으로써 가능하게 된다.

3.2.4.5 이온-교환 중합체

전도중합체는 본래 *이온-교환 물질*이며, 상대이온의 성질에 따라 중합체의 교환 특성은 크게 바뀔 수 있다. 따라서, 염화폴리피롤(polypyrrole chloride)의 경우, 이온교환 순서는 $Br^- > SCN^- > SO_4^{2-} > I^- > CrO_4^{2-}$ 이지만, 폴리피롤과염소산염(polypyrrole

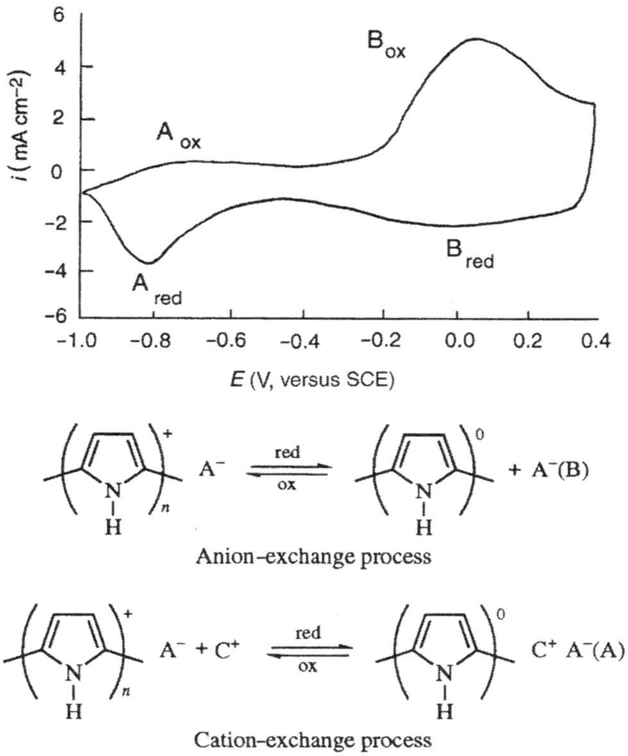

그림 3.5 피롤기반 음-양 교환 중합체. 순환전압전류도는 0.001 M의 KCl 농도조건에서 하나의 마이크로전극에서 발생하는 폴리피롤의 반응을 보여준다.

perchlorate)의 경우 이온교환 순서는 $SCN^- > Br^- > I^- > SO_4^{2-} > CrO_4^{2-}$이다.

만약 황산도데실(dodecylsulfate) 또는 폴리비닐 설폰산(polyvinyl sulfonate)과 같은 소수성을 갖는 상대이온이 이용되는 경우에는, 이온교환 특성은 없어지거나 다르게 변형될 수 있다. 중합체는 그림 3.5에 나타낸 순환전압전류도(cyclic voltammogram)와 관련된 도식에서 나타난 바와 같이 음이온교환 중합체에서 양이온교환기로 바뀔 수 있다.

> SAQ 3.2
>
> 전도중합체가 이온선택성전극으로 작용하는 원리는 무엇인가?

이오노머(ionomer)-필름-피복전극은 중합체 코팅 전극의 또 다른 형태를 나타낸다. 이오노머는 공유결합된 이온화 가능한 작용그룹을 함유하는 직선형 또는 가지

형-사슬 중합체이다. 이러한 물질은 10 % 이하의 이온화 단위체를 함유하고 있으며 가교 상태로 연결되어 있지는 않다.

그것은 스스로 전극활성을 가지지 않지만, 1가와 2가 무기이온과 비교해 볼 때 알킬암모늄(alkylammonium) 이온과 같은 큰 소수성 양이온에 대해 높은 선택적 이온교환성을 보여준다. 주요 형태는 듀폰사의 '나피온 (Nafion)'($[CF_3(CF_2)_n]_2=CF-O-CF_2-CF(CF_3)-O-(CF_2)_2-SO_3H$)과 다우케미컬의 'PFASA'($[CF_3(CF_2)_n]_2=CF-O-(CF_2)_2-SO_3H$)와 같은 퍼플루우오로설퍼네이트(perfluorosulfonate) 중합체이다.

이오노머 필름은 수용액 상에서 크기가 큰 양이온을 추출하고 농축할 수 있다. 지금까지 연구된 양이온으로는 메틸 비올로겐(methly viologen, MV^{2+})과 페로세닐메틸 트리메칠 암모늄(ferrocenylmethyltrimethylammonium, FA^+)과 같은 전극활성 이온과 $Ru(NH_3)_4{}^{3+}$와 $Ru(byp)_3{}^{2+}$와 같은 루테늄(ruthenium) 복합체를 들 수 있으며 모두 전압전류법으로 측정될 수 있다.

수용액과 필름사이의 상호작용은 다음의 식으로 나타낼 수 있다.

$$O^{n+}(aq) + nNa+(film) \longrightarrow O^{n+}(film) + nNa^+(aq)$$

이러한 반응은 물과 필름사이의 분포계수 k_D와 반응에 대한 평형상수 $K_{O/Na}$에 의해 정량화 될 수 있다. 이온에 대한 k_D와 $K_{O/Na}$ 값은 표 3.1에서 제시하고 있으며, 단순 무기이온에 대한 몇몇 대표적인 $K_{O/Na}$ 값은 Cs^+ = 9.1과 Ba^{2+} = 30이다.

> **SAQ 3.3**
> 음이온은 전도중합체의 특성에 어떠한 영향을 미치는가?

분석관점에서 보면, 그 방법은 양극벗김 전압전류법(anodic stripping voltammetry)(ASV)에서 사용했던 방법과 유사하다. 그림 3.6에서 보여주는 것처럼, 10^{-8} M 농도는 대략 2–20 μA를 나타내는 순환전압전류법(cyclic voltammetry) (CV) 전류로 쉽게 감지

표 3.1 이온교환 분포계수, k_D와 선택성계수, $K_{O/Na}$

Cation	k_D	$K_{O/Na}$
MV^{2+} [a]	7.9×10^5	1.5×10^4
FA^+ [b]	1.1×10^6	7.3×10^4
$Ru(NH_3)_6{}^{2+}$	2.5×10^6	3.7×10^4
$Ru(NH)_3{}^{2+}$	2.1×10^7	5.7×10^6
$Ru(NH_3)_6{}^{2+}$	2.6×10^4	7.4×10^2

[a] Methyl viologen. [b] Ferrocenylmethyltrimethylammonium.

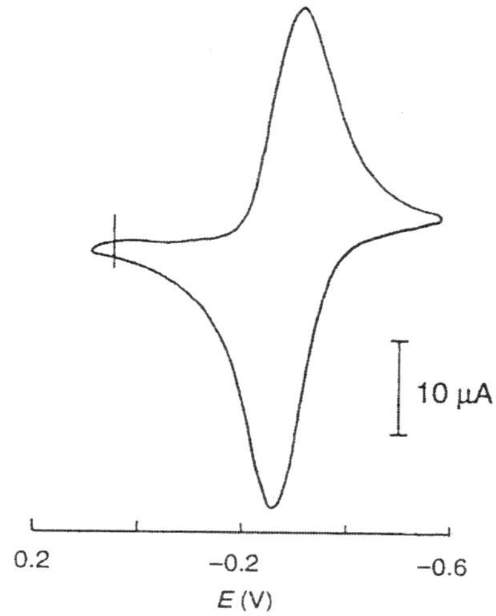

그림 3.6 2.78 × 10^{-8} M $Ru(NH_3)_6^{3+}$에서 평형상태가 된 나피온 전극의 순환전압전류도.

할 수 있다. 이러한 기술을 *이온교환 전압전류법*(*ion-exchange voltammetry*)라 한다.

이러한 시스템을 실제로 구성하기 위해서는 다양한 요소가 고려되어야 한다:

(i) 필름/용액의 평형속도를 결정하는 필름 질량이동 운동특성
(ii) 감지 한계를 결정하는 이온교환 선택성
(iii) 새로운 작동을 위한 필름의 재생능력
(iv) 분석대상간의 선택성. 비록 이오노머 수지가 아무것도 없는 비피복 전극보다는 우수하지만, 가장 기본적인 선택성만을 가지고 있다. 한 가지 방법으로는 전위측정법에서 사용되는 화학적으로 선택적인 막(membrane)을 이용하는 것과 같이 멤브레인 내에 선택성을 부여하는 것이다.

이러한 기술을 흥미 있게 적용한 예시는 쥐의 뇌에서 아스코르브산염과 같은 잠재적인 간섭물질이 존재할 때, 도파민과 같은 신경전달물질을 *in vivo* 상태에서 검출하는 것이다. 도파민은 생리학적인 pH 범위에서 양자가 가해지면 '나피온(Nafion)'필름에 의해 추출되지만 아스코르브산염은 음이온으로 그대로 남아있게 된다.

SAQ 3.4

이온-교환 전압전류라는 용어의 의미는 무엇인가?

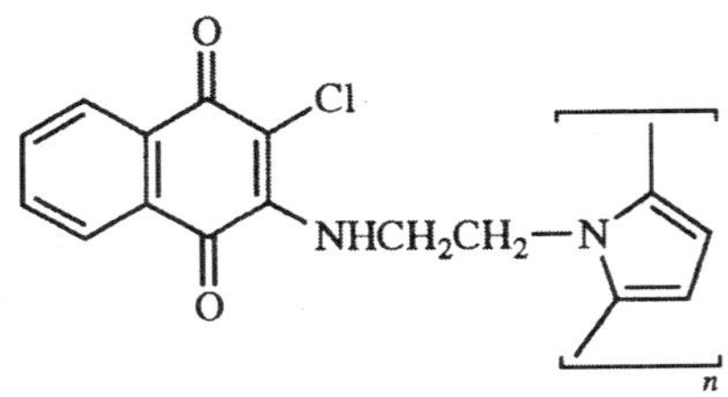

그림 3.7 폴리피롤과 결합한 퀴논을 함유한 산화환원 중합체.

3.2.4.6 산화환원반응 중합체

많은 수의 피복전극은 산화환원그룹을 중합체에 코팅하여 붙임으로써 만들어 진다. 가장 잘 알려진 방식은 4-비닐피리딘(4-vinylpyridine)을 표면에 중합하는 것이다. 결과적으로 이것은 전이금속 이온과 선택적으로 조화를 이루게 된다. 루테늄과 오스뮴 이온은 그 산화환원반응 중합체는 다른 전해질에 대해 효과적인 산화환원반응의 촉매제이기 때문에 특별히 많이 연구되어 왔다.

하나의 유사한 연구는 그림 3.7에 나타낸 예처럼, 폴리피롤, 폴리메틸렌피롤, 폴리티오펜 등에 산화환원 역할로 퀴논을 공유결합 시킨 사례이다. 이러한 연구의 대부분은 가능한 낮은 산화환원반응 전위를 유지하기 위하여 염소 처리한 벤조퀴논(benzoquinone), 나프토퀴논(naphthoquinone), 설퍼네이트 안트라퀴논(sulfonated anthraquinone)을 사용하여 수행되어 왔다.

또 다른 연구는 이미 산화환원물질을 함유하고 있는 아미노산을 중합하는 것이었다. 이러한 중합은 중성 pH 범위에서 잘 형성되는데 4-니트로벤조일(4-nitrobenzoyl) 그룹을 폴리-L-라이신(poly-L- lysine), 폴리-L-오르니틴(poly-L-ornithine)과 폴리-L-글루타메이트(poly-L-glutamate)에 결합하면서 반응을 유도해 왔다. 폴리-L-에틸글루타메이트(poly-L-ethylglutamate)에 결합된 이미다졸그룹의 경우, 시토크롬 *c* 아날로그(cytochrome *c* analogue)로 만들기 위해 철 포르피린(iron porphyrin)이 트리메틸아민기(trimethyleneamino group)에 산화환원 반응물질의 역할로 결합되었다.

> **SAQ 3.5**
> 산화환원반응 물질을 어떻게 전극에 피복할 수 있는가?

3.2.4.7 프탈로사이아닌(Phthalocyanines)

프탈로사이아닌(그림 3.8)은 약한 반도체 성질을 갖지만 전도성은 이산화질소와 같은

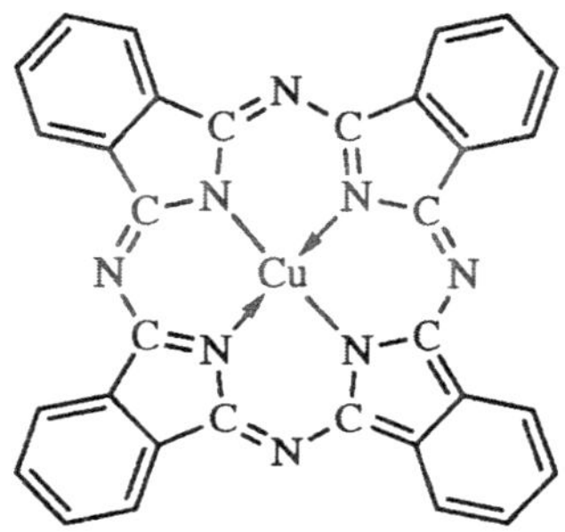

그림 3.8 구리 프탈로시아닌의 구조.

특정한 전자-수용체 분자와 복합체로 형성될 때 크게 증가할 수 있다. 결국, 프탈로사이아닌은 전자-수용체 분자 검출을 위한 센서물질로 사용될 수 있다.

이러한 물질은 이산화질소, 일산화질소, 염소, 불소, 삼불화붕소와 같은 가스를 검출하기 위한 센서의 전도체로 사용되어 왔다. 금속의 구조 변경 또는 벤젠 링의 치환은 프탈로사이아닌의 감도와 선택성을 바꿀 수 있다. 불행하게도, 프탈로사이아닌은 80−150°C와 같이 높은 온도에서 작동되어야 하고, 기질 분자와 공여체-수용 복합체를 형성하기 때문에 회복-시간이 느리다. 납 프탈로사이아닌은 공기 중에서 1ppb 이산화질소까지도 감지할 수 있다. 탄화수소는 문제가 없지만 탄화암모니아와 황화수소와 같은 전자-공여 분자는 측정에 어느 정도 간섭을 일으킨다.

이러한 특성으로 프탈로사이아닌은 탄소반죽 또는 스크린프린트(screen-printed) 전극을 이용 시스테인(cysteine), 환원 글루타티온(glutathione), 옥살산(oxalic acid)과 히드라진(hydrazine) 등의 물질을 전압전류 또는 전류식으로 측정하는데 필요한 전자-촉매 센서 막으로 사용된다.

DQ 3.2

전극이 선택적 반응을 하도록 하는 프탈로사이아닌의 역할은 무엇인지 기술하여라.

답

프탈로사이아닌은 일산화질소와 이산화질소 같은 가스를 검출하는 데 전도체로 사용될 수 있다. 금속의 변형은 측정 분자의 선택성을 바꿀 수 있다.

프탈로사이아닌은 탄소반죽 또는 스크린프린트 전극 등에서 시스테인을 전압전류 방식으로 측정하는데 적용될 수 있다.

3.3 분자의 감지 – 화학 감지물질

3.3.1 열역학 – 복합물 형성

열역학은 반응 물질과 생성물질 사이의 평형상수를 조절한다. 만약 이것이 대상이온과 리간드 복합체에 대해서 높고, 동일 리간드를 가진 다른 대상이온에 대해서 낮으면 선택성 방법의 기본원리가 될 수 있다.

$$M + nL = ML_n$$

여기서

$$K = [ML_n]/[M][L]^n$$

이러한 원리는 UV–가시광선 부분에서 다양한 범위의 분광광도 분석을 위한 기초가 되어 센서기술에 적용될 수 있다. 관련 화학물질은 측정 대상체에 선택적으로 복합체를 형성해야 하고 특정한 변환기(보통, 광학적, 전기화학적)에 반응해야만 한다. 광학적 반응은 일반적으로 대상체에 흡착 또는 형광발광 변화를 나타낸다. 이상적으로, 화학물은 대상체가 제거되었을 때 완전한 가역성을 나타낸다. 일반적으로 관련 리간드를 막 안에 배치하는 것이 필요하고 리간드의 한쪽 면은 변환기에 연결하고 다른 한쪽은 측정 대상체와 접촉시킨다.

PVC 막은 이온선택성전극을 포함한 다양한 센서에 성공적으로 적용되어 왔다(표 3.2 참조). 이것은 전위차측정 변환기를 사용한다. 예를 들면, 질산염 센서는 이온투과담체(ionophore)로 트리(*n*-데카날)메틸암모늄 질산염 (tri(n-decyl) methylammonium nitrate, 1%), 가소제로 프틸산 디부틸(dibutyl phthalate, 66%)과 폴리염화비닐(PVC, 33%)을 이용한다(그림 3.9 참조). 다른 예시는 표 3.2에서 보여준다.

예를 들면 리간드물질을 전극표면 탄소반죽 안에 주입함으로써 전류측정형 센서를 서를 만들 수 있다. 그 복합체는 복합체로 형성되지 않은 대상체보다 좀 더 쉽게 환원(산화)되어야 한다. 한 예는 폴리비닐 피리딘(polyvinyl pyridine, PVP) 막 내에

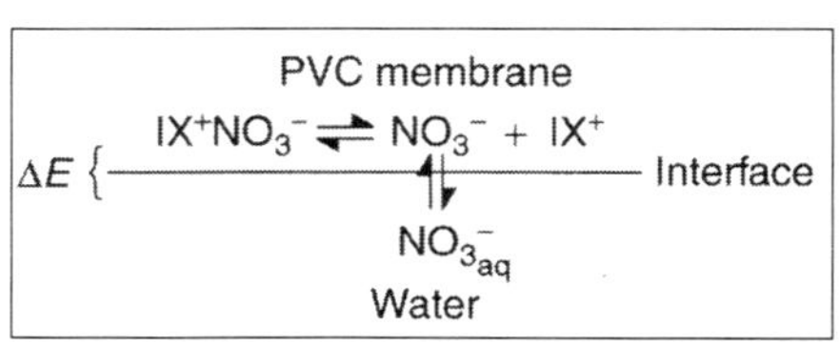

그림 3.9 질산 이온-교환 막에 대한 계면 전위의 형성 개요도.

표 3.2 PVC기반 센서 멤브레인의 예

Species	Ionophore
H^+	Tri-*n*-dodecylamine
Li^+	12-crown-4
NH_4^+	Nonactin
Ba^{2+}	Nonylphenoxy poly(oxyethylene) ethanol
Zn^{2+}	Zinc di-*n*-octylphenyl phosphate
Anionic detergents	Cetyltrimethylammonium dodecylbenzenesulfonate
Parquat	Paraquat bis(tetraphenyl borate)
Promethazine	Promethazine tetraphenyl borate
Ephedrine	Ephedrine tetraphenyl borate

2,2′-비피리딜(2,2′-bipyridyl) 리간드를 투입하는 철(II) 분석의 경우로 복합체로 형성된 철(II)은 선형-스윕 전압전류방식으로 산화가 이루어진다. 그 복합체는 대상체에 대해 선택성이 향상될 뿐만 아니라 측정 대상이온을 효과적으로 농축시킨다.

다양한 광학 센서는 이러한 원리를 이용한다. pH 감지기는 특정 pH 범위에서 색깔이 변한다. 이러한 감지기는 PVC 혹은 셀룰로스 아세트산과 같은 막에 주입된다. 만약 지시계가 산성에서 양전하 상태로 붉은 색을 보이고, 염기 전하가 없는 중성에서 파란색으로 나타나면, 이것은 붉은 색에서 파란색으로의 색깔 변화를 통해 다양한 영역을 측정하는 하나의 pH 지시약으로 작용하는 것이다. 이러한 색깔 변화는 적절한 비색 정량분석기나 분광분석기를 이용하여 측정할 수 있다. 하나의 막 내에 전기적으로 중성상태는 테트라페닐붕소(tetraphenylborate, TPB)와 같은 친유성이 높은 음이온을 사용함으로써 만들 수 있다(그림 3.10).

막의 색깔은 측정 용액의 pH에 의해 지배되는 평형 반응에 의해 영향을 받는다(그림 3.10 참조). 막의 흡광도는 나트륨에 대한 수소이온의 활동도 비율에 의존한다 ($a_{H+/Na+}$). 페놀레드와 같은 색깔-반응 감지기 혹은 8-하이드록시-1,3,6-피렌트리설폰산

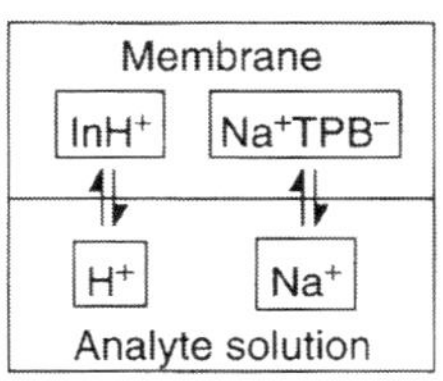

그림 3.10 pH 광센서의 작용과 관계되는 메커니즘 개요도.

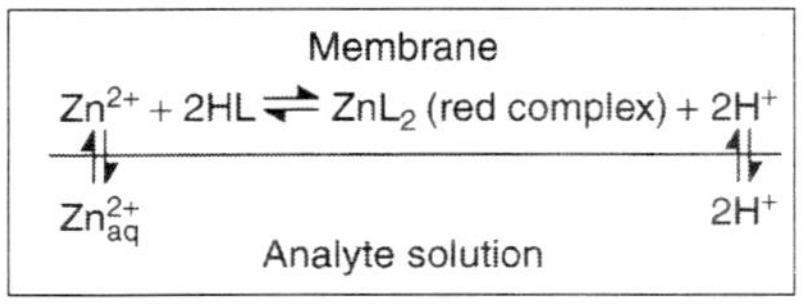

그림 3.11 PAR 기반 광 반응성 막과 아연의 반응.

(8-hydroxy-1,3,6-8-hydroxy-1,3,6-pyrenetrisulfonic acid)(HPTS)과 같은 형광 감지기 등이 사용될 수 있다.

유사한 원리가 그림 3.11에 나타난 것처럼 아연이온과 같은 금속이온의 검출을 위해 PVC 막에 4-(2-피리디라조)레조르시놀(4-(2-pyridylazo)resorcinol, PAR)을 고정시킨다. 복합체 색상의 강도는 비록 그 강도가 수소이온의 활동도의 제곱과 관계가 있다고 할지라도 아연의 양도 관계가 있다. 시료용액은 셀룰로오즈에 아연을 공유결합시켜 만들고 이 용액은 pH 4.8로 조정되어야 한다. 모린(4,8,3,5,7,2′,4′-pentahydroxyflavone)은 알루미늄, 베릴륨과 형광복합체를 형성하고, 광 반응성 막은 셀룰로스에 이러한 복합체를 공유결합시켜 만들 수 있다.

DQ 3.3

광학센서에 사용되는 최적 화학물의 특성은 무엇인가?

답

이 물질은 측정 대상체에 매우 민감해야하며, 대상체가 제거되었을 때 완전한 가역성을 보여야 하며, 대상체에 대해 높은 선택성을 나타내야하며 반응성이 빨라야 한다. 이것은 광-안전성이 있어야 하고 화학용탈(chemical leaching)의 문제가 없어야 한다. 또한, 저비용의 센서를 위해서, LED와 같은 저비용 반도체 재료와 호환되어야 한다.

3.3.2 동적촉매효과(Kinetic-Catalytic Effects): 동적 선택성

화학반응속도는 선택성을 조절하는 데 이용될 수 있다. 피복전극은 과전압 상태의 활성을 낮추는데 사용될 수 있고 반응속도를 효과적으로 높여서 간섭효과를 감소시키고 검출한계를 낮출 수 있다. 이러한 것의 예는 $[Os(byp)_2(PVP)_{10}\ Cl]Cl$-코팅 전극을 이용하여 철(III)을 분석하는 것이다. 이 물질은 전극(변환기)과 측정용액 사이에 하나의 전자이동체로 작용한다. 이것은 바이오센서에서 매개체의 이용과 유사한 형태로서 효소와 전극 간에 전자이동의 속도를 높인다. 이러한 메커니즘은 아래와 같다.

$$A = B + e^-$$
$$B + Y = A + Z$$

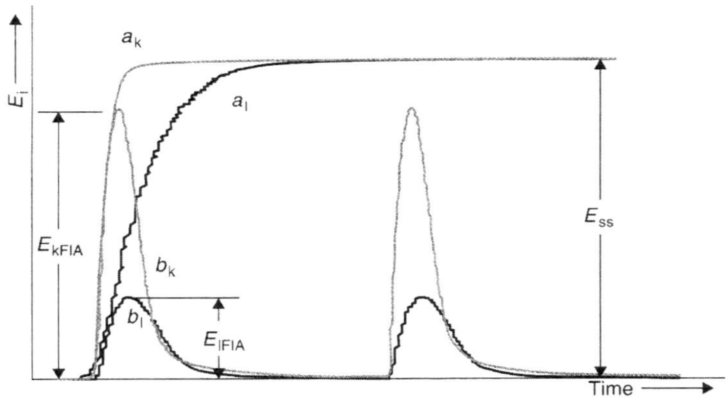

그림 3.12 이온선택성전극의 동특성으로 개선된 선택성: a_k와 a_l은 각각 안정상태에서 주이온과 간섭이온의 활동도; b_k와 b_l은 유체흐름분석에서 나타난 주이온과 간섭이온의 활동도.

바이오센서에서 효소의 사용은 동적효과의 또 다른 예이다. 그러므로, 특정한 효소가 있을 때 반응은 매우 빨라지고 다른 대상체와는 반응을 하지 않는다.

가연성가스에 대한 촉매식 가스센서는 1,000°C에서 백금, 납, 칼슘, 로듐과 같은 촉매 이용에 따라 공기 내 가스의 연소특성이 조절되는 것을 기반으로 한다. 백금 저항온도계와 같은 온도장치는 발생하는 증발열을 감지한다.

또 다른 동적효과는 이온선택성전극을 사용하는 흐름주입분석법(flow-injection analysis, FIA)의 경우이다. 만약 하나의 시료 이온이 간섭 이온과 같은 열역학적 반응(동일한 전압반응)을 나타내지만 다른 동역학 반응을 가지고 있으면, 이것은 선택성을 향상시키는데 사용될 수 있다. 간섭이온과 비교할 때, 선택성 막 양쪽 면에 있는 주 이온 간에는 빠른 이온교환 반응이 발생한다. 그 결과, 안정된 상태에서 주이온과 간섭이온은 똑같은 반응성을 나타냈음에도 불구하고, 측정코자 하는 주이온은 간섭이온에 비해 훨씬 높은 반응 피크 값을 나타낸다(그림 3.12 참조).

3.3.3 분자의 크기(Molecular Size)

분자의 크기는 선택성의 요건이 될 수 있다. 매우 간단한 방식인, 분자 체(sieve)는 크고 작은 분자를 선택적으로 선별할 수 있다.

캘릭사렌(Calixarenes) (그림 3.13)은 특정한 분자에 적합하도록 특정 내부 크기로 설계된 컵-모양 분자이다. 이러한 물질은 칼슘을 위한 센서에 사용되어 왔다. '나일 블루(Nile Blue)' 염료는 캘릭스[4]아렌 테트라포스핀(calix[4]arene tetraphosphine)이

그림 3.13 에너지 최소화된 캘릭사렌 이온투과탐체의 전형적인 3차원 그림.

산화된 칼슘-선택적 리간드와 상대이온을 가진 폴리염화비닐(PVC)막에 삽입된다. 이 센서는 광센서로 사용되며 나트륨에 비해 상대적으로 칼슘을 선택한다. 세슘이온은 유사하게 측정될 수 있으나 더 큰 캘릭스[6] 아렌 (calix[6] arene) 물질에 선택적으로 반응한다.

항생물질인 발리노마이신(valinomycin)(그림 3.14)은 중성의 이온투과담체(ionophore)로서 칼륨이온이 발리노마이신분자 안에서 만들어지는 공간에 정확히 일치하기 때문에 칼륨이온과 선택적으로 복합체를 형성한다. 발리노마이신은 현재 칼륨 측정에 사용하는 표준물질이다.

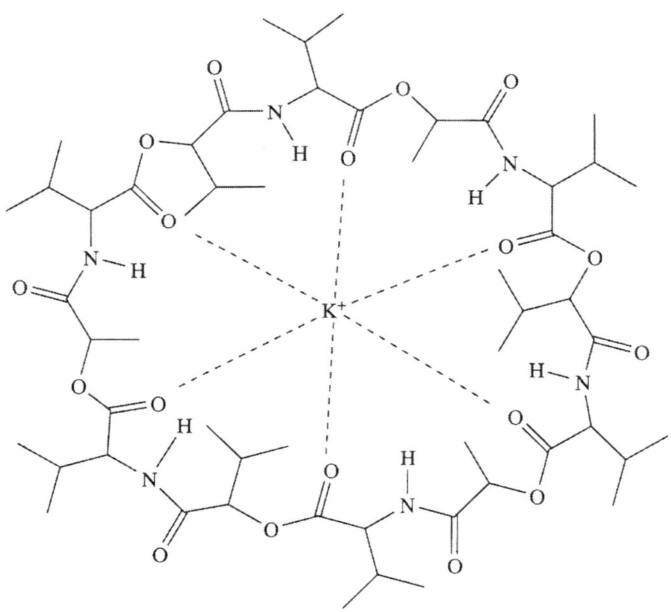

그림 3.14 발리노마이신과 칼륨의 복합체 구조.

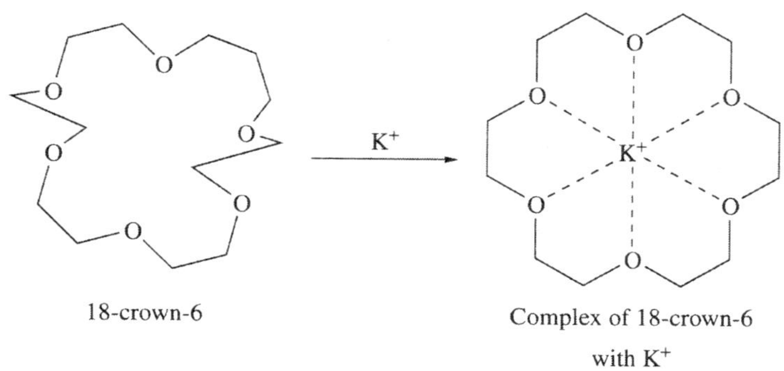

그림 3.15 전형적인 크라운 에테르 18-crown-6과 칼륨과 복합체를 형성한 구조.

다양한 크기를 갖는 크라운 에테르(crown ethers)와 디아크라운(thiacrowns)(그림 3.15 참조)은 은이온(monothiacrown ethers), 칼륨이온(bis-crown ethers), 리튬이온(12-crown-4), 철(III)이온(1,7-dithia-12-crown-4)에 선택적이다.

이러한 물질로 만들어진 센서의 선택성은 다른 이온선택성전극 시스템의 선택성과 유사하다. 그러나, 중요한 장점은 모든 양이온이 포함된 선택적인 하나의 막을 설계할 수 있는 능력이다. 검출한계는 막과 샘플 사이의 분배계수에 의해 정해지는 반면, 수명은 막에서 이온교환이나 중성운반체가 용탈되는 정도에 의해 결정된다.

SAQ 3.6

이온교환 중합체 전극은 어떻게 선택성을 부여하는가?

3.4 분자 감지 – 분광특성감지

3.4.1 개요

분광분석은 수년에 걸쳐 다양한 분자의 특정한 구조 인식에 광범위하게 사용되어 왔다. 이에 대한 세부사항, 이론, 실용적 측면과 적용은 관련서적과 이 장의 마지막에 언급되어 있기 때문에 세부적인 논의 사항은 여기에 기술하지 않는다. 그러나, 본 책의 관련원리 설명을 위하여, 분자분광측정의 기본원리를 기술하면, 분자의 내부 에너지는 아래의 방법으로 표현될 수 있다.

$$E_U = E_{kin} + E_{el} + E_{vib} + E_{rot} + E_{nuc}$$

이러한 에너지는 스펙트럼의 특정한 영역에 대응하고, 이러한 방사선이 분자 위에 가해질 때, 분자는 특정파장에서 방사선을 흡수하여 그 분자는 더 높은 에너지 수준으로 올라가게 될 것이다.

3.4.2 적외선 분광법 – 분자

유기물의 분자와 적외선 흡수 방사선의 상호작용은 진동과 회전에너지(각각 E_{vib}와 E_{rot})의 변화를 야기시킨다. 이것은 결과적으로 복합 형태의 흡광피크를 나타낸다. 이들 중 일부는 O−H, C=O 등과 같은 분자 내 특정한 내부 원자그룹과 연관이 있다. 전반적인 형태는 하나의 특정한 분자의 유일한 "지문(표시)"이며, 만약 정확히 일치된다면, 이것은 훌륭한 진단 도구로 제공된다.

3.4.3 자외선 분광법 – 부족한 선택성(Ultraviolet Spectroscopy – Less Selective)

자외선과 가시광선은 분자의 전자구조(E_{nuc})를 변화시키는 원인이다. 비록, 방향족 분자 내에 포함되는 이중결합 구조와 관련하여 유용한 부가적인 정보를 제공하지만, 이들은 IR분광분석기에 비해 정보 제공이 부족하다.

3.4.4 핵자기공명 분광법 – 분석도구

핵자기공명(NMR)분광은 하나의 원자핵 자장을 가진 원자핵간의 상호작용과 관계된다. 이 기술은 하나의 핵 주변 에너지에 관하여 상당히 구체적인 정보를 제공한다. 이 NMR 기술은 처음에는 수소원자핵(^{1}H)에 주로 적용되어 주변 에너지 층에서 수소원자를 구별할 수 있었다. 명확한 대역 또는 형태는 CH_3그룹의 수소이온에 의해 주어지며, −CH=C그룹 내의 수소와는 구별된다. NMR분광의 정확한 해석을 위해서는 이웃 탄소원자 상에 수소원자핵 사이의 상호작용을 설명하는 어느 정도의 기술을 요구한다. 그러나 이것은 매우 강력한 분석도구이다. 오늘날에는 ^{19}F와 ^{13}C와 같은 다른 핵의 자기공명 특성으로부터 관련정보를 획득하는 것이 일반적이다.

3.4.5 질량분광 분석

질량분광 분석법(MS)에서, 기체화된 분자의 스트림은 전자빔에 의해 이온화된다. 그리고, 검출기는 다른 질량과 전하 비율을 가진 조각(fragment)들을 구별한다. 비록 분자붕괴에서 더 작은 조각에까지 존재하는 이온이 있지만, 일반적으로 하나의 전체 분자의 질량에 대응하는 어미 이온이 존재한다. 현재 전문가들은 분리된 형태를 이용하여 원래의 분자를 구성할 수 있는 주목할 이론이 존재한다. 비록 해석하는데 있어서 주의를 필요로 하지만, 조각으로 분리된 형태는 매우 특이적이다. 그러나,

이것은 IR 분광분석기술처럼, 그 조각으로 분리된 형태를 하나의 '지문'처럼 이용하고 관찰된 모양을 원래 시편의 형태로 일치시키려는 시도를 하는 것이 일반적이다. MS 데이터 라이브러리가 존재하며 컴퓨터를 이용하여 미지의 시료로부터 데이터와 일치시키는데 적용된다. 종종 일치되는 확률이 우수한 경우를 보여주기도 한다.

DQ 3.4

분광광도법은 센서적용 과정에서 선택적 요소로서 어떻게 작용하는지 요약하라.

답

요약하면, 위에서 언급한 네 가지 분광광도방법은 대부분의 물질, 특별히 유기화합물의 완전한 구조를 분석할 수 있다. 적외선 스펙트럼의 표준물질과 일치하는 지를 확인하는 방법은 오랫동안 사용되어 온 물질정체를 확인하는 하나의 방법이었다. (질량스펙트럼은 유사한 방법으로 사용되었다). 일반적으로 모든 화합물은 IR 스펙트럼에서 고유한 형태를 나타내는 충분한 에너지대역이 존재한다. 만약 분석자가 측정 물질이 무엇인지 알지 못한다면, 조합법이 필요할 것이다. 즉, 어떤 유기그룹이 존재하는지 알려주는 IR스펙트럼, 이러한 그룹이 서로 어떻게 연관되어 있는지를 보여주는 NMR자료와 어미 이온과 합성물의 최소 몰질량을 제공하는 질량분석법 등의 조합을 말한다. 또한, UV-가시광선 스펙트럼은 어떤 그룹이 존재하는지 그리고 그들이 서로 결합되어 있는 지에 대한 보조정보를 제공할 것이다.

3.5 분자 감지 – 생물학적 검출제

3.5.1 개요

생체시스템은 바이오센서에 사용되는 중요한 선택적 요소이다. 이것은 스스로 다른 것에는 결합하지 않고, 하나의 특정한 기질에만 부착될 수 있는 물질이어야 한다. 아래와 같은 4개의 물질이 주요한 그룹으로 알려져 있다:

- 효소
- 항체
- 핵산
- 수용체

가장 일반적으로 적용되는 *생물학적 요소*는 효소이다.

이것은 정제형태로 사용되거나 미생물 조직 또는 세포조직 내에서 존재한다. 이러한 효소는 특정한 반응을 위한 생물학적 촉매로 작용하고, 그들 스스로 특정한 기질(측정대상체)과 결합할 수 있다. 이러한 촉매작용은 바이오센서를 만드는데 사용된다.

항체는 다른 작용형태를 갖는다. 항체는 촉매효과를 갖지는 않지만 항원을 활동부위로부터 제거하고 특이적으로 결합한다. 결과적으로 항체를 이용하여 고감도의 바이오센서를 개발할 수 있다. 하지만, 항체를 이용하여 측정대상체인 기질에 반응하여 측정할 수 있는 신호로 변환기에 제공하는 기술을 위해서는 창조적인 발상이 요구된다.

핵산은 지금까지 매우 적게 사용되어 왔다. 핵산은 염기쌍의 특성 때문에 선택적으로 작용한다. 이러한 화합물은 특히 어린이들의 유전적 질병을 찾아내는데 높은 잠재적인 유용성을 갖고 있다.

세포를 둘러싸는 지질 이중층 원형질막 내부에는 분자감지 특성을 갖고 있으며 넓은 원형질막에 걸쳐 존재하는 단백질이 있다. 이들은 수용체로 알려져 있다. 그들은 분리되기 어렵지만, 항체와 일치하는 특이성과 결합력으로 용매에 포함된 다른 성분과 결합한다.

3.5.2 효소

효소는 큰 합성 고분자로 대부분 단백질로 구성되고, 일반적으로 하나 또는 그 이상의 금속이온을 포함하는 *보결분자*그룹을 함유한다. 특히 바이오센서에 많이 사용되는 효소들의 활동형태는 전기화학적으로 감지되는 산화 또는 환원반응을 기본으로 한다. 효소반응의 세부형태는 일반 생화학 교과서에 제시 되어 있으므로, 우리는 단지 아래와 같은 기초적 효소의 촉매작용 메커니즘만을 기술하고자 한다.

$$\mathrm{S + E} \underset{k_{-1}}{\overset{k_1}{\rightleftharpoons}} \mathrm{ES} \xrightarrow{k_2} \mathrm{E + P} \tag{3.2}$$

S는 기질, E는 효소, ES는 효소-기질복합체, P는 생산물이다.

예를 들면, 만약 S가 포도당이면, E는 포도당산화효소(GOD)이고, P는 글루콘산이다.

$$\text{Glucose + oxygen + GOD} \rightleftharpoons \text{(ES)} \longrightarrow \text{GOD + gluconic acid + } H_2O_2$$

이제 정상상태 근사법의 역학이론을 방정식 (3.2)에서 나타나는 반응시스템에 적용하도록 하자. 이 근사법은 대부분의 반응시간동안 효소-기질 복합체의 농도는 안정 상태이기 때문에, 즉 일정하여, 구성 물질로 부터 복합체로 형성되는 속도는 복합체가 분해되어 효소로 돌아가고 산물로 진행하는 속도에 의해 균형이 이루어지는 것을 가정한다. 그러므로, 식은 다음과 같이 정리할 수 있다:

복합체 형성 속도 : $k_1[S][E] - k_{-1}[ES]$

복합체 분해 속도 : $k_2[ES]$

이러한 속도율은 평형상태의 근사 값 때문에 같거나 반대의 비율이 된다. 식으로 정리하면:

$$k_1[S][E] - k_{-1}[ES] - k_2[ES] = 0$$

우리는 잘 알려지지 않은 [E]보다는 총계 $[E_0]$의 용어로 효소농도를 나타내며, $[E_0] = [E] + [ES]$이다. 그러므로:

$$k_1[S][E_0] - k_1[S][ES] - k_{-1}[ES] - k_2[ES] = 0$$

만약 [ES]에 관한 방정식을 풀면, 아래와 같은 식을 얻을 수 있다.

$$[ES] = \frac{k_1[S][E_0]}{k_{-1} + k_2 + k_1[S]}$$

만약 $K_M = (k_{-1} + k_2)/k_1$이라 한다면, K_M은 *미카엘스(Michaelis) 상수*이고, 다음을 얻을 수 있다:

$$[ES] = \frac{[E_0][S]}{K_M + [S]}$$

전체의 반응속도(산물형성속도)는 다음과 같이 *미카엘스-멘텐(Michaelis-Menton)* 방정식에 의해 주어진다.

$$v = \frac{d[P]}{dt} = \frac{-d[S]}{dt} = k_2[ES] = \frac{k_2[E_0][S]}{K_M + [S]}$$

$[S] >> K_M$일 때, V_{max}에 도달하고, 그래서 $V_{max} = k_2[E_0]$이 되고, $[S] = K_M$이면, $v = V_{max}/2$이다. 이것은 곡선으로 그림 3.16에 나타내었다. 그것은 실험적으로 직선 형태로 데이터를 도시하면 더욱 편리하며, 미카엘스-멘텐(Michaelis-Menton) 방정

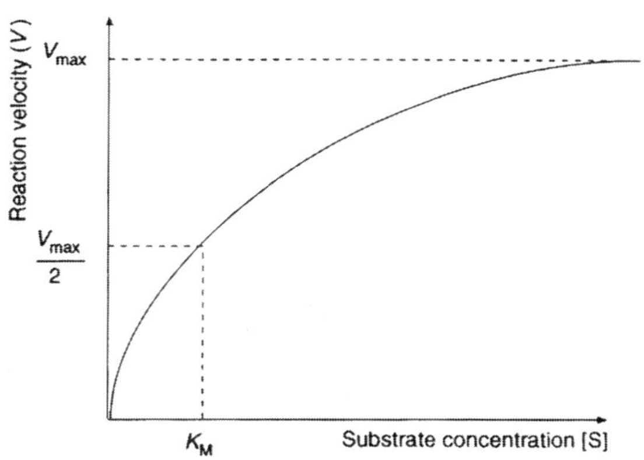

그림 3.16 일정 효소농도에서 효소촉매반응에 대한 기질농도의 반응속도 영향성.

식의 역수를 취하면 아래와 같이 얻을 수 있다:

$$1/v = \frac{K_M + [S]}{k_2[E_0][S]} = \frac{K_M}{k_2[E_0][S]} + \frac{1}{V_{max}}$$

이것은 *라인위버-버크(Lineweaver-Burk)* 그래프로 알려져 있다. 즉, $1/v$는 $1/[S]$에 대해서 그래프로 표시될 때, K_M/V_{max}의 기울기와 $1/V_{max}$ 절편을 갖는 직선을 얻을 수 있다. 따라서, K_M과 V_{max}는 구해진다. 실제로는 더 많은 단계가 관련되어 있고 저해제(inhibitor)의 효과도 고려되어야 한다.

포도당 바이오센서와 요소 바이오센서는 선택적 시약 효소를 사용한 일반적인 예이다(세부적인 사항은 5장 참조).

DQ 3.5

센서에서 효소 사용의 장점과 단점은 무엇인가?

답

장점

(i) 기질에 결합한다.
(ii) 높은 선택성을 갖는다.
(iii) 촉매활성을 나타내어 감도를 높인다.
(iv) 빠르게 작용한다.
(v) 가장 일반적으로 사용되는 생물학적인 물질이다.

단점

(i) 고가이다. 효소의 정제, 분리, 추출의 비용이 매우 높고, 때때로 효소의 원재료 비용도 높다. 그러나, 잘 정의되고 분석되는 특징을 가진 다양한 영역의 효소가 상업적으로 이용가능하다.
(ii) 효소는 변환기 위에 고정화 될 때 효소활성을 잃는 경우가 있다.
(iii) 상대적으로 짧은 기간 안에 불활성화로 인해 활성을 잃는 경향이 있다.

SAQ 3.7

효소반응은 왜 고농도 대역의 기질에서 비선형적으로 나타나는가?

SAQ 3.8

효소는 왜 하나의 반응에 대하여 항상 특이적인 것만은 아닌가?

3.5.3 조직 물질

식물과 동물의 조직은 간단한 준비로 직접적으로 사용할 수 있다. 일반적으로, 동식물 조직은 다양한 효소를 포함하므로 정제 효소만큼 선택적이지는 않다. 그러나, 조직물질에서 얻어진 효소는 자연 상태에서 존재하기 때문에, 변질이 쉽게 되지 않는다. 그래서 그 효소를 사용하는 센서는 수명이 긴 편이다. 반면에, 기질이 충분히 확산/전파하는데 더욱 많은 조직물질이 존재하기 때문에 반응은 늦는 편이다. 또한, 이러한 조직물질은 해당 효소의 효과를 희석시킨다. 우리는 정제된 효소로 만들어진 바이오센서와 조직물질의 효소로 만들어진 센서의 성능기준을 비교하는 많은 사례를 볼 수 있다.

미생물과 조직 모두는 효소를 포함한 물질이지만, 효소 주변의 다른 환경이 서로 다른 장점과 단점을 만든다. 두 물질은 정제 효소보다 값이 싸고, 바이오센서에 사용할 때 개선된 수명을 나타낸다. 미생물과 조직 물질에 존재하는 효소활성은 자연환경에서 안정적이고, 용질, pH, 온도의 변화에 의한 저해제에 더욱 안정적이다. 주요한 단점은 조직물질은 종종 효소 혼합물을 함유하기 때문에 어느 정도 선택성 저하가 발생한다. 하지만, 이러한 낮은 선택성은 몇몇 종류의 분석에는 장점으로 작용할 수 있다. 예를 들면, 뇌에서 발견되는 카테콜아민 계열이면서 폴리페놀릭 화합물의 산화를 촉매하는 풀리페노라이즈 복합체를 함유하고 있는 도파민 측정에 사용되는 바나나 조직은 시드웰(Sidwell)과 레이치니츠(Reichnitz)에 의해 1985년에 개발되었으며 1988년에 왕(Wang)과 린(Lin)에 의해 발전되었는데, 최근 우리 연구진(Eggins, 1994)에 의해 카테콜자체와 맥주와 포도주의 향료에서 발견되는 카테콜의 한 종류인 플라바놀을 효과적으로 측정할 수 있음이 발견되었다. 다음의 DQ는 바이오센서의 선택적 요소로 사용되는 식물조직의 장점과 단점을 요약하였다.

DQ 3.6

선택적요소로서 식물조직을 이용할 때의 장점과 단점을 논하라.

답

장점

(i) 그 효소는 자연적 환경에서 유지될 수 있다.
(ii) 그 효소의 활성은 안정적이다.
(iii) 식물물질 내 효소는 때때로 정제 효소가 적용되지 않는 곳에 작용을 한다.
(iv) 정제 효소보다 싸다.

단점

간섭이 존재하여 선택성이 저하될 수 있다.

일부 예는 아르기닌과 플라바놀을 측정하기 위한 바이오센서를 포함하여 제5장에서 제시한다.

3.5.4 미생물

미생물은 양조, 제약합성, 식품제조, 폐수처리와 에너지 생산 등과 산업에 관계되는 많은 생물공학 공정에서 중요한 역할을 하며 이러한 다양한 공정을 모니터링 하는데 미생물을 기반으로 한 많은 바이오센서가 개발되어 왔다. 미생물은 유기화합물을 흡수하여 결과적으로 호흡활동의 변화가 발생하고 또한 전기활성 대사산물을 생산할 수 있다.

바이오센서에서 이러한 물질을 사용하는 장점은 아래와 같다.

(i) 미생물은 정제효소보다 싼 효소의 공급원이다.
(ii) 미생물은 용질에 의한 억제효과에 덜 민감하고, pH와 온도 변화에 잘 견딘다.
(iii) 미생물은 더 긴 수명을 가진다.

그러나 여기에는 단점도 있다.

(i) 때때로 응답시간이 길다.
(ii) 회복시간이 길다.
(iii) 조직처럼, 많은 효소를 포함하고 있어 선택성이 불리하다.

제5장에서 융합할 수 있는 설탕과 포도당을 측정하는데 사용되는 바이오센서와 같은 몇몇 적용 예가 주어진다.

3.5.5 미토콘드리아

세포 이하의 조직으로서 많은 효소를 포함하는 미토콘드리아는 효과적인 생 촉매 요소로 작용할 수 있다. 미토콘드리아는 때때로 관련 전체 조직이 필요한 특성이 부족할 때, 센서의 반응성과 선택성을 향상시키는데 유용하다. 제 4장의 표 4.2는 글루타민을 측정하기 위한 미토콘드리아 바이오센서의 상대적인 성능 특성을 보여준다.

3.5.6 항체

항체는 가장 활용도가 높은 생물학적 선택성 작용제이다. 항체(Ab)는 어느 하나의 기질(항원(Ag))에 대응하여 만들어지므로, 높은 선택성 물질을 만들어 낸다. 유기물은 단백질인 항체를 만들어 침입하는 항원과 결합하여, 아래와 같이 위해한 항원을 제거한다(그림 3.17):

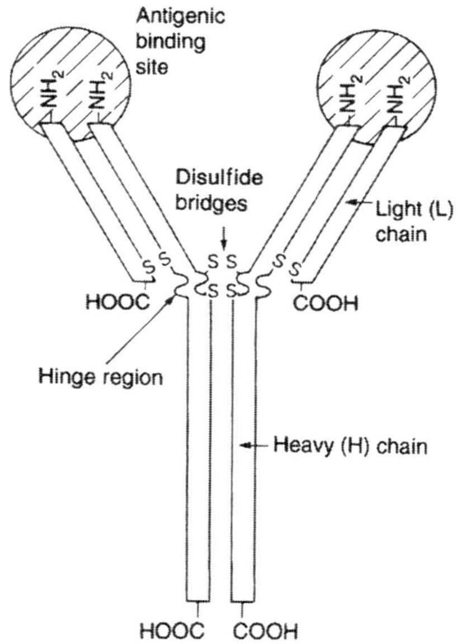

그림 3.17 두 개의 경사슬과 두 개의 중사슬로 구성된 전형적인 항체의 구조.

$$Ab + Ag = Ab - Ag$$

친화상수 K(= [Ag−Ab]/[Ab][Ag])는 보통 약 10^6이다. 항체 농도가 고정된 경우, 평형상태에서 결합된 항원에 대한 결합되지 않은 항원의 비율, [Ag]/[Ag−Ab]은 리간드의 총 양([Ag] + [Ag−Ab])과 정량적으로 관계되어 있다. 만약 일정량의 항원이 더해지면, 원래 항원의 미지농도를 결정할 수 있다.

미지의 항체는 표지된 항체물질을 사용함으로서 측정할 수 있다. 표지는 보통 방사선 동위원소, 효소, 혈액 세포, 형광프로브, 화학발광 탐색기, 또는 금속 태그를 사용하여 이루어진다. 실제로, 해당 표지는 항체 또는 항원에 존재할 수 있다. 바이오센서에서 중요한 과정은 효소에 표지를 만드는 것이다. 대부분 모든 변환기는 항체와 함께 사용될 수 있다.

이러한 물질이 바이오센서에서 선택적 요소로 사용 될 때, 다음과 같은 장점을 갖는다:

(i) 매우 선택적이다(사실, 다른 균주 사이에 너무 *선택적*일 수 있다.)
(ii) 초고감도이다.
(iii) 매우 강력하게 결합한다.

그러나, 특수한 단점은 *촉매효과가 없다*는 것이다.

항체는 오랫동안 면역측정법에 사용되어져 왔다. 항체는 측정 기질에 효소가 결합하는 것보다 대응 항원에 훨씬 더 강력하고 특이적으로 결합한다. 사실, 앞에 제시한 것처럼, 항체는 때때로 동일한 물질의 다른 계통 간에 매우 선택적일 수 있다. 비록 효소의 촉매활성이 없더라도 항체는 초-고감도이고 표지된 형태로 자주 사용된다.

바이오센서에서 항체를 적용하는 사례는 제5장에서 에스트라디올(oestradiol)과 TNT 측정에 사용하는 센서를 포함하여 몇 가지 소개된다.

SAQ 3.9
항체는 항상 하나의 항원에 대하여 특이적이다. 이것은 때때로 왜 단점이 되는가?

3.5.7 핵산

핵산은 항체와 같이 다양한 방식으로 작용한다. 핵산 가닥사이의 특이적 염기쌍은 그 유전적 암호에 의해 증가한다. 이것은 세포의 모든 부분의 복제특성과 그에 따른 각 생물종의 개별적인 유전적 특성을 결정한다. 결과적으로 단백질, 효소 등을 포함한 각 세포 내에서 생성되는 각각의 개별 분자는 유전학적으로 암호화된 핵산으로부터 만들어진다.

DNA 탐침(probe)은 유전적 질병이나 암, 바이러스성 감염을 감지하는데 사용될 수 있으며 복제를 통하여 짧은 형태 또는 긴 형태의 합성상태로 이용된다. 항체와 같이, DNA 분석(assay)은 표식 DNA를 시스템에 첨가하는 과정을 포함한다. 표식은 방사능, 광도, 효소 혹은 전기적 활성으로 가능하게 되며 다양한 범위의 바이오센서 형태에 적용된다.

센서를 개발하는데 유전공학과 단백질 공학기술을 이용하여, DNA 측정을 위한 다른 방법도 가능하다. 이것에 관해서, 다음과 같은 많은 접근방법이 시도되었다.

(i) *효소 수율의 증대.* 일부 유용한 효소는 분리되기가 어려운 매우 작은 양으로 존재한다. 한 예로 포도당산화효소와 다른, 산소(또는 다른 산화물)를 필요로 하지 않는 포도당 센서에 사용되는 포도당 탈수소효소(GDH)가 있다. 비록 양은 작지만, GDH의 한 가지 원료는 박테리아인 *아시네토박터 칼코아케티쿠스*(*Acinetobacter calcoaceticus*)이다. 이 효소의 양은 GDH를 암호화하는 유전자를 효과적으로 복제하는 클로닝기술을 사용함으로써 증폭할 수 있으며, 세포 당 50개 이상의 플라스미드 벡터를 생산하고 결과적으로 효소의 양을 늘린다. 이러

한 세부사항은 유전공학의 기술적 지식에 포함된다.

(ii) *효소 특성의 개선.* 효소 자체의 변화는 유전공학을 이용하여 복제유전자를 변형하거나 단백질공학에 의해 직접적으로 이루어질 수 있다. 변형은 (a) 효소에 의해 반응하는 기질의 분자수(turnover number)를 높이고, (b) pH 의존도를 변화시키고, (c) 기질 농도에 대한 선형반응을 변화시키고, (d) 보관이나 작용 동안에 안정성을 높이고, (e) 간섭물질에 의한 영향성을 감소시키고, (f) 기질 특이성을 넓히거나 좁게 하고, 그리고 (g) 보조요소 필요정도를 변화시킨다.

핵산분야에서 비록 아직 많은 적용사례는 없지만, 상당한 발전이 이루어져왔다.

> SAQ 3.10
> 최근에 핵산이 살아있는 선택적 작용제로서 중요하게 되는 이유는 무엇인가?

3.5.8 수용체

수용체는 세포 내 구조로, 특이적인 리간드(작용제, *agonist*)에 결합될 때, 증폭되는 생리적 반응을 야기시킨다. 그 반응은 (a) 이온채널 열림, (b) 이차 전달시스템의 생산, 또는 (c) 효소의 활성 중의 하나이다. 이러한 생물학적 수용체가 바이오센서에 이용될 수 있는 매력적인 특성은 하나의 특이적 기질보다는 구조적으로 관계된 복합물에 결합성을 가진다는 것이다. 수용체는 표지물질(종종, 방사선-표지 리간드)과 함께 사용되지만, 최근에는 형광성 또는 효소로 표식된 리간드를 사용하기도 한다. 다른 형태로서, 표지가 수용체에도 붙여지기도 한다.

이러한 시스템을 적용하는 센서는 넓은 범위에서 생체 수용체-기반 바이오센서와 분리 수용체-기반 바이오센서 그룹에 포함된다.

관련 예로서 에스트로겐(oestrogens)과 에스트로겐 유사체(oestrogens mimics) 뿐만 아니라 국소 마취제를 측정하는 센서에 대해 제5장에서 소개된다. 생체 수용체-기반 바이오센서그룹으로, 프로토타입 화학수용기(prototype chemoreceptor)라고 명명되는 가장 흥미로운 실험 중의 하나는 아미노산, 성호르몬과 피리딘을 기반으로 한 물질과 같은 화학수용체 리간드의 신경 검출을 위해 갑각류의 후각기 구조를 사용한다. 리간드가 대응하는 화학수용체와 결합이 되면 신경 내 잠재적 활동성(AP)을 유발하게 되고, 그 신호는 세포 밖에 있는 유리 미세전극에 의해 감지된다.

가재의 거대한 축색돌기를 이용하는 시스템은 국소마취제를 검출하는 데 이용되는데, 국소마취제는 AP 전달에 관여하는 전압-게이트 나트륨 채널 수용체에 결합하여 AP 전달을 저해한다. 이러한 시스템은 또한 항우울제, 마취제, 알코올이나 독극물과 같은 신경조절 약물이나 독소의 측정에 이용된다. 분리 수용체-기반 바이오센서용 물질은 모두 AP 전달에 영향을 미친다. 불행하게도, 이러한 시스템은 수명이 단지 4 – 8 시간 정도이다.

분리된 수용체에 대해 가장 많이 연구된 것 중의 하나는 니코틴성 아세틸콜린(nicotinic acetylcholine)이다. 이 물질은 ISFET과 축전기형태 등의 몇몇 변환기에 함께 사용되어져 왔다. 가장 성공적인 적용 예는 형광-표식 리간드와 광섬유 극소파장을 적용한 경우이다(제5장 참조). 이것은 30일 동안의 수명을 갖는 센서로서 플루오레세인 이소티오시아네이트(FITC)에 α-코노톡신(α-conotoxin)이 표식이 되어 사용되었다. 이러한 시스템에 기반한 완전한 바이오센서가 성공적으로 개발되기 위해서는 수용체에 대해서 많은 흥미로운 요소들이 연구되어야 한다.

SAQ 3.11

수용체는 작용원리 측면에서 항체와 어떻게 다른가?

3.6 생물학적 물질의 고정화

3.6.1 개요

이용 가능한 바이오센서를 만들기 위해, 생물학적 요소는 변환기에 적합하게 결합되어야 한다. 이러한 과정은 *고정화(Immobilization)*로 알려져 있으며 다음과 같이 다섯 가지 주요 방법이 있다:

(i) *흡착*: 이것은 가장 간단한 방법으로 최소의 준비과정으로 가능하다. 그러나 그 결합력은 약하므로 짧은 시간동안 임시로 사용할 경우에 적합하다.

(ii) *마이크로캡슐화*: 이것은 초기 바이오센서에 사용되어져 온 방법이다. 이 기술은 생체재료를 막 뒤에 고정하여 변환기와 생체재료 사이에 가깝게 막을 고정하는 방법이다. 이러한 방법은 적용이 용이하고, 효소의 성능에 간섭을 주지 않으며 오염이나 생분해성이 적다. 이것은 또한 온도, pH, 이온강도, 화학적 합성 등의 변화에 대해 안정적이다. 그러나, 이러한 시스템은 가스나 전자 등과 같은 작은 분자들이 침투할 수 있다.

(iii) *포괄법(Entrapment)*. 이 방법에서 생체재료는 단량체 용액과 섞여 겔 형태로 중합되어 가두게 된다. 불행하게도, 이것은 기질의 확산에 방해가 되어 반응이 늦어질 수 있다. 이 방법은 또한 겔 안에 있는 구멍을 통해 생체활성이 저하될 수 있지만 이러한 영향을 가교(cross-linking 아래 참조)방법으로 없앨 수 있다. 비록 전분, 나일론, 실리콘 겔 등이 사용되어 왔지만, 가장 일반적으로 사용되는 겔은 폴리아크릴아미드이다. 폴리피롤(polypyrroles)과 같은 전도중합체는 특히 전극사용에 유용하다.

(iv) *가교(Cross-linking)*. 이 방법에서, 생체재료는 고체 지지체 또는 겔과 같은 다른 지지체 재료에 화학적으로 결합한다. 글루타르알데히드(glutaraldehyde)와 같은 두 기능을 가진 반응물이 가교기술에 사용될 수 있다. 이 방법도 약간의 확산이 제한되는 문제와 생체재료에 손상을 줄 수 있는 문제가 있다. 게다가, 그 시스템의 기계적 강도가 불량하다. 하지만, 흡착된 생체재료를 안정화시키는 데 유용한 방법이다.

(v) *공유결합(Covalent bonding)*. 이 방식은 생체재료와 지지체 매트릭스 안에 있는 하나의 기능그룹 사이의 세밀하게 설계된 결합과 관련된다. 효소의 촉매작용에 필수적이지 않는 생체재료 아미노산 내의 친핵 그룹이 이러한 관점에서 적합하다. 많은 예가 알려져 있지만, 이것들 중 한 가지 기술만 소개하면, 지지체 위에 카르복실 그룹이 카르보디이미드(carbodiimide)와 반응하는 것이다. 이것은 그림 3.18에서 보여주는 것처럼, 효소와 지지체 사이에 아미드결합을 형성하기 위해 생체재료에 아민그룹이 연결된다. 이 반응은 낮은 온도, 낮은 이온강도와 중성 pH 조건에서 발생된다. 그렇기 때문에, 공유결합 방법을 이용하면, 효소는 바이오센서에서 손실되지 않을 것이다.

전반적으로, 바이오센서의 수명은 올바른 고정화 방법에 의해 크게 향상된다. 다른 방법으로 고정화된 동일한 바이오센서의 전형적인 수명은 다음과 같다:

흡착	하루
막 가둠	일주일
물리적 가둠	3-4주
공유결합 가둠	4-14 달

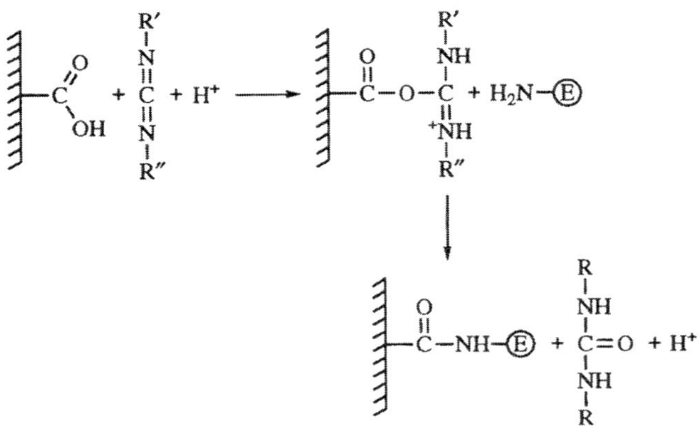

그림 3.18 카르보디이미드 기능그룹을 통한 효소가 변환기에 공유결합 한 상태.

> SAQ 3.12
> 생체재료를 변환기에 고정화하기 위한 주요 방법을 나열하여라.

3.6.2 흡착 (Adsorption)

알루미나, 숯, 점토, 셀룰로스, 고령토, 실리카겔, 유리와 콜라겐 등과 같은 많은 물질은 표면에 효소를 흡착한다. 특별한 약품이 필요없으며, 정화과정도 없고, 효소활동에 방해되지 않는다. 흡착은 대략 두 개의 형태로 나누어지는데, 이른바 *물리적흡착*(*physisorption*)과 *화학적흡착*(*chemorption*)이다. 물리적흡착은 일반적으로 약하며, 때때로 수소결합이나 전하-이동력을 포함하여 반데르발스결합을 통해 발생한다. 화학적 흡착은 매우 강하고, 공유결합 형성을 유발한다.

몇 가지 모델식이 흡착을 설명하는데 사용되지만, 대부분 일반적으로 사용되는 것은 *랭뮤어*(*Langmuir*) *흡착등온선*이다. 이것은 운동학적 고려사항으로부터 유래되었고, 다양한 운동학적 매개변수를 가진 흡착제(θ)로 덮인 표면의 비율과 관계가 있으며, 다음과 같다:

$$\text{흡착률} = k_a p_a N(1 - \theta)$$
$$\text{탈착률} = k_d N\theta$$

평형상태에서, 두 개의 율은 동일하여:

$$\theta = K p_a/(1 + K p_a)$$

p_a는 흡착제의 압력, k_a는 흡착률 상수, k_d는 탈착률 상수, K는 k_a/k_d와 같다.

흡착된 생체재료는 pH, 온도, 이온강도, 기질 등의 변화에 크게 영향을 받기가 쉽다. 그러나, 이러한 접근은 단기간 관찰에서는 만족스러운 결과를 나타내었다.

> SAQ 3.13
> 고정화방법으로 흡착을 제한적으로 사용하는 이유가 무엇인가?

3.6.3 마이크로캡슐 (Microencapsulation)

이 방법은 비활성 막을 이용하여 변환기 위에 생물학적 재료를 가두는데 사용된다. 이 기술은 원래 산소전극 위에 1세대 포도당 바이오센서를 개발하는데 처음으로 적용되었다.

이러한 접근법은 다음과 같은 장점이 있다:

(i) 생체재료와 변환기 사이의 가까운 부착이 가능하다.
(ii) 적용하기 쉽고, 신뢰성이 높다.
(iii) 생체재료(효소)의 신뢰성은 아래와 같이 유지 된다:
  (a) 높은 특이성이 달성된다.
  (b) pH, 온도, 이온강도, E^0, 기질농도의 변화에 대해 높은 안정성을 제공한다.
  (c) 오염이나 생체 내 분해를 막기 위한 자동안전 장치로 작용한다.
  (d) 만약 환자에게 사용된다면, 감염을 피할 수 있다.
(iv) 이것은 보조적으로 폴리피롤(polypyrrole)과 같은 전자를 흐르게 하는 화학분자를 통하여 생물학적 물질을 센서에 결합할 수 있다.

사용되는 주요 막 형태는 아스코르브산, 폴리카보네이트('Nucleopore')와 같은 간섭이온의 전달을 느리게 하고 단백질을 배제하는 셀룰로스 아세테이트, 비 선택투과성의 합성물질, 콜라겐, 천연단백질 그리고 종종 테프론이라는 그룹에 있는 폴리테트라플루우오로에틸렌(polytetrafluoroethylene, PTFE), 산소와 같은 가스에 선택적으로 투과되는 종합 폴리머를 포함한다. '나피온(Nafion)'과 폴리우레탄도 막을 위해 사용하는 다른 물질 중에 하나이다.

3.6.4 포괄법 (Entrapment)

이 방법에서 중합 겔은 생체재료를 함유한 용액에서 준비된다. 효소는 겔 매트릭스 내에 가두어진다. 가장 일반적으로 사용되는 중합체는 폴리아크릴아미드로서 *N,N'*-메틸렌비스아크릴아미드(*N,N'*-methylenebisacrylamide)와 아크릴아미드와 혼성중합으로 만들어진다. 중합반응은 감광제인 비타민 B_1이 존재할 때 영향을 받을 수 있다. 다른 물질로는 전분 겔, 나이론, 실라스틱 겔과 폴리피롤과 같은 전도중합체를 들 수 있다.

포괄법이 갖고 있는 문제점은 아래와 같다.:

(i) 큰 방해물이 생성되어, 기질의 확산을 억제한다. 결국, 반응이 늦어지고 센서의 반응시간이 길어진다.
(ii) 비록 이것은 글루타르알데히드(glutaraldehyde)를 사용하는 가교방법을 통해 해결될 수 있지만, 겔 내부의 구멍을 통해 효소의 활성이 저하된다.

3.6.5 가교(Cross-Linking)

이 방법은 고체 지지체에 생체재료를 결합시키기 위해 두 기능을 가진 작용제를 사용하는데 흡착된 효소를 안정화하는데 유용한 방법으로 증명되었다. 그러나 이러한 방식은 다음과 같은 단점이 있다:

(i) 손상이 발생하면 효소에 영향을 준다.
(ii) 기질의 확산이 제한된다.
(iii) 기계적 강도가 부족하다.

그림 3.19는 가교반응에 가장 많이 사용되는 물질의 구조를 나타낸다. 그 예로서 글루타르알데히드(glutaraldehyde), 헥사메틸렌 디이소시아네이트(hexamethylene diisocyanate) 그리고 1,5-디니트로-2,4-디플로로벤젠(1,5-dinitro-2,4-difluorobenzene)이 있다. 글루타르알데이드는 효소 내에 라이신(lysine) 아미노산 잔유물과 반응할 것이다.

3.6.6 공유결합(Covalent Bonding)

효소의 촉매활성에 필수적이지 않은 일부 기능적 그룹은 지지체 매트릭스(변환기나 막)와 공유결합을 할 수 있다. 이러한 방법은 이미다졸뿐만 아니라, NH_2, CO_2H,

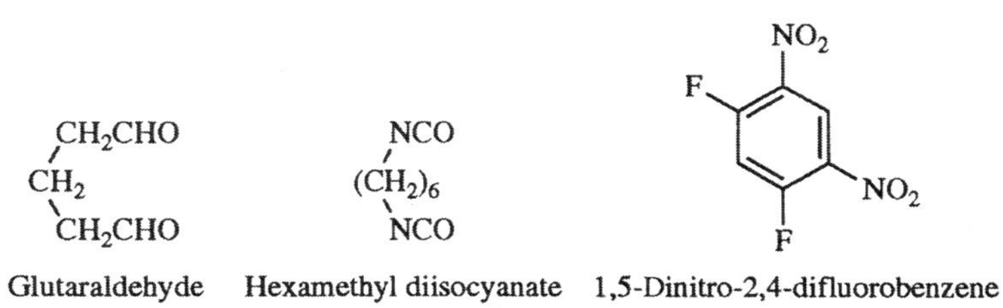

그림 3.19 가교반응에 사용되는 분자의 구조.

OH, C_6H_4OH와 SH와 같이 쌍을 형성하는 친핵기 그룹을 사용한다.

그림 3.20은 이러한 방법에 사용되는 가장 일반적인 반응의 몇몇 예를 보여준다. 이러한 반응은 낮은 온도, 낮은 이온강도, 생리학적 범위의 pH값과 정상적인

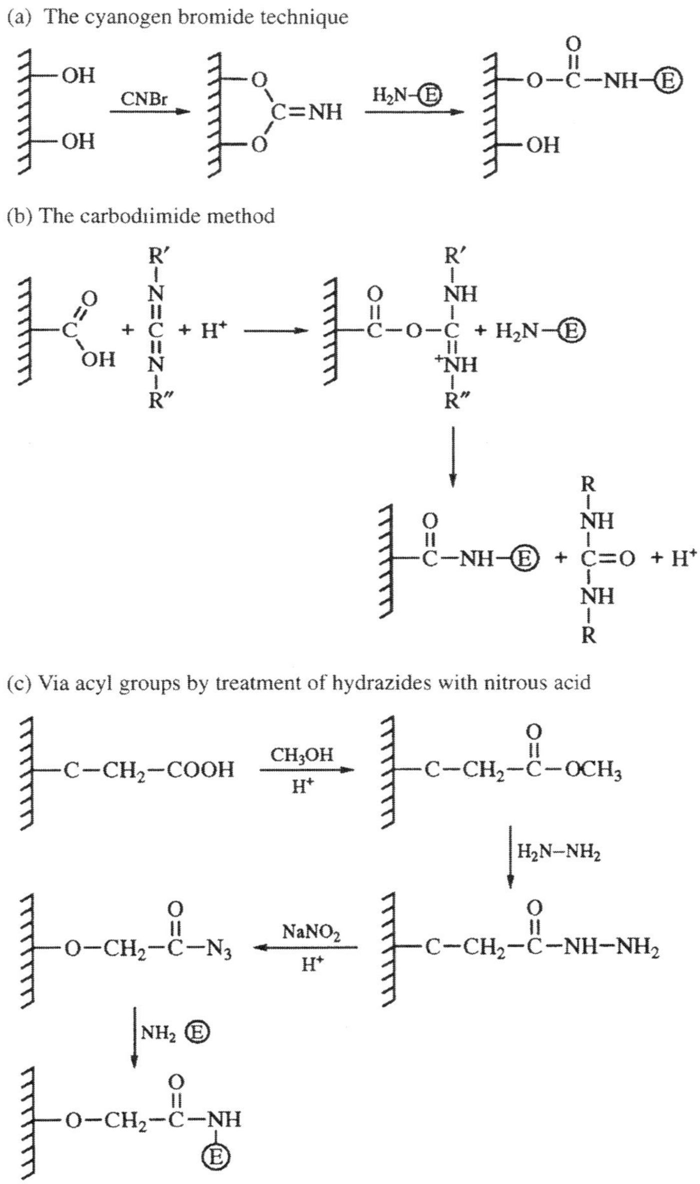

그림 3.20 공유결합을 위해 사용되는 일부 공통반응.

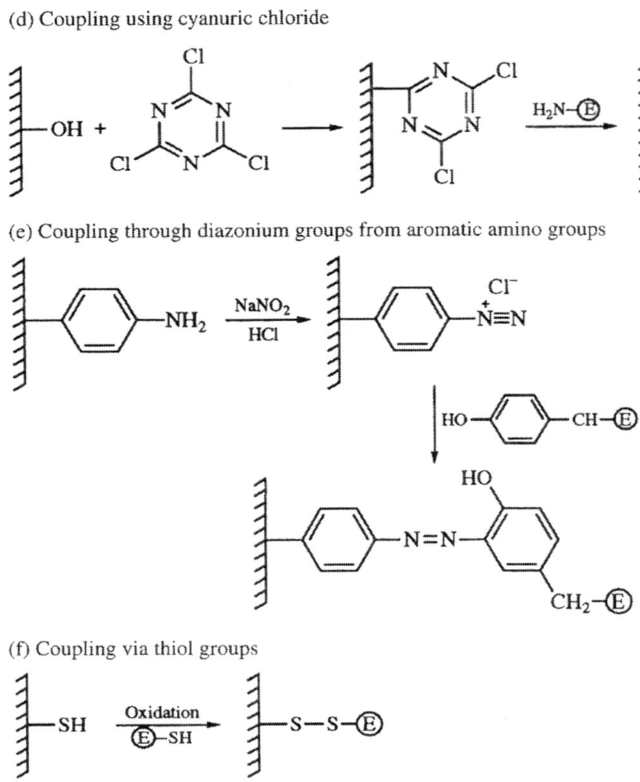

그림 3.20 (계속)

상태에서 수행될 필요가 있다.

이러한 방법의 특별한 장점은 효소가 사용되는 동안 방출되지 않는다는 것이다. 활성부위를 보호하기 위해, 반응은 종종 기질이 존재할 때 발생한다.

실제 사용에서는, 위에서 언급한 방법 중에 오직 하나가 한 번에 이용되는 것은 드물다. 아래의 DQ와 SAQ에서 일부가 설명되어 있다.

DQ 3.7

산업적인 센서에 사용되기 위한 최적의 고정화방법에 대하여 논하라.

답

높은 안정성과 반복성은 적용조건을 만족시키는 데 필요한 산업용 센서의 필수성능 항목이다. 생체물질을 고정화하는데 필요한 비용은 변환기와 디스플레이의 성능과 같은 다른 측면에서 차지하는 중요성에 비해 상대적으로 낮게 차지한다. 공유결합 방식은 가장 강력한 방법이며, 다음으로는 마이크로캡슐화이다(생체재료에 따라).

그러나, 만약에 센서 팁이 일회용이라면, 그 방식은 스크린프린트방식이 될 수 있으며 중합체 매트릭스 내에 포괄하는 방법이 적합할 수 있다.

> SAQ 3.14
> 위의 방법 중에서 항체의 고정에 가장 적합한 방법은?

> SAQ 3.15
> 위의 방법 중에서 박테리아의 사용에 가장 적합한 방법은?

요약

본 단원에서는 다른 선택성을 가진 측정 대상체(analytes)를 감지할 수 있는 다양한 요소물질을 살펴보았다. 본 단원은 이온과 관련 분자를 측정하는 다양한 방법에 대해 기술하였다. 마지막으로, 감지물질을 변환기에 고정하는 방법에 대해 소개하였다. 이온은 전위차계 장치인 이온선택성전극에 의해 주요하게 감지되며 전도성과 전기화학적 임피던스 분광기의 사용도 고려하였다. 도포전극과 중합체로 코팅된 전극이 설명되고, 이온을 측정하는 광도계 방법이 제시되었다. 이온선택성전극은 특정한 이온을 측정하기 위해 개발된 장치 중에서 가장 우수하다. 이온선택성전극의 선택성 문제는 니콜스키-아이즌맨(Nicholskii-Eisenman) 식의 사용 등을 통하여 개선될 수 있다.

전도성은 일반적으로 높은 특이성을 가지지 않기 때문에, 잘 이용되는 방법은 아니다. 일반적으로 전계효과 트랜지스터는 즉, ISFET, CHEMFET, BIOFET은 다른 선택적 물질과 함께 사용해야만 한다. 탄소반죽, (피복된)중합체, 전기전도 중합체, 이온교환 중합체, 산화환원반응 중합체 등을 포함하는 피복전극에 대해 논의하였다.

분자는 복합체형성에서 열역학 평형상수와 같은 직접적인 화학방법으로 감지될 수 있다(이것은 또한 이온에도 적용된다). 분자는 특히 선택적 촉매의 영향하에서 다른 화학적 반응의 속도로 나타난다.

분자의 종류를 알아내는데 사용되는 주요 분광분석방식에 대해 요약, 설명하였다. 예를 들면, 질량분석법뿐만 아니라 적외선, 자외선과 핵자기공명 분광기 등이 다루어졌다. 이러한 기술은 보통 센서의 내용에서는 고려되지 않으므로 세부사항에 대해 흥미 있는 독자들은 전문적인 서적을 참고해야 한다.

생물학적인 감지물질이 사용될 때, 센서를 바이오센서라고 명명하였다. 효소나 항체는 매우 성공적인 감지 물질로 밝혀졌으며, 수용체와 DNA는 그 사용이 계속 증가하고 있다. 효소, 항체, 미토콘드리아, 수용체 그리고 핵산, 즉, 센서에서 사용되는 주요 다섯 가지 선택적 작용물질에 대해 기술하였다. 또한, 효소를 포함한 박테리아나 유기체 조직물질의 사용도 설명되었다. 이러한 시스템의 장점과 단점도 기술하였고, 몇 가지 적용된 예를 요약하였다.

변환기 위에 생체물질을 고정화하는 다섯 가지 주요 방법, 흡착, 마이크로캡슐화, 포괄법, 가교 그리고 공유결합에 대해 설명하였다. 감지물질을 부착하는 다양한 범위의 방법들이 이들의 일부를 조합하여 개발되었다. 흡착은 가장 간단한 방법이고 막의 사용(마이크로캡슐화)법이 가장 일반적이다. 중합될 수 있는 매트릭스에 물질을 가두는 포괄법도 또한 사용이 증가하고 있다. 강력한 결합을 위해, 물질의 개별분자 사이 또는 변환기에 직접적인, 화학결합이 이용될 수 있다. 이러한 연구의 대부분에 대한 예시가 제시되었다.

추가 참고문헌 목록

Arnold, M. A. and Reichnitz,G. A., 'Biosensors based on plant and animal tissues'.in *Biosensors. Fundamentals and Application*, Turner, A. P. F., Karube, I. and Wilson, G. S. (Eds), Oxford University Press, Oxford, UK, 1987, pp. 30−59.

Eggins, B. R., 'Recent advances in the tabrication and application of sensors', in *Proceedings of Conference on Analytical Advances in the Biosciences*, University of Ulster, UK, 23−24 June, 1994, p. 16.

Green, M. J., 'New approaches to electrochemical immunoassays', in *Biosensors: Fundamentals and Applications*, Turner, A. P. F., Karube, I. and Wilson, G. S. (Eds), Oxford University Press, Oxford, UK, 1987, pp. 60−70.

Karube, I., 'Micro-organism based sensors', in *Biosensors: Fundamentals and Applications*, Turner, A. P. F., Karube, I. and Wilson, G. S. (Eds), Oxford University Press, Oxford, UK, 1987, pp. 13−29.

Kuan, S. S. and Guilbault, G. G., 'Ion selective electrodes and biosensors based on ISEs', in *Biosensors: Fundamentals and Applications*, Turner, A. P. F., Karube, I. and Wilson, G. S. (Eds), Oxford University Press, Oxford, UK, 1987, pp. 135−152.

Leech,D., 'Affinity biosensors', *Chem. Soc. Rev.*, 23, 205−213 (1994).

Sidwell, J. S. and Rechnitz, G. A., ''Bananatrode' − an electrochemical biosensor for dopamine', *Biotechnol. Lett.*, 7, 419−422 (1985).

Vadgama, P. and Crump, P. W., 'Biosensors: recent trends. A review', *Analyst.* 117, 1657−1670 (1992).

Wang, J. and Lin, M. S., 'Mixed plant tissue-carbon paste electrode', *Anal. Chem.*, 60, 1545−1548 (1988).

Warner, P. G., 'Genetic engineering', in *Biosensor: Fundamentals and Applications*, Turner, A. P. F., Karube, I. and Wilson, G. S. (Eds), Oxford University Press, Oxford, UK, 1987, pp. 100−112.

제 4 장

성능 요인

학습목표

- 모든 분석기술은 관련 성능기준을 결정하기 위해 시험되어야 함을 학습한다.
- 센서는 간섭효과에 의해 영향을 받는 선택성 요소가 있음을 학습한다.
- 간섭효과를 최소화하기 위한 다양한 방법의 장단점을 공부한다.
- 센서의 반응범위, 선형범위, 검출한계에 대해 공부한다.
- 반응시간, 회복시간, 수명에 대해 학습한다.
- 정밀도, 정확도, 반복성에 대한 각각의 차이점을 공부한다.
- 전위차식과 전류식 센서에서 배운 원리를 적용할 수 있도록 한다.

4.1 개요

하나의 새로운 기술이 개발이 될 때는, 그 성능을 평가할 수 있는 공정하고 신속한 기준이 필요하게 된다. 이러한 기준은 그 기대치가 높아지면서 계속적으로 변하게 된다. 이것은 특히 생물학적 물질을 함유하고 있는 장치에 해당된다. 하나의 새로운 방법이 실험실에서 사용된다는 것은 의학실험실 숙련가 또는 간호사가 사용하기에 문제없는 신뢰성 있는 상업적 제품을 생산하는 오랜 과정을 의미한다.

이번 장에서 다루는 다양한 요인들은 바이오센서와 화학센서 모두에 적용될 수 있는 내용으로 구성되었다. 하지만, 불행스럽게도, 다른 연구자들은 이러한 요인들을 다르게 표현하며 어떤 경우에서는 출판 저널에서도 개발센서의 성능에 대한 충분한 데이터를 보고하지 않는 경우가 있다.

새로운 센서를 개발하는 사람 모두는 어떤 성능 요구사항들이 해당 적용에 필요한가에 대한 지식을 갖고 있어야 한다.

4.2 선택성

선택성은 센서성능에서 핵심요소이다. 하지만 오직 측정하고자 하는 인자에만 반응하는 센서를 찾아내는 것은 거의 불가능하다. 오히려 측정인자에는 주요하게 반응하고 유사 인자에는 제한된 반응을 나타내는 센서를 찾는 것이 더욱 일반적이다. 예를 들어 그 반응이 카보닐 합성물과 같은 유사 화학구조를 갖는 기질그룹에 대한 반응이 될 수 있다.

> SAQ 4.1
> 두 용어 특이적인(specific)과 선택적인(selective)의 차이점을 설명하라.

4.2.1 이온선택성전극

이온선택성전극은 특정이온에 반응하지만 대부분의 전극은 다른 유사 이온에 의해 간섭이 발생할 수 있다. 이러한 간섭은 측정될 수 있고 데이터는 일반적으로 표(표 4.1 참조)로 주어지거나 상용전극에서 언급되는 문헌에서 확인될 수 있다. 간섭정도는 전극전압과 선택성계수, $k_{i,j}$로 이루어진 니콜스키-아이즌맨(Nicolskii-Eisenman)식으로 나타낸다.

$$E = K + S\log(a_i + k_{i,j}a_j^{n/z}) \tag{4.1}$$

여기서 a_i는 전하 n을 갖는 주 이온의 활동도이며 a_j는 전하 z를 갖는 간섭이온의 활동도이다.

표 4.1 주요 이온선택성전극의 반응범위와 선택성계수

Ion	Range (M)	Selectivity coefficient, k*ij*
Fluoride	10^0-10^{-6}	OH^- = 0.1
Chloride	10^0-10^{-4}	Br^- and I^- must be absent
Bromide	$10^0-5\times10^{-6}$	Cl^- = 2.5 × 10^{-3}; OH^- = 3 × 10^{-5}; I^- and S^{2-} must be absent
Iodide	10^0-10^{-6}	CN^- = 1.0; S^{2-} must be absent
Nitrate	10^0-10^{-6}	ClO_4^- = 100; ClO_3^- = 100
Sulfide	10^0-10^{-7}	Hg and Ag must be absent
Sodium	10^2-10^{-6}	K^+ = 3 × 10^{-2}; NH_4^+ = 2 × 10^{-2}
Potassium	10^0-10^{-5}	Na^+ = 2.6 × 10^{-3}; NH_4^+ = 0.3; Li+ = 2.1 × 10^{-3}
Calcium	10^0-10^{-5}	Na^+ = 3.3 × 10^{-3}; Mg^{2+} = 0.015; Zn^{2+} = 1.2; K^+ = 2.2 × 10^{-5}
Silver	10^0-10^{-7}	Hg and S^{2-} must be absent

값 $k_{i,j}$는 '두점-혼합용액방법'으로 결정될 수 있다. 먼저 0.001 M 주 이온의 용액에서 전지전위가 측정되고(E_1), 0.001 M 주 이온과 0.1 M 또는 0.01 M 잠재적 간섭이온이 혼합된 용액에서 전지전위가 측정된다(E_2). 그리고 아래 식을 이용하여 선택성계수를 계산한다.

$$E_1 = K + S\log a_i \tag{4.2}$$

$$E_2 = K + S\log(a_i' + k_{i,j}a_j^{n/z}) \tag{4.3}$$

여기서 식 (4.3)에서 (4.2)을 빼고 안티로그를 취하면 아래와 같은 식을 얻는다.

$$k_{i,j} = \frac{a_i 10^{(E_2-E_1)/S} - a_i'}{a_j^{n/z}} \tag{4.4}$$

여기서 S는 주 이온에 대한 캘리브레이션 그래프의 기울기(이상적으로, 59/n mV)이고, a'_i는 혼합용액에서 변경된 주 이온의 활동도이다.

DQ 4.1

칼슘 이온선택성전극의 캘리브레이션 기울기(S)가 0.001 M 용액에서 +29.6 mV/decade였다. 0.001 M KCl 용액에서 전지전위는 −20.1 mV였고, 혼합용액(0.001 M KCl과 0.1 M NaCl)에서는 −19.8 mV였다.

나트륨의 존재 시 칼슘에 대한 선택성 계수를 계산하여라.

답

혼합용액에서 칼슘과 나트륨의 이온활동계수는 각각 0.40과 0.77이 된다. 그러므로 혼합용액 내 이온활동도는 각각 4.0×10^{-4} M과 7.7×10^{-2} M로 얻어진다.

따라서,

$$\begin{aligned} k_{i,j} &= [4 \times 10^{-4} \times 10^{(-19.8+20.1)/29.6} - 3.977 \times 10^{-4}]/(0.077^{2/1}) \\ &= [4 \times 10^{-4} \times 1.0236 - 3.977 \times 10^{-4}]/(0.077^{2/1}) \\ &= 2.0 \times 10^{-3} \end{aligned}$$

이 결과는 나트륨은 약한 간섭을 나타냄을 의미한다.

표 4.1을 보면, 수산화물(OH)에 대한 불소(F)전극의 선택성계수는 0.1임을 알 수 있다. 이것의 의미는 불소보다 열배 많은 수산화물 용액은 불소용액만 들어있는 용액에서 반응하는 값에 2배 반응을 한다는 것을 의미한다. 따라서, 이러한 경우 수산화물은 주요 간섭성분이 된다. 하지만, 수산화물은 시험용액을 pH 5로 만들어 제거될 수 있다. 왜냐하면 수산화물의 활동도는 10^{-9}이 되기 때문이다. 즉, 전극의 일반적 검출한계의 1/1000로 낮아지게 된다.

모든 이온선택성전극을 사용할 때 이온강도조절완충용액(ISAB)을 사용하는 것이 중요하다. 이온강도조절 완충용액 사용으로 용액 내 측정되는 이온들의 강도가 같게 된다. 몇몇 이온의 경우, 예를 들면 불소가 있는 용액의 pH를 조절하는 경우에는 별도의 주의가 필요하다. 불소와 관련된 또 다른 문제는 용액 내에서 알루미늄 또는 철분이온과 매우 강하게 결합되는 문제이다. 따라서, 추가적인 완충용액 시약인 시트르산염을 함께 사용하여 불소보다 알루미늄과 철분 이온에 더 강하게 결합되도록 한다. 결국, 불소측정을 위한 이온강도조절완충용액은 0.1 M 염화나트륨(이온강도 조절용도)과 0.01 M 시트르산나트륨(알루미늄과 철분 제거)을 혼합한 염으로 사용하고 수산화물을 제거하기 위해 pH 5.5로 조정한다.

4.2.2 효소

효소는 바이오센서에 가장 일반적으로 사용되는 선택물질 중 하나이다. 그 선택성은 사용되는 실제 사용되는 효소의 양과 다른 분석이온들에 대한 활동도에 매우 큰 영향을 받는다. 효소는 특별한 상황에서 매우 선택적일 수 있다. 일반적으로, 포도당산화효소는 혈액 용액 내에서 다른 당분존재시에 포도당에 대해서 높은 선택성을 보인다. 하지만, 아직 밝혀지지 않은 많은 폴리페놀 산화효소가 다양한 페놀화합물의 산화를 촉매 시킬 것이다. 흔히 쓰이는 상용물질인 티로시나아제(버섯에서 채취) 효소는 다양한 페놀화합물의 산화를 촉매작용하지만 바나나에서 얻은 폴리페놀 산화효소는 타이로신 또는 페놀을 촉매시키지 않는다고 보고하고 있다. 광범위 효능을 갖는 효소가 특별한 상황에서 유용할 수 있다. 예를 들면 정신몽롱함의 원인이 되는 맥주 내에 있는 폴리페놀 화합물 농도를 측정하는데 사용될 수 있다.

4.2.3 항체

항체는 가장 선택적인 생물학적 원소이며 단일체세포기술을 이용하여 만들 수 있다. 이러한 항체는 매우 선택적이어서 똑같은 화합물인 이성체와는 구별되며 유사 구조의 화합물이다. 하지만 항체는 내구성에 문제가 있다. 그럼에도 불구하고, 특별한 요소의 매우 선택적 검출을 하는데 이상적이다. 소에 잔류하는 항생물질의 검출이 대표적인 예이다.

4.2.4 수용체

수용체는 상대적으로 새로운 형태의 바이오센서 요소이다. 이 물질은 그 수용체에 특별한 효과를 주는 한 인자에 반응한다. 예를 들어 에스트로겐 수용체를 들 수 있는데 이는 수용체를 감싸는 물질에 반응을 할 것이다. 따라서 이러한 물질은 17-베

타-오스트라디올 같이 발정을 촉진하지만 반면에 다른 것, 예를 들면 에스트로겐 유사물질, 알킬폴리페놀 에쏘식레이트는 약해지는 특징이 있다. 그러므로 에스트로겐 수용체를 기본으로 하는 센서는 모든 에스트로겐 화합물에 똑같이 반응하지는 않을 것이다. 하지만, 특정 화합물의 주어진 농도에서 에스트로겐의 활성에 반응을 나타낼 것이다. 만약 우리가 특정 화합물에 관한 정량적인 정보를 원한다면 면역방법이 선호될 것이다.

4.2.5 기타

물론 더 높은 선택성은 분광분석방법과 다른 검출 감지기를 가지고 있는 크로마토그래피에 의해서 얻어질 수 있다. 가스색층분석-질량 원자흡광분석(GC-MS)과 액체 색층분석-질량 원자흡광분석(LC-MS)법은 기기의 값은 비싸지만 매우 우수한 성능을 갖고 있다. 최근에는 감지기로써 선택적 센서를 포함한 고성능 액체색층분석기(HPLC)가 높은 증가추세에 있다. 따라서, 맥주 내에 있는 페놀화합물은 이러한 기술로 측정될 수 있다. 더욱이, 폴리페놀산화효소를 감지기로 사용할 때 분석방법은 정확도가 높아질 수 있다.

> SAQ 4.2
> 10^{-3}M에서 10^{-6}M 범위의 불소이온을 측정하는 불소 이온선택성전극을 이용할 때 (k_{ij,OH^-} = 0.1) 10% 오차에 대한 수산화이온의 최대 허용 농도는 얼마인가? 우리는 어떻게 수산화 이온으로부터 간섭이 없음을 확인할 수 있는가?

4.3 감도

4.3.1 범위, 선형범위, 검출한계

모든 분석기술을 사용할 때, 캘리브레이션으로부터 어떤 농도 범위가 포함되는지, 어떤 반응범위가 선형구간인지를 아는 것은 중요하다. 검출한계는 낮은 수준의 값으로 IUPAC 합의에 따르면, 정확한 정의를 갖고 있다(그림 4.1 참조). 이는 캘리브레이션 그래프의 직선영역이 여러 단계의 농도변화에 영향이 없는 수평선과 만나는 지점에서의 농도를 말한다.

실용성 측면에서, 검출한계는 10^{-5} M(0.01 mM)보다 낮을 필요가 있다. 그 중요성은 혈중 내 포도당을 측정하는 예에서 설명되어질 수 있다. 검출한계는 적어도 일반인과 당뇨병환자에게서 발견되는 혈중 포도당량인 0.2 ~ 20 mM(선호적으로는 $1 \times 10^{-4} \sim 5 \times 10^{-2}$ M)을 필요로 한다.

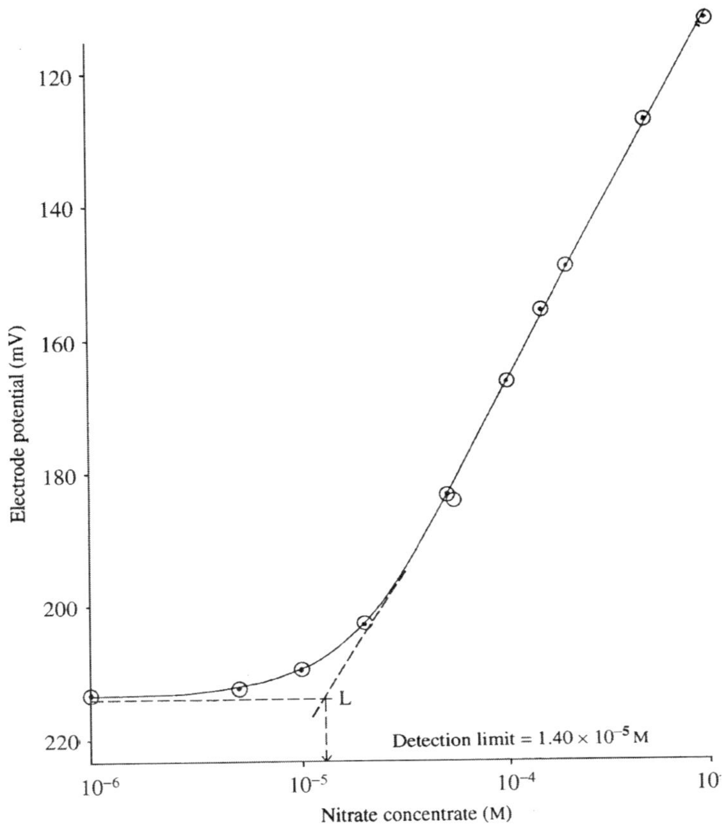

그림 4.1 검출한계를 나타내는 질산선택성 전극의 캘리브레이션 그래프.

직선구간은 일반적으로 전위차 센서에서 더 넓게 나타난다. 그러므로 H^+(pH)이온선택성전극은 pH 0에서 pH 12의 실질적인 범위를 가지고 있다. 즉 바꿔 말하면 10^{12}까지의 범위의 수소이온농도를 포함한다. 다른 이온선택성전극은 그에 상당하는 범위를 포함한다. 예를 들면 많은 수의 전극이 10^6 또는 10^7 농도범위를 포함한다(표 4.1 참조). 전류식 센서와 바이오센서는 일반적으로 10^2 또는 10^3보다 더 큰 범위를 갖고 있지는 않다(아래 표 4.2 – 4.4 참조)

DQ 4.2

흐르는 폐수시료 내에 있는 구리를 측정하는 전류식 센서가 다음의 데이터를 얻었다: 46, 50, 53, 47, 55, 52, 48, 46, 53, 그리고 54 ppm. (a) 평균값, (b) 표준편차, (c) 값들의 분포도를 계산하여라.

답

Sample	Concentration (ppm)	$(x_i - x)$	$(x_i - x)^2$
1	46	4.4	19.36
2	50	0.4	0.16
3	53	2.6	6.76
4	47	3.4	11.56
5	55	4.6	21.16
6	52	1.6	2.56
7	48	2.4	5.76
8	46	4.4	19.36
9	53	2.6	6.76
10	54	3.6	12.96
Meam	50.4		$\Sigma = 106.4$
		106.4/9 = 11.8222	
		√ = 3.438 = **Standard deviation**	
		% = 3.438/ (50.4 × 100) = 6.8%	

(a) Mean $= 1/n\,\Sigma n_i = 1/10\,(46 + 50 + 53 + 47 + 55 + 52 + 48 + 46 + 53 + 54)$ $= 50.4$

(b) Standard deviation $= \sqrt{[\Sigma(x_i - x)^2 / (n - 1)]} = 3.44$ (= ±6.8%)

(c) Spread = 46 − 55

> **Note:** 공학용계산기는 이러한 값을 바로 계산할 수 있다. 반면에, 몇몇 공학용 계산기는 최적의 근접선에 데이터를 맞추고 그 기울기, 절편, 상관계수를 구한다.

4.4 시간요소

센서는 빠른 반응시간과 다음 측정을 위해 빠른 회복시간을 갖는 것이 바람직한데, 실제 센서의 경우 모두 그런 조건을 갖는 것은 아니다. 대부분의 센서(화학센서 혹은 바이오센서)는 제한된 내구성을 갖고 있어 센서의 교체시기를 아는 것이 중요하다.

4.4.1 반응시간

많은 분석장치는 안정(settling-down) 시간을 필요로 한다. 즉, 시스템이 평형이 이루어질 때까지의 반응시간을 말한다. 이것은 많은 화학적 방법과 관계되어있다. 예를 들면 최근 질산전극과 관련한 연구사례는 가장 재현성 있는 결과가 전극이 용액과 약 30초 동안 교반되고 나서 얻어졌다는 것을 나타내었다. 바이오센서의 경우, 측정시간은 화학센서보다 길어질 수 있다. 다시 말해서, 만약 반응시간이 너무 길면 반복적 실험 분석방법의 유용성에 큰 영향을 끼칠 수 있다. 그러나 화학센서나 바이오센서를 이용할 때 발생할 수 있는 반응시간의 불리한 점은 센서이용에 따른 측정의 용이성과 최소 샘플 준비시간으로 상쇄될 수 있다. 바이오센서의 경우, 반응시간은 몇 초와 몇 분까지 다양하다. 5분까지는 수용될 수 있지만 10분을 넘으면 일반적으로 너무 길다고 간주된다.

4.4.2 회복시간

회복시간(센서가 다음 시료를 측정에 사용되기 전까지 경과한 시간)은 반응시간과 가장 관련이 많이 되어있다. 그 시간은 즉시 또는 측정 후 센서시스템이 기본 평형 조건까지 도달하기 위해 잠시 머물러야 할 시간이 될 수도 있다. 많은 책에서, 이러한 시간은 반응시간과 합쳐져서 설명되어지고 그 결과, 시간마다 분석될 수 있는 시료의 수로 대신하여 설명된다. 이러한 시료의 수로 표시하는 방식은 실용적인 관점에서 유용하다.

4.4.3 수명

센서의 *수명*은 여러 가지 다른 방식으로 정의된다. 놀랍게도 가장 성능이 좋은 pH 전극조차도 몇 달 정도 사용하면 성능이 저하된다. 첫째로, 우리는 수명시간을 연속적으로 사용하는 동안의 반응으로 정의할 수 있다. 즉, 센서가 계속해서 기질용액과 접촉하고 있고 일정 기간 동안 예를 들면, 몇 시간 동안에 연속적인 측정값을 얻을 수 있는 기간을 의미한다. 수명시간은 주어진 그 반응이 주어진 비율(보통 5%)까지 낮아질 때까지의 반응시간으로 정의할 수 있다.

두 번째로 수명시간은 완충용액이나 이온강도조절 완충용액에 제작된 센서를 저장하는 시간으로 나타낼 수 있다. 이 수명시간은 제조업자의 지시에 따라 사용하는 사람의 주의에 달려있다. 세 번째로 수명시간은 이온선택성전극의 경우 센서가 포장된 건조상태로 보관된 시간 또는 바이오물질의 경우 냉동상태로 저장된 시간을 말한다.

모든 유기물질은 시간에 따라 품질이 저하된다. 특히 자연적 환경조건에서 벗어난다면 더욱 영향을 많이 받게 된다. 바이오센서의 중요한 단점중의 하나는 보통 생체물질은 교환되기 전 수명시간에 한계가 있다는 점이다. 새로운 바이오센서를 개발하기 위해서는 몇 시간, 몇 일, 몇 달에 걸쳐서 표준시료변화에 바이오센서의 반응이 어떠한지를 나타내는 연구결과를 포함해야 한다. 일반적으로 정제 효소는 안정성이 매우 낮은데 반해서 조직물 효소는 안정성이 매우 높다.

현재 많은 기술들이 바이오센서 내구성을 개선하기 위해 진행되어 오고 있다. Gibson과 다른 연구자들은 전해질 융합체(diethylaminoehtl-DEAE-덱스트린)와 당알코올(lacticol)의 혼합물을 이용하여 다양한 효소를 안정화시키는데 성공하였다. 이러한 처리방법은 건조하거나 열에 의한 압력이 주어지는 동안 용액 속 효소의 활동성 유지를 개선하였다. 연구된 주요한 효소들은 알코올 탈수소효소와 서양고추냉이(horseradish) 과산화효소이다. 또한, 개선된 성능이 12개의 다른 효소에서 얻어졌다고 보고되었다.

더 진행된 연구로는 알코올 산화효소를 사용해서 알코올 측정을 위해 만들어진 바이오센서 연구로 하나는 멤브레인 고정화와 과산화수소의 전류식 산화환원기술을 적용한 것과 다른 하나는 흑연전극위에 서양고추냉이 과산화효소와 N-메틸페노티아젠시아노디메탄(NMP−TCNQ)의 반응쌍 매개체를 이용하였다. 두 경우 모두, 37°C에서의 건조상태로 보관될 때 유통기한이 증가하는 것과 같이 상당한 양의 촉진안정제를 첨가할수록 효소성분의 안정성은 증가하였다. 마찬가지로 NMP−TCNQ로 피복된 흑연전극과 L-글루타메이트 산화효소로 만들어진 L-글루타메이트 바이오센서는 안정제의 존재에서 건조되어서 저장될 때 유통기한이 증가하는 것을 나타내었다.

포도당산화효소 바이오센서를 가지고 단지 DEAE-덱스트린 폴리전해질을 이용하고자 했던 경우와 탄소반죽전극 내에 디메틸페록신을 적용하고자 했던 연구의 경우는 성공적이지 못하였다. 실제로 냉동건조된 포도당산화효소 단독으로는 대단히 안정적이다. 다시 말해 0°C에서는 2년 동안, −15°C에서는 8년 동안 안정적이다. 용액 내에서, 포도당산화효소는 pH 5에서 가장 안정적이지만 pH 2 이하 또는 pH 8이상일 때, 촉매의 활동성은 급속도로 떨어진다.

> SAQ 4.3
> 효소를 이용하는 바이오센서의 내구성에 영향을 미치는 인자는 무엇이 있는가?

4.5 정밀도, 정확도, 반복성

센서를 포함하는 모든 분석 장치의 경우, 분석된 값은 충분한 정밀도를 가지고 있어야 한다. 즉, 임의오차는 일정수준 이하이어야 한다. 그래야 반복측정 값은 일정범위 내에서 재현이 가능하다. 센서는 또한 기대하는 값에 근접하는 측정값을 갖는 정확도를 나타내야 한다. 이것은 결국 시스템적인 오차는 어떤 한계 이하이어야 함을 의미한다. 이것은 생물학적 선택물질이 이용되는 경우에 특별히 문제가 될 수 있다. 왜냐하면, 시료는 시료마다 서로 차이가 있어 시스템적인 오차를 발생시킬 수 있다. 충분한 컨트롤과 표준 시약이 충분한 정확도를 가진 반복적인 결과가 오랜 기간 동안 얻어질 수 있도록 이용되어야 한다. 이 문제는 많은 표준 교재에서 자세하게 다뤄진다(참고문헌 Miller and Miller 참조).

만약 우리가 센서와 같은 분석장치에서 발생할 수 있는 오차를 예측할 수 없다면, 어떤 분석적 결과도 실제적인 의미를 갖지 못한다. 이것은 바이오센서의 경우 더욱 더 중요하다. 매 측정시마다 여러 번의 측정값이 얻어질 수 있다. 또는, 여러 번의 반복 측정치가 얻어질 수 있다. 그때, 표준편차는 계산되어야 한다. 보통 표준편차는 공학용 포켓계산기를 이용하여 쉽게 구할 수 있다. 캘리브레이션 곡선이 그려져야 한다면, 데이터는 선형-최소자승법을 이용하여 피팅이 되어 기울기, 절편, 표준편차, 상관계수(즉, 근사식의 설명력)를 가진 최적의 회귀식을 얻어낸다. 회귀식은 간단한 컴퓨터 프로그램으로 구할 수 있는데 현재는 일반적인 공학용 계산기 또는 MS Excel 프로그램이 자주 이용된다. 또한, 하나의 얻어진 데이터 세트를 또 다른 데이터 세트와 상관시키는 것이 매우 중요하다. 표준편차법은 상대적인 표준편차를 결정하는 데 이용될 수 있다. 바이오센서의 경우, 반복 측정 내에서 기대되는 재현성은 적어도 ±(5 − 10)%가 되어야 한다.

측정 때마다 완전한 캘리브레이션 곡선을 만들어야 하는 번거로움을 피할 수 있는 방법은 표준물첨가법으로 일반적으로 다중(반복) 표준물첨가법을 이용하는 것이다. 분석되어야 할 미지시료가 먼저 측정되고 미지시료의 기대 농도의 약 2배의 농도를 갖는 알고 있는 표준시료가 첨가되고 두 번째 측정이 이루어진다. 이러한 접근은 센서반응이 시료농도와 직선적 관계를 가지면서 변한다는 것을 가정하고 있다.

농도 C에서의 반응을 r이라 두면

$$r = k \cdot C$$

그러므로 미지의, U는

$$r_U = k \cdot C_U \tag{4.5}$$

이와 같이, 표준시료 S가 더해진 시료는

$$r_{(U+S)} = \mathrm{k} \cdot (C_U + C_S) \tag{4.6}$$

식 (4.6)을 식 (4.5)로 나누면 다음 식을 얻을 수 있다.

$$r_{(U+S)}/r_U = (C_U + C_S)/C_U = 1 + C_S/C_U$$

그리고, 식을 재정리하면 다음 식을 얻을 수 있다.

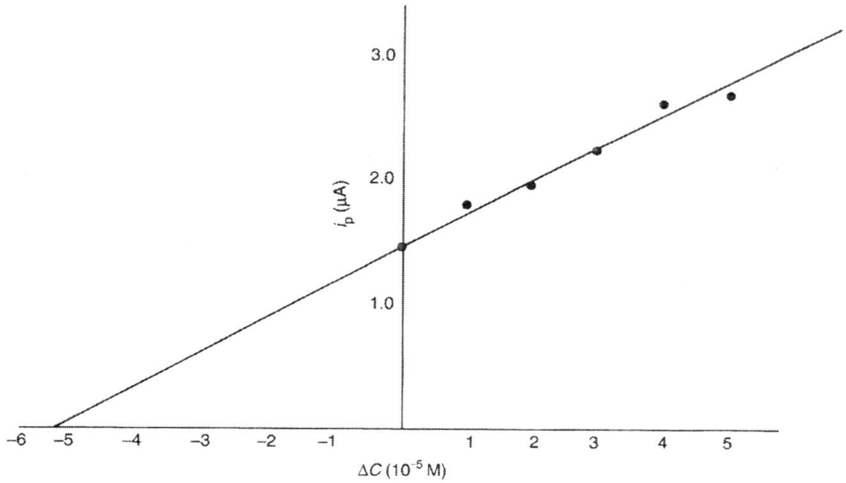

그림 4.2 다중 표준물첨가법(맥주내의 카테콜 측정에 적용되는 예).

$$C_U = r_U C_S / (r_{(U+S)} - r_U)$$

다중 표준물 첨가방법의 경우, 여러 번 표준용액이 측정물에 첨가된다. 그리고, 첨가한 양에 대한 반응그래프가 그려지고 얻어진 직선은 반응이 없는 0점까지 외삽하여 연장된다. 그때 농도축의 음교차점은 미지시료의 농도를 의미한다(그림 4.2 참조).

만약 기질농도와 센서반응간의 관계가 로그관계라면(전위센서에 얻어지는 경우와 같이), 역대수를 취하여 Gran 선도를 만드는 것이 최선이다.

$$E = K + S \log (C_U + C_S)$$

그러면

$$10^{E/S} = 10^{K/S} (C_U + C_S)$$

이 경우에서, 우리는 $10^{K/S}$에 대한 C_S로 그 관계를 도시한다. $10^{E/S} = 0$에서의 음의 절편은 다중 표준물첨가법의 그래프와 같이 미지의 농도 C_U가 된다.

SAQ 4.4
정확도, 정밀도, 재현성 각각에 대하여 설명하여라.

SAQ 4.5
전위차식과 전류식 센서는 직선범위와 정밀도관점에서 어떻게 다른가?

표 4.2 글루타민 바이오센서의 반응특성

Parameter	Enzyme	Mitohondria	Bacteria	Tissue
Slope (mV per decade)	33−41	53	49	50
Detection limit (M)	6.0×10^{-5}	2.2×10^{-5}	5.6×10^{-5}	2.0×10^{-5}
Linear range (mM)	0.15−3.3	0.11−5.5	0.1−10	0.064−5.2
Response time (min)	4−5	6−7	5	5−7
Lifetime (days)	1	10	20	30

4.6 다른 생체물질

가장 잘 연구된 시스템 중 하나는 돼지 간에서 발견된 글루타민효소에 기반한 글루타민 바이오센서이다. 이 효소는 글루타민에서 아미노기를 제거한 글루타메이트(글루타민산염)를 만드는 촉매반응을 한다. 암모니아는 이온선택성전극으로 전위차 방식에 의해 검출된다. 이 효소는 또한 미토콘드리아와 그 안의 박테리아에서도 발견될 수 있다. 다양한 공급원 즉, (i) 정제 효소 (ii) 미토콘드리아의 표본 (iii) 박테리아 표본 (iv) 간조직을 이용하여 만들어진 바이오센서의 다양한 반응특성에 대한 비교가 표 4.2와 같이 이루어졌다. 간조직의 장점이 거의 모든 범위에서 나타난다. 감도(경사도), 50 mV/decade는 다른 재료보다 적정 기울기인 59 mV/decade에 가까운 것을 보여주고 검출한계도 0.02 mM에서 근소하게 우수하다. 0.064−5.2 mM의 선형범위는 더 넓고 센서의 수명시간은 효소센서의 하루보다 훨씬 긴 30일이다. 그러나 반응시간은 효소센서의 4−5분과 비교하여 5−7분으로 다소 늦다.

4.7 다른 변환기

성능은 사용되는 효소의 양에 따라 달라진다. 물론 이것은 일반적인 효과이지만 표 4.3에서 보는 바와 같이 요소, 포도당, 페니실린에 많은 영향을 미친다. 이 표는 또한 폴리아크릴 아미드겔(P)에 물리적으로 가두는 방법, 글루타르알데히드와 알부민 중합체로 공유결합시키는 방법, 물리적으로 가두는 방법(C), 용해(D) 순서로 고정화 방법에 따라 큰 차이를 보여준다.

위의 여러 가지 예들은 다음 절에서 설명된다.

4.7.1 요소(urea) 바이오센서

요소측정을 위하여 일반적인 양이온(암모니움, NH_4^+), 산성도(pH), 기체(암모니아와 이산화탄소) 센서를 이용하는 바이오센서의 반응특성에 대한 가장 종합적인 비교는 표 4.3에 나타내었다.

표 4.3 전위차식 바이오센서의 성능특성 비교

Type	Enzyme[a]	Sensor[b]	Stability	Response time (min)	Range (M)
Urea	Urease (25 U)	Cation (P)	3 weeks	0.5–1	$10^{-1} - 5 \times 10^{-5}$
Urea	Urease (75 U)	Cation (P)	4 months	1–2	$10^{-2} - 10^{-4}$
Urea	Urease (100 U)	pH (P)	3 weeks	5–10	$5 \times 10^{-2} - 5 \times 10^{-5}$
Urea	Urease (10 U)	Gas (NH_3)(C)	4 months	2–4	$5 \times 10^{-2} - 5 \times 10^{-5}$
Urea	Urease (25 U)	Gas (CO_2)(C)	3 weeks	1–2	$10^{-2} - 10^{-4}$
Glucose	GOD (100 U)	pH (D)	1 week	5–10	$10^{-1} - 10^{-3}$
Glucose	GOD (10 U)	Iodide (C)	> 1 month	2–8	$10^{-3} - 10^{-4}$
L-Amino acids					
General	L-AA oxidase	Cation (P)	2 weeks	1–2	$10^{-2} - 10^{-4}$
		Iodide (C)	> 1 month	1–3	$10^{-3} - 10^{-4}$
L-Tyrosine	L-Tyrosine carboxylase	Gas (CO_2) (P)	3 weeks	1–2	$10^{-1} - 10^{-4}$
L-Glutamine	Glutaminase	Cation (D)	2 days	1	$10^{-1} - 10^{-4}$
L-Glutamic acid	Glutamate dehydrogenase	Cation (D)	2 days	1	$10^{-1} - 10^{-4}$
L-Aspargine	Asparginase	Cation (P)	1 month	1	$10^{-2} - 5 \times 10^{-5}$
D-Amino acids					
General	D-AA oxidase	Cation (P)	1 month	1	$10^{-2} - 5 \times 10^{-5}$
Penicillin	Penicillinase				
	(400 U)	pH (P)	1–2 weeks	0.5–1	$10^{-2} - 10^{-4}$
	(1000 U)	pH (D)	3 weeks	2	$10^{-2} - 10^{-4}$
Amygdalin	β-Glucooxidase	Cyanide (P)	3 days	10–20	$10^{-2} - 10^{-5}$
Nitrate	Nitrate reductase	Ammonium (D)	1 day	2–3	$10^{-2} - 10^{-4}$

pH 센서는 가장 많은 양의 효소를 필요로 하며, 반응은 직선반응범위인 5×10^{-3} M 미만이고 가장 긴 반응시간을 갖고 있다. 암모니아 기체전극은 4개월 동안 안정적인 반응과 가장 넓은 반응범위, 적은 양의 효소, 빠른 반응시간을 갖고 있기 때문에 전체적으로 가장 우수하다. 양이온 전극은 안정적 반응이 겨우 3주밖에 유지하지 못하지만 뛰어난 반응범위와 가장 빠른 반응시간을 갖고 있다.

감지게이트에 요소분해효소를 도포한 ENFET 기반 요소바이오센서는 요소를 검출하기 위하여 pH 변화정도를 측정하였다. 이 시스템은 차분모드에서 이용되었으며 초기 전압변화속도는 1.3–16.7 mM의 농도 대역의 요소의 로그 값과 비례하였다. 만약 그 센서가 측정 중에 4°C에서 저장된다면 적어도 2주 동안 만족스럽게 작동될 것이다. 반응시간은 2분이었다. 선택성은 포도당, 크레아틴, 알부민에 대하여 시험되었고 어떤 간섭반응도 관찰되지 않았다. 다른 요소 바이오센서는 pH 8 이상일 때 암모니아에 높은 선택성을 갖는 Ir-Pd MOS(산화금속 반도체) 장치에 기반하였다. 요소(40U)는 흐름 칼럼에 포함되어있다(내경이 40 × 2 mm인 'Eupergit'). 선형반응은 40 μM(±2%)까지 얻어졌으며 0.2 M의 검출한계를 나타내었다. 반응속도는 시간당 20 분석(assay)시료가 가능하였으며 요소분해효소 칼럼은 한 달 동안 변하지 않는 특성을 나타내었다.

4.7.2 아미노산 바이오센서

표 4.3은 다양한 아미노산 분석에 적용되는 전위차 방식의 바이오센서의 사례를 보여준다. 이것은 대부분 암모늄 선택성전극을 사용한다. D-와 L-형을 위한 센서는 모두 아미노산 산화효소를 사용하고 같은 고정화 방법을 사용(폴리아크릴아미드 겔로 가두는 방법)하지만 D-형을 위한 센서는 1개월 정도의 안정성을 보이지만 L-형태는 2주이다. D-형태에 필요한 효소의 양은 50 U정도이지만 L-형태는 10 U이다. 농도범위는 반응시간 2분 조건으로 매우 비슷하다. 이러한 바이오센서는 D-와 L-류신, D-와 L-메티오닌, D-와 L-페닐알라닌에 반응하고 또한 L-시스테인, L-티로신, L-트립토판에 D-알라닌과 D-발린, D-노르루신과 D-이소류신에도 작용한다.

4.7.3 포도당 바이오센서

전위차방식의 포도당 전극은 많이 사용되지는 않지만 일반적인 전류측정식의 형태와 비교하여 흥미로운 시스템이다. pH 모드에서는 가장 좋은 방식이지만 비교적 많은 양의 효소를 사용하고 오직 일주일정도만 안정적인 반응을 나타낸다. 낮은 검출범위를 가진 요오드 이온선택성전극은 수명시간이 길고 적은 양의 효소를 사용

표 4.4 포도당 바이오센서의 성능요인 비교

Type	System	Range	Response time (min)	Lifetime
Glucorecorder (Analytical Instrument, Jepan)	GOD−O_2	0−5 mM (±2%)	0.5	−
Radelkkis (Hungary)	OP-G1−7113-S	1.7−2.0 mM (±5%)	1.5	8 months
Yellow Springs Instruments, Model 23A (USA)	GOD−H_2O_2	1.0−45.0 mM (±2%)	1.5	300 samples
Glukometer, GKM01 (ZWG Academy of Sciences, Germany)	GOD−H_2O_2	0.5−50 mM (±1.5%)	0.7−1	1000 samples
Glucose Analyser 5410 (Hofmann-LaRoche, Switzerland)	GOD−$[Fe(CN)_6]^{3-}$	2.5−27.5 mM (±1.5%)	1	8 weeks
ExacTech (Medisense, UK)	GOD−ferrocene	1−30 mM (±1%)	0.5	> 1 year
	GOD−TTF−TCNQ	0.5−20 mM	−	100 days
	GDH−PQQ	1−70 mM	< 0.3	8 h
	Gon A−fluorescent dextran (optode)	2.0−25 mM (±0.5%)	−	15 days
	Hexakinase−bacterial luciferase−ATP	2−100 mM	−	−
	Hexokinase−O_2−thermistor	0.5−25 mM (±0.6%)	1.5	−

한다. 혈액 내의 포도당 측정을 위해서는 $(2 \times 10^{-3}) - (5 \times 10^{-2})$ M의 작용범위가 바람직하다. 포도당전극은 매우 다양하여 전체적으로 비교하는 것은 어렵다. 하지만, 표 4.4는 Yellow Spring Instruments Model 23A와 같은 상업적으로 생산된 포도당센서에서 얻어진 성능데이터를 나타낸다. 수명시간의 자료는 4.4.3절에서 언급한 것 처럼 각 항의 수명은 센서마다 다른 의미를 갖고 있기 때문에 주의 깊게 검토되어야 한다. 최초의 포도당센서는 산소를 측정하였다. 그러나 혈액분석의 경우, 혈액 내 산소는 간섭을 받아 실제적으로 진료에 이용되는 포도당 바이오센서는 과산화수소 측정방식에 기반을 둔다. 몇몇 매개체기반 센서는 표 4.4에 포함을 시켰으며, 특히 페로센(ferrocene)을 기반으로 한 'Medisense Exactech'센서가 일반적이다. TTF(Tetrathiafulvalene)−TCNQ를 매개체로 사용하는 포도당 탈수효소−PQQ 기반

센서의 장점은 데이터측면에서 보면 명확하지는 않다. 하지만 포도당 탈수효소-PQQ 기반 센서는 포도당산화효소 센서보다 훨씬 많은 전류를 발생하고 주변 산소에 영향을 받지 않는다. 그 효소는 전극에 효과적으로 직접 연결되어 있다.

4.7.4 요산

혈액 내 문제 진단에 중요한 요산을 측정하는 바이오센서에 대해 많은 비교 연구가 진행되어 왔다. 일반적 작용범위는 140−420 mol l^{-1}이다. 요산은 다음과 같이 산소에 의해 요소분해효소로 산화된다.

$$\text{Uric acid} + O_2 \longrightarrow \text{allantoin} + CO_2 + H_2O_2$$

포도당과 같이, 여러 가지 측정형태가 가능하다.

(i) 산소직접 측정법 − 100일까지 안정적 반응과 0.5 mM (±5%) 범위까지 선형반응
(ii) 과산화수소 측정법 − 17일까지 안정적 반응(시료 수 = 1,000개)과 3.0 mM (±2%) 범위까지 선형반응
(iii) 매개체의 이용, 즉, 매개체 $[Fe(CN)_6]_3$와 겨자무과 산화효소 이용 − 40일 동안의 반응과 0.035 mM 범위까지의 선형반응

DQ 4.3

인간의 혈액분석에 사용되는 포도당센서의 성능요소에 대해 다음 요소를 기준으로 논하여라.

(a) 선형범위 (b) 반응시간 (c) 정밀도

답

(a) 선형범위는 보통의 혈액 내 포도당 농도뿐만 아니라 비정상적인 환자의 포도당 농도도 포함하여야 한다. 1×10^{-4} M ~ 5×10^{-2}M 범위가 요구된다.
(b) 포도당센서는 환자에게 매우 자주 사용되기 때문에 반응시간은 30초 이내이어야 한다.
(c) 정밀도(재현성)는 일반적인 ±5% 보다 더 높아야 한다. 결국, 중요한 의학적 측정을 위해서 는 약 ±1% 값이 요구된다.

4.8 센서의 성능에 영향을 미치는 몇 가지 요인

4.8.1 효소의 양

효소는 반응에 소모되지 않는 촉매제로 정확한 양(또는 농도)이 바이오센서 성능에 미치는 결정적인 요인은 아니다. 하지만, 여러 제한요소가 있다. 만약 미카엘스−멘텐 방

정식(Michaelis−Menten)(3.5.2절 참조)을 고려한다면, 다음과 같이 반응속도는 효소 농도에 직접적으로 비례할 것이다.

$$v = \frac{k[E_0][S]}{K_m + [S]}$$

만약 충분한 효소가 존재하여 이 과정이 반응속도를 제한시키지 않는다면 문제가 되지 않는다. 하지만, 너무 많은 양의 효소가 있거나 효소의 순도가 나쁘면 많은 양의 재료가 효소활동(U)을 위하여 필요하게 된다. 결과적으로 과도한 양의 재료는 물질전달(주요하게, 확산)의 속도에 영향을 미칠 수 있다. 이러한 요인은 바이오센서에 관한 출판물(저널)에 거의 언급되고 있지 않다. 표 4.3에 주어진 요소측정의 예에서 알 수 있듯이 25에서 75 U로 3배 요소분해 효소양을 증가시켰을 때 어느 정도 반응시간은 증가하고 약간의 검출한계가 낮게 되면서도 수명이 3주에서 4개월로 크게 개선되는 것을 보여 주었다. 그러나 일반적으로는 효소의 양적인 측면에 대한 센서성능 개선과 관련한 논문은 거의 보고 되고 있지 않다.

4.8.2 고정화 방법

고정화 방법은 3장에서 논의하였다. 요약하면, 화학적 방법(공유결합과 교차결합)은 수명시간을 늘린다. 하지만 물리적인 방법과 비교하여 물질전달과정을 방해하면서 반응을 제한할 수 있다. 화학적인 방법은 때때로 효소를 손상시킬 수 있어 반응이 더욱 감소할 수 있다. 그럼에도 불구하고, 이러한 문제는 물리적인 결합(포괄법 또는 흡착법)과 같은 약한 결합에 의해서 생기는 더 많은 급격한 효소의 손실측면과 비교될 수 있다.

4.8.3 완충 용액의 pH

일반적으로 시험 용액의 pH를 정밀하게 조절하는 것이 필요하다. 일반적으로 pH 7.4의 인산버퍼가 사용되지만 최적 pH는 사용되는 전자이동 중개자(매개체)에 따라 달라진다. Wilson과 Turner(1992)는 포도당산화효소(GOD)에 대해 조사를 하였고 다음과 같은 pH에 의존하는 3그룹의 매개체를 보고하였다:

- 최적 pH 5.6 (시트르산염버퍼) − 퀴논과 산소
- 최적 pH 7.5 (인산염버퍼) − 디아민, 페로센, TTF-TCNQ
- pH < 4 − $[Fe(CN)_6^{3-}]$와 인도페놀

> SAQ 4.6
> 아래의 성분 측정을 위한 선택요소에 대하여 답하라.
> (a) H^+ 이온 (b) F^- 이온 (c) 포도당 (d) 에스트라디올 (e) 마취약

요약

이 장에서는 센서의 성능을 평가하는 데 필요한 다양한 기준에 대하여 기술하였다. 센서의 필수적인 특성은 선택성이다. 이는 이미 3장에서 논의 되었다. 이온선택성 전극의 선택성 특징을 설명하기 위하여 니콜스키-아이즌맨(Nicholskii-Eisenman) 관계식을 사용하는 것을 포함하여 설명하였다. 측정구간, 선형구간과 검출한계가 기술되고 반응시간, 회복시간, 수명시간과 같은 다양한 시간관련 기준에 대해서도 논의하였다. 정밀도, 정확도, 재현성의 중요성에 대해 설명하였다. 이러한 요인들은 전위차측정방법과 전류측정방식의 센서가 요소, 포도당, 요산, 아미노산에 적용되는 예를 들면서 논의하였다. 효소의 양, 고정화 방법, 변환기, pH가 센서성능에 미치는 영향에 대해서도 설명하였다.

추가 참고문헌 목록

Arnold, M. A. and Reichnitz, G. A., 'Biosensors based on plant and animal tissues', in *Biosensors: Fundamentals and Applications*, Turner, A. P. F., Karube, I. and Wilson, G. S. (Eds), Oxford University Press, Oxford, UK, 1987, pp. 30–59

Carey, W. P., 'Multivariate sensor arrays as industrial environmental monitoring systems', *Trends Anal. Chem.,* **13**, 210–218 (1994).

Gibson, T. D. and Woodward, J. R., 'Protein stabilization in biosensor systems', in *Biosensors and Chemical Sensors*, Eldham, P. G. and Wang, J.(Eds), American Chemical Society, Washington DC, 1992, pp.40–55

Gibson, T. D., Hulbert, J. N., Parker, S. M., Woodward, J. R. and Higgins, I. J., 'Extended shelf life of enzyme-based biosensors using a novel stabilization system', *Biosensors Bioelectron*, 7, 701–708 (1992).

Kuan, S. S. and Guilbault, G. G., 'Ion selective electrodes and biosensors based on ISEs', in *Biosensors: Fundamentals and Applications*, Turner, A. P. F., Karube, I. and Wilson, G. S. (Eds), Oxford University Press, Oxford, UK, 1987, pp. 135–152

Scheller, F. W., Pfeiffer, D., Schubert, F., Renneberg, R. and Kirsten, D., 'Application of enzyme-based amperometric biosensors to the analysis of "real" samples', in *Biosensors: Fundamentals and Applications*, Turner, A. P. F., Karube, I. and Wilson, G. S. (Eds), Oxford University Press, Oxford, UK, 1987, pp. 315–346

Weber, S. G. and Webers, A., 'Biosensor calibration In situ recalibration of competitive binding sensors', *Anal. Chem.*, **65**, 223–230 (1993).

Wilson, R. and Turner A. P. F., 'Glucose oxidase: an ideal enzyme', *Biosensors Bioelectrion.*, 7, 165–185 (1992)

제 5 장

전기화학센서와 바이오센서

학습목표

- 이온선택성전극에 대한 전위차법의 작동원리 및 적용사례를 이해한다.
- 활동도를 농도와 간섭효과 결정에 적용한다.
- 기체센서에서 전위차법이 어떻게 사용되는지 이해한다.
- 전위차 개념이 어떻게 바이오센서에 적용되는지 이해한다.
- 3세대의 전류검출형 바이오센서의 개발에 대하여 이해한다.
- 매개체가 바이오센서에 어떻게 사용되는지 이해한다.
- 다양한 전류검출형 바이오센서에 대한 지식을 얻는다.
- 가스센서와 바이오센서에 이용되는 전도측정의 제한점과 그 용도를 이해한다.
- 전계효과 트랜지스터가 다양한 센서에 어떻게 사용되는지를 학습한다.

5.1 전위차센서 – 이온선택성전극

5.1.1 농도와 활동도

이온선택성전극(제2장에서 이미 소개된)은 농도차 전지의 원리를 기본으로 하고 있다. 즉, 멤브레인(감응막)에 의해 연결되고 양쪽에 똑같은 반쪽전지를 구성하여 오직 분석물질의 농도차의 조건(그림 2.2 참조)이 되는 전기화학 전지를 기반으로 한다. 이때 사용되는 멤브레인은 *선택성*을 가지고 있다. 즉 다른 이온들보다 분석 이온에 더 잘 반응한다. 전지의 기전력과 분석물질 농도사이의 관계는 넌스트 방정식(2.2.3절 참고)에서 유도된 것이며 다음 일반식으로 표현할 수 있다.

$$E = K + S \log [\text{ion}]$$

표 5.1 Debye-Hückel 방정식에 사용되는 이온 크기

Ion	Size parameter (pm)
Sn^{4+}, Ce^{4+}	1100
H^{+}, Al^{3+}, Fe^{3+}, Cr^{3+}	900
Mg^{2+}	800
Li^{+}, Ca^{2+}, Cu^{2+}, Zn^{2+}, Sn^{2+}, Fe^{2+}	600
Sr^{2+}, Cd^{2+}, Hg^{2+}, S^{2-}, OAc^{-}	500
Na^{+}, Pb^{2+}, CO_3^{2-}, SO_4^{2-}, HPO_4^{-}	400
K^{+}, Ag^{+}, NH_4^{+}	300
Cl^{-}, F^{-}, Br^{-}, I^{-}, OH^{-}, NO_3^{-}, SH^{-}, ClO_4^{-}	300

여기서 E는 전지의 기전력이며, S는 캘리브레이션 그래프의 경사도 (이상적으로 10단위의 농도 당 59.1 mV), 그리고 [ion]은 이온의 농도이다. 정확히 말하면 후자 매개 변수인 농도는 실제적인 열역학적 Nernstian 반응을 나타내는 이온의 '활동도(a_i)'이다. 활동도는 활동도 계수 γ와 농도의 곱으로 관련된다. 즉,

$$a_i = \gamma\,[\text{ion}]$$

여기서 γ는 용액 안에서 이온들 사이의 상호작용을 추정하는 Debye-Hückel 이론으로부터 계산될 수 있다. Debye−Hückel 방정식은 다음과 같이 주어진다.

$$-\log \gamma_i = (Az_i^2\sqrt{I})/(1+Ba\sqrt{I}) \tag{5.1}$$

여기서 A와 B는 이론적으로 얻은 상수이다. 298 K에서 A는 0.51이고 B는 3.3×10^7이다. a는 이온의 크기 매개 변수이고(표 5.1 참고) z는 이온의 전하량이다. 이온강도 I는 용액 내의 총 이온의 농도로서 그들의 전하량에 따라 가중이 주어지며 관련식은 다음과 같다.

$$I = 1/2\Sigma[\text{ion}]_{i,j}z_{ij}^2$$

DQ 5.1

0.01 M 황산나트륨 용액에서 나트륨과 황산 이온의 활동도를 계산하여라.

답

0.01 M 황산나트륨 용액의 이온강도는 다음과 같다.

$$I = 1/2\{(0.02 \times 1^2) + [0.01 \times (-2)^2]\} = 0.03\ \text{M}$$

활동도 계수는 다음과 같이 계산할 수 있다.

$$-\log \gamma(Na^{+}) = [0.51 \times (+1)^{2} \times \sqrt{0.03}]/[1 + (3.3 \times 10^{7} \times 4 \times 10^{-8} \times \sqrt{0.03}] = 0.0719$$

그러므로 $\gamma(Na^{+})$ = 0.847

$$-\log \gamma(SO_4^{2-}) = [0.51 \times (-2)^{2} \times \sqrt{0.03}]/[1 + (3.3 \times 10^{7} \times 4 \times 10^{-8} \times \sqrt{0.03}] = 0.2876$$

그러므로 $\gamma(SO_4^{2-})$ = 0.516

그러므로 활동도는 다음과 같이 주어진다.

$$Na^{+} = 0.847 \times 0.02\ M = 1.694 \times 10^{-2}\ M$$
$$SO_4^{2-} = 0.516 \times 0.01\ M = 5.16 \times 10^{-3}\ M$$

실제로 실험자는 모든 시험용액을 간섭이 없는 같은 이온으로 된 고농도 용액(이온강도조정제)으로 제조하여 활동도계수의 효과를 제거할 수 있다. 그렇게 되면, 이온강도는 모든 시료에 대해 상수가 되고 활동도계수는 역시 고정 값이 된다. 따라서,

$$E = K + S \log a_i$$
$$E = K + S \log (\gamma[ion])$$

주어진 식 :

$$E = (K - S \log \gamma) + S \log [ion]$$

이것은 다음 식으로 쓸 수 있다:

$$E = K' + S \log [ion]$$

5.1.2 캘리브레이션 그래프

ISE 연구에서 캘리브레이션 그래프를 적용할 때, 다음과 같은 점을 중요하게 고려해야 한다.

1. 만약 기울기 S가 59.1/z mV (±(1−2) mV)라면, 캘리브레이션 그래프의 기울기는 *Nernstian*이다. 59.1/z 보다 작을 경우, 일반적으로 *sub-Nernstian*이라 부르고, 더 높은 경우, *hyper-Nernstian*이라 부른다. 만약 전극을 0.01 M 용액 내에 1−2 시간 동안 컨디셔닝을 하면 개선된 성능을 얻을 수 있다.
2. 선형범위는 보통 이온에 따라서 10^{-5}과 10^{-1} M 사이가 되므로 대부분의 환경적,

생물학적 측정에 적합하다.

3. 10^{-5} M보다 낮은 농도에서는 검출한계나 간섭효과 때문에 그래프에 곡률이(그림 4.1 참고) 발생할 수 있다.

4. ISE의 최적화는 캘리브레이션 전에 이루어져야 한다. 이를 위해서는, 전극을 0.01M의 분석 이온의 용액에 1−2시간정도 담그고 다음으로 탈이온수에 30분 동안 담가야 한다.

5. ISE 안정성의 기준은 전지 전위가 60초 동안의 시간에서 ±0.1 mV 이상 변하지 않는 것이다. 낮은 농도에서는 더욱 정확한 기준이 필요하다. 예를 들어 전위값이 120초 동안 ±0.1 mV 이내로 안정적이어야 한다. 한 예로서, 불소 전극은 0.1 mg dm^{-3} 농도에서 안정 상태에 도달하기 위해서 15−30분이 필요하다.

6. 이온 간섭의 효과는 니콜스키−아이즌맨(Nicolskii−Eisenman) 방정식(3.2.2절과 4.2.1절 참고)으로 설명될 수 있다.

SAQ 5.1

50 cm^3의 구리(II) 용액이 다중 표준물 첨가(전위차식) 방법을 이용하여 분석되었다. 0.1 M 구리(II) 용액을 시료에 1.00 cm^3 증가시켰을 때, 다음과 같은 측정값을 얻었다.

Volume added (cm^3)	E (mV)
1.0	99.8
2.0	102.5
3.0	104.6
4.0	106.3
5.0	107.9

바탕(blank)용액은 70.0 mV 값을 나타내었다.
시료 내에 있는 구리의 농도를 예측하여라.

DQ 5.2

칼슘 ISE의 경우, 0.001 M 농도 조건에서 캘리브레이션 기울기 S는 +29.6 mV/decade였다. 0.001 M 염화칼슘 용액에서 전지 전위값이 −20.1 mV였다. 반면에 0.001 M 염화칼슘과 0.1 M 염화나트륨 혼합물에서의 전위는 −19.8 mV였다.

나트륨 존재 시에 칼슘이온에 대한 선택성 계수를 계산하여라.

답

염화칼슘 순수 용액과 혼합물 용액의 이온강도는 DQ 5.1에서와 같이 결정된다.

$$I(CaCl_2) = 0.5(0.001 \times 2^2 + 0.002 \times 1^2) = 0.003$$

$$I(CaCl_2 + NaCl) = 0.5(0.001 \times 2^2 + 0.002 \times 1^2 + 0.1 \times 1^2 + 0.1 \times 1^2) = 0.103$$

순수용액 내 칼슘이온의 활동도 계수는 다음과 같다.

$$-\log \gamma = 0.51 \times 2^2 \times \sqrt{(0.003)} / [1 + 3.3 \times 10^7 \times 6 \times 10^{-8} \sqrt{(0.003)}\,] = 0.10080$$

그래서 $\gamma(Ca^{2+}) = 0.793$

그러므로 순수용액 내 칼슘의 활동도는 $0.001 \times 0.793 = 7.93 \times 10^{-4}$ M

혼합 용액 내에서 칼슘의 활동도계수는 다음과 같다.

$$-\log \gamma = 0.51 \times 2^2 \times \sqrt{(0.103)} / [1 + 3.3 \times 10^7 \times 6 \times 10^{-8} \sqrt{(0.103)}\,] = 0.400$$

그래서 $\gamma(Ca^{2+}) = 0.3978$

그러므로 칼슘의 활동도 계수는 다음과 같다.

$$0.001 \times 0.3978 = 3.978 \times 10^{-4} \text{ M}$$

혼합 용액 내에서 나트륨의 활동도계수는 다음과 같이 주어진다.

$$-\log \gamma = 0.51 \times 1^2 \times \sqrt{(0.103)} / [1 + 3.3 \times 10^7 \times 4 \times 10^{-8} \sqrt{(0.103)}\,] = 0.11497$$

그래서 $\gamma(NaCl) = 0.7674$

그러므로 혼합 용액 안에서의 나트륨의 활동도는

$$0.1 \times 0.7674 = 7.674 \times 10^{-2} \text{ M}$$

그러므로

$$k_{Ca^{2+},Na^+} = [a_{Ca^{2+}}(a) \times 10^{(-19.8+20.1)/29.6} - a_{Ca^{2+}}(m)]/a(Na^+)^{n/z}$$

$$= [(7.929 \times 10^{-4} \times 1.0236) - (3.978 \times 10^{-4})]/(7.67 \times 10^{-2})^{2/1}$$

(여기서, $n = 2$ (Ca) 그리고 $z = 1$ (Na))

$$= 0.0004138/0.005883 = 7.03 \times 10^{-2}$$

이것은 나트륨이 매우 약하게 방해한다는 것을 의미한다.

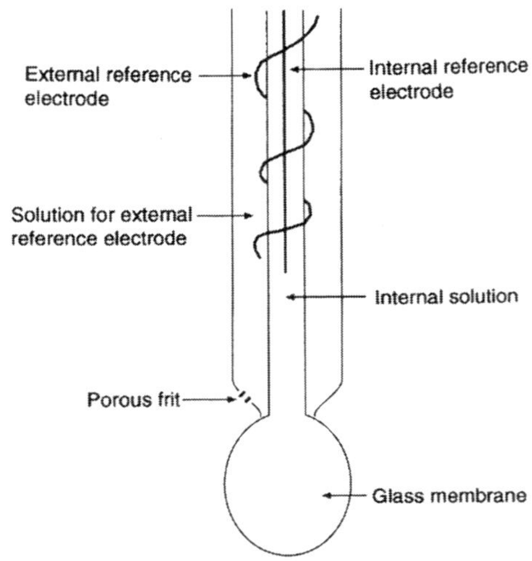

그림 5.1 일체형(기준전극 포함한) pH 전극의 개요도.

5.1.3 이온선택성전극의 예

5.1.3.1 유리막 형태

가장 잘 알려진 ISE의 예는 수소이온 농도나 산성도를 측정하는 유리막 전극으로 일반적으로 pH전극이라 불려진다. 얇은 유리막은 넓은 농도범위에서 수소 이온에 매우 선택적인데 이때 유리의 조성이 그 성능에 중요한 역할을 한다. 만약 유리막이 변하게 되면, 그 유리막은 수소 이온이 아닌 다른 이온에 선택적이게 된다. 일반적인 수소 이온 검출에 사용되는 유리의 조성은 22%의 Na_2O, 6% CaO, 그리고 72% SiO_2이 된다. 기초 반응은 다음과 같다:

$$SiO^-Na^+ + H^+ = SiO^-H^+ + Na^+$$

$$E = K + 59.1 \text{ pH}$$

일반적인 pH 일체형 전극은 그림 5.1과 같다. 이러한 형태는 주요 전극 튜브로 둘러싸인 유리튜브관 안에 기준전극을 삽입한다. 기준전극과 시료 용액사이의 접촉은 작은 유리막(frit)을 통해서 이루어진다. 기준전극은 보통 Ag/AgCl 형이다. 수소이온 유리전극은 보통 pH전극이라 표현되고 수소이온 활동도보다는 농도인 pH의 관점에서 캘리브레이션 된다.

$$\text{pH} = -\log a_{H^+}$$

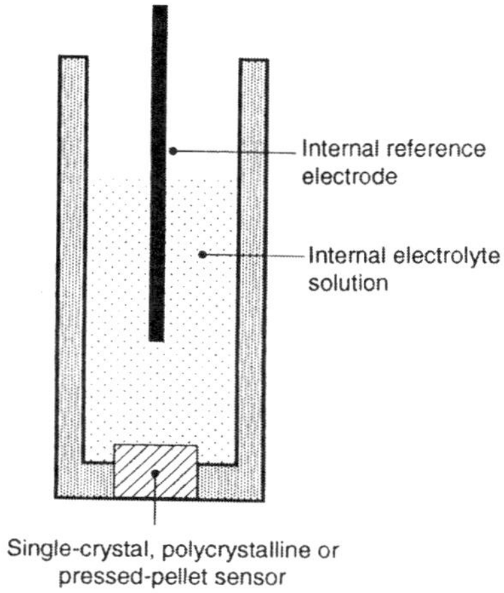

그림 5.2 고체상태 이온선택성전극의 개요도.

그러므로

$$E = K + 0.059\log a_{H^+} = K - pH$$

그리고

$$pH = (K - E)/0.059$$

다른 유리막 선택성 이온 전극은 나트륨, 리튬, 칼륨, 은 이온을 측정할 수 있다.

5.1.3.2 고체상태 형태

그림 5.2의 간단한 개요도는 고체상태형의 일반적 구조의 모습을 보여준다. 시스템은 일반적으로 별도의 기준전극을 함께 담그면서 측정한다. 고체상태 이온선택성전극은 제조업자에 의해 기본적으로 만들어지는 내부 기준전극과 같은 형태가 될 수 있다. 고체상태의 막은 불소전극 내에서 LaF_3 같은 고체 결정이거나, 황화물 전극 내에서 AgS 같은 가루 물질의 압축펠렛 형태가 된다.

1996년 이후, EuF_3로 피복된 LaF_3의 단일결정이 불소전극에 사용되고 있다.

$$E = K - 59.1 \log a_{F^-}$$

불소 전극은 정기적으로 식수 내 불소농도를 측정하기 위해 상수처리시설에서 이용된다. 하지만 대부분 고체 상태 ISE는 황과 은 전극 내에 은황화물 같은 가루 물질을 압축한 펠렛을 포함하고 있다. 고체상태 ISE는 은, 염소, 브로마인, 황화시안, 황 등을 측정하는 데 사용된다.

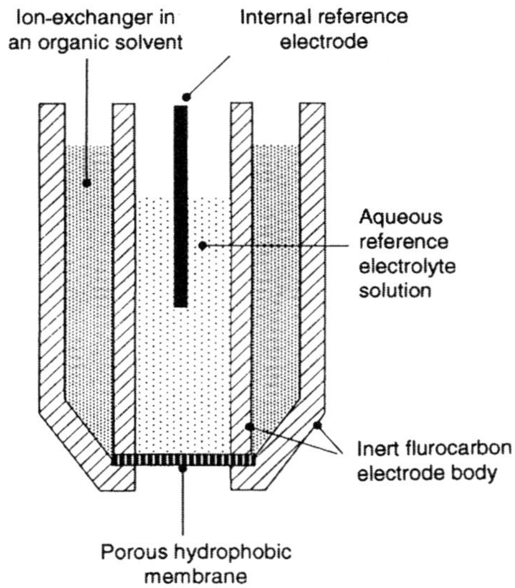

그림 5.3 액체 이온교환성 막 이온선택성전극의 개요도.

5.1.3.3 액체이온교환막 형태

막은 PVC와 같은 소수성 물질로 만들어진다. 이 막 안에서 흡수되는 것은 칼륨에 선택적인 발리노마이신(valinomycin)과 같은 액체 이온교환 물질이다. 막 내에서 그 농도수준을 유지하기 위해서, 유기 용매에서 용해되는 이온교환 액체저장소가 있다. 그림 5.3은 기준용액과 내부기준전극뿐만 아니라 이온교환 용액에 필요한 저장소를 보여주는 액체이온교환막 형태의 이온선택성전극의 구조를 보여준다. 이러한 형태의 ISE의 예는 질산, 구리, 염소, 과레늄산, 과염소산, 그리고 칼륨을 측정하는 형태이다. 질산전극은 토양과 물 내에 있는 질산을 측정하는데 광범위하게 사용된다.

SAQ 5.2

불소이온 전극은 한 잔의 차(tea) 내에 불소 농도를 측정하는데 사용된다. 25 ml 차와 25 ml 이온 강도조절 버퍼를 함께 섞을 때, 전극은 98 mV 값을 나타낸다. 2.0 ml의 100 ppm 불소 용액이 이 혼합물에 첨가될 때는 73 mV였다. 차 내에 불소 이온의 농도를 예측하여라.

5.1.4 기체센서 – 기체검출 전극

기체센서는 주로 pH 전극을 기본으로 하며 수용액 내에서 산 또는 염기성 용액의

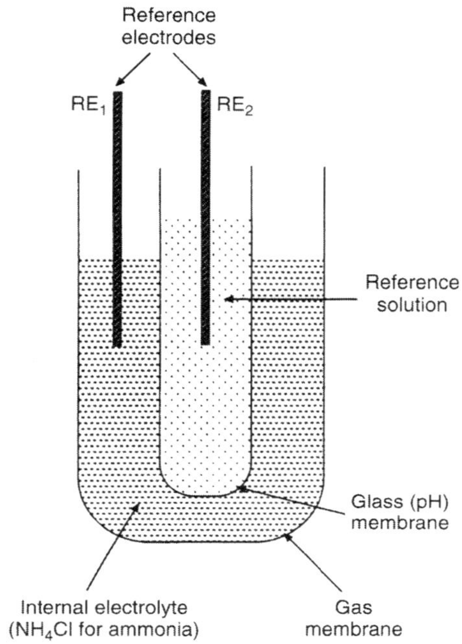

그림 5.4 기체 투과성 막 전극의 개요도.

형태를 나타내는 가스를 측정할 수 있다. 기체침투성막은 그림 5.4에 보여준다. 막과 수소선택성 유리막 사이에는 가스물질과 완충제를 형성케 하는 물질을 함유한 내부 전해질이 있다. 예를 들어 암모니아 전극에서는 염화암모니아가 사용되어 평형은 다음과 같이 이루어진다.

$$NH_4Cl = NH_4^+ + Cl^-$$
$$NH_3 + H^+ = NH_4^+$$

그래서

$$K = [NH_3][H]/[NH_4^+]$$

그러므로

$$\log [NH_3] = pH + pK_a + \log[NH_4^+]$$

높은 농도의 염화암모니아는 암모니아 이온의 농도를 일정하게 유지시킨다. 그러므로 암모니아 농도의 로그 값은 용액의 pH와 직접적으로 비례한다.

이산화황(SO_2), 이산화질소(NO_2), 황화수소(H_2S) 측정 전극은 유사한 방법으로 제작된다.

표 5.2 용존 가스 센서의 몇 가지 예

Gas	Inner solution	Sensor
CO_2	$NaHCO_3$	pH glass
SO_2	$NaHSO_3$	pH glass
HF	H^+	$F-LaF_3$
H_2S	pH 5 buffer	$S^{2-}-Ag_2S$
HCN	$KAg(CN)_2$	Ag^+-Ag
NH_3	NH_4Cl	pH glass

바이오센서에서 가장 흔히 사용되는 것은 수소, 암모니움, 암모니아 전극으로 모두 pH 원리를 기반으로 한다. 경우에 따라 이산화탄소, 아이오딘, 황 이온선택성 전극이 이용되기도 한다. 표 5.2는 가스검출 전극의 예를 보여준다.

SAQ 5.3

전기화학적 기체센서를 이용할 때 선택성은 어떻게 얻어질 수 있는가?

5.2 전위차 바이오센서

전위차 바이오센서는 크게 특정 이온선택성 또는 기체 선택성 전극을 기반으로 한다.

5.2.1 pH-연결

이것은 가장 단순한 전위차 바이오센서로서 화학반응에 의한 pH 변화가 있는 모든 시스템에서 적용이 가능하다. 센서로 구성하기 위해서는 적합한 효소가 pH 전극에 고정되어야 한다. 이러한 센서로 많은 예가 존재하는데 그 중 세 가지 예는 다음과 같이 설명될 수 있다. 각 반응에 필요한 효소가 각 반응식에 나타난다. 일반적인 pH 전극뿐만 아니라 전계효과 트랜지스터에도 쉽게 적용될 수 있다.

5.2.1.1 페니실린

$$\text{penicillin} \longrightarrow \text{penicilloate} + H^+$$

5.2.1.2 포도당

글루콘산은 하나의 산물로 형성되기 때문에 pH의 변화를 수반한다. 결과적으로

pH 측정을 통하여 관련 반응을 모니터링 하는데 사용될 수 있다.

$$\text{glucose} + O_2 \xrightarrow{\text{GOD}} \text{gluconic acid} + H_2O_2$$

5.2.1.3 요소

요소는 전위차식 바이오센서를 이용하여 검출할 수 있는 첫 번째 중요한 대상체였다(1987년 Guillbault와 Kuan). 이 시스템에서, 요소는 효소를 매개로 다음과 같이 가수분해 된다.

$$CO(NH_2)_2 + 2H_2O \xrightarrow{\text{urease}} 2NH_4^+ + CO_3^{2-}$$

이 분석은 많은 방법으로 수행될 수 있다. 히스티딘 같은 적합한 완충제를 이용하여, pH 전극과 분석기로 관련 반응을 측정할 수 있다. 효소는 젤라틴과 글루타르알데히드를 사용함으로써 pH 전극에 고정화시킬 수 있다. 신뢰성은 조금 떨어지지만 간단한 방법으로 표준 유리 pH 전극대신에 폴리피롤로 코팅된 백금전극을 이용하는 경우가 있다. 요소측정에 또 다른 방법은 아래에서 설명되었다.

5.2.2 암모니아-연결

암모니아를 생성물로 만드는 모든 반응은 암모니아 선택성 전극을 사용하여 측정할 수 있다.

5.2.2.1 요소

위에 설명된 반응에서, 암모니아 선택성 전극이 사용될 수 있다. 또한, 용액을 알칼리로 만들고 유리된 암모니아를 암모니아 선택성 가스 전극으로 측정 할 수 있으며, 이것이 가장 성공적인 방법으로 알려져 있다. 우라아제(요소분해효소)는 암모니아 전극의 폴리프로필렌 막에 부착된다. 이것은 가장 높은 감도와 가장 낮은 검출 한계(10^{-6} M)를 가지며, 시간당 $5 \times 10^{-5} \sim 10^{-2}$ M 범위의 20개의 시료분석에 분석에 ±2.5% 상대 표준오차를 나타낸다.

5.2.2.2 크레아티닌

$$\text{creatinine} \xrightarrow{\text{creatinase}} NH_3 + \text{creatine}$$

폴리프로필렌 막에 고정화한 크레아티닌 효소를 이용하는 암모니아 전극은 200개의 시료분석과 8개월 동안의 안정적인 성능과 8×10^{-6} M의 검출 한계를 나타내었다.

5.2.2.3 페닐알라닌

$$\text{L-phenylalanine} \xrightarrow{\text{phenylalanine ammonia-layase}} NH_3 + \textit{trans}\text{-cinnamate}$$

이 센서는 매우 선택적이지만 반응이 느리고 반응대역이 좁다.

5.2.2.4 아데노신

$$\text{adenosin} \xrightarrow{\text{adenine-deaminase}} NH_3 + \text{inosine}$$

이 시스템에서 아데닌-디아미나제 효소는 암모니아 전극에 글루타르알데히드와 교차 결합된다.

5.2.2.5 아스파탐

$$\text{aspartame} \xrightarrow{\text{L-aspartase}} NH_3 + C_6H_5CH_2CH(CO_2H)NHCOCHCHCO_2H$$

5.2.3 이산화탄소-연결

몇 가지 적용사례로 아래와 같이 바이오물질을 이용하여 이산화탄소를 측정하는 이온선택성전극이 있다.

5.2.3.1 요소

5.2.1.3 절에서 언급된 반응과 같이 용액을 산성으로 만들고 그때 유리된 이산화탄소를 이온선택성전극으로 측정할 수 있다.

5.2.3.2 옥살산염

소변 내 옥살산염의 측정은 옥살산뇨증(수산과잉뇨)의 진단에 중요하다.

$$\text{oxalate} \xrightarrow{\text{oxalate decarboxylase}} CO_2 + \text{formate}$$

일반적으로 소변에 존재하는 인산염과 황산염은 이 효소의 작용을 방해한다. 그래서, 비록 이 효소가 다른 몇몇 음이온에 의해 방해를 받을 수 있지만, 산화옥살산효소가 사용된다.

$$\text{oxalate} \xrightarrow{\text{oxalate oxidase}} 2CO_2 + H_2O_2$$

5.2.3.3 디곡신

디곡신은 폴리스티렌 비드(polystyrene bead)안에 고정되고, 디곡신 시료는 페록시다아제로 표시된 항체와 함께 추가된다. 그때 복합체 페록시다아제 표식은 피로갈롤과 과산화수소에 반응하고 유리화된 이산화탄소로부터 측정된다.

$$H_2O_2 + \text{pyrogallol} \xrightarrow{\text{peroxidase}} CO_2$$

SAQ 5.4
다양한 요소 바이오센서를 비교하여라.

5.2.4 아이오딘 선택성

5.2.4.1 포도당

포도당산화효소에 의해 포도당 반응에서 형성된 과산화수소는 퍼옥시다아제를 이용하여 요오드화물에서 요오드로 산화시켜 측정할 수 있다. 남아있는 요오드화물은 요오드화물 선택성전극을 사용하여 측정한다.

$$\text{glucose} + O_2 \xrightarrow{\text{GOD}} \text{gluconic acid} + H_2O_2$$
$$H_2O_2 + 2I^- + 2H^+ \xrightarrow{\text{PO}} I_2 + 2H_2O$$

요오드 전극은 과산화수소에 의해 소모되어 요오드 농도가 감소되는 원리를 이용한다.

5.2.4.2 페닐알라닌

L-아미노옥시다아제(LAO)와 퍼옥시다아제(PO)는 요오드 전극의 표면 위에 폴리아크릴아미드 겔로 함께 고정화된다. 하지만 이 센서는 위에서 설명한 암모니아를 기반으로 한 센서보다 더 많은 간섭과 선택성 문제를 가지고 있다.

$$\text{L-phenylalanine} \xrightarrow{\text{LAO/PO}} H_2O_2$$
$$H_2O_2 + 2I^- + 2H^+ \longrightarrow I_2 + 2H_2O$$

5.2.4.3 에스트라디올

이 물질은 전위차식 면역정량분석법으로 측정된다. Anti-17β-에스트라디올은 요오드 선택성 전극의 표면 위 젤라틴 막에 고정화된다. 퍼옥시다아제로 표시된 항원과

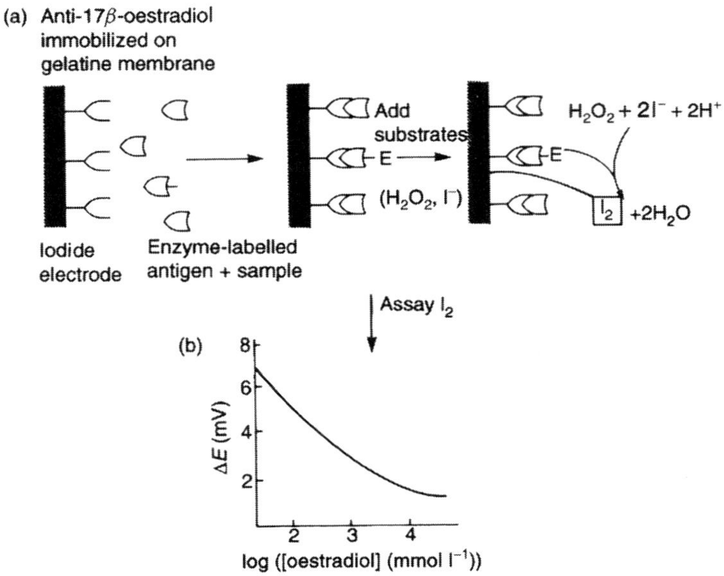

그림 5.5 항체로 도포된 요오드 전극에 의한 에스트라디올-17β의 검출: (a) 반응 메커니즘; (b) 농도의 함수인 해당 전위 값 캘리브레이션 그래프.

시료는 그림 5.5(a)에 보는 것과 같이 첨가된다. 시료 항원의 양은 표지된 항원과 반비례 관계에 있으며, 후자는 과산화수소와 요오드를 첨가함으로써 결정되는데 이것은 퍼옥시다아제에 의해 요오드 음이온으로 바뀐다. 남아있는 요오드화물은 이온선택성전극에 의해 측정된다. 그림 5.5(b)에서처럼 에스트라디올 로그농도와 기전력을 관계하는 캘리브레이션 그래프가 얻어진다.

5.2.5 은황화물- 연결

5.2.5.1 시스테인

$$Ag^{+} + xR - S^{y-} \longrightarrow Ag(R-S)_{x}^{(1-xy)-}$$

위 반응은 비록 완벽하게 선택성을 나타내지는 못하지만, 직접적인 전위차식 무효소방법으로 시스테인을 분석한다.

$$\text{cysteine} \longrightarrow \text{cystine (non-enzymatic)}$$

다음 반응은 더욱 구체적이지만 시안화물이 전극에 간섭을 준다.

$$\text{cysteine} + CN^- \xrightarrow{\beta\text{-cyanoalnine synthesase}} HS^- + \beta\text{-cyanoalanine}$$

5.3 전류측정 센서

5.3.1 직접전기분해 방법

전압전류계 센서는 환원(산화)전위 값이 이온별로 다른 값을 나타내는 측면에서 자체의 선택성을 갖고 있다. 음의 방향으로 전위가 가해질 때, 전극활성물질은 매우 성공적으로 환원된다(만약 양의 방향으로 진행되면 산화된다.). 1 M 염산 내 여섯 가지 양이온 혼합물의 경우 수은방울전극으로 선형 스윕에 의해 얻어지는 전형적인 차분펄스 폴라로그램은 그림 5.6과 같이 나타내진다.

이 방법은 엄격하게 말하면 센서 기술은 아니다. 더 자세한 세부정보는 Paul Monk에 의한 AnTS 교재 *Fundamentals of Electroanalytical Chemistry*에서 얻을

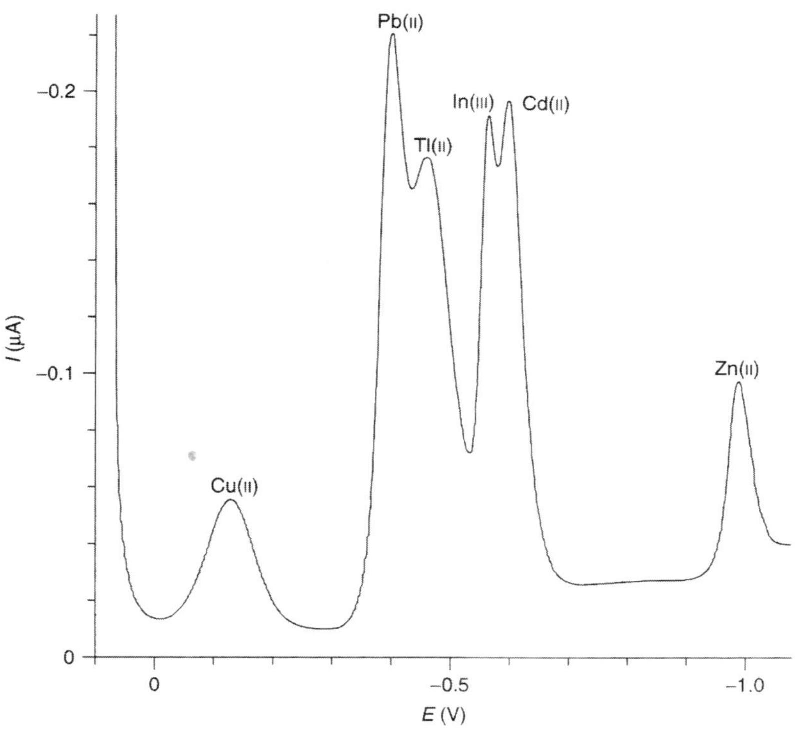

그림 5.6 여섯 가지 양이온(Cu(II), Pb(II), TI(II), In(III), Cd(II), and Zn(II)) 혼합물에서 얻어진 차동펄스 폴라로그램.

수 있다(참고문헌 정보 참조). 만약 피복 전극(추가적인 선택성능을 첨가한)을 사용하지 않는다면, 그 선택성은 상당히 제한적이다. 그러한 적용 예는 3장에서 간략하게 언급되었으며 뒤에 나올 8장에서 구체적인 예를 가지고 더 자세히 살펴볼 것이다.

5.3.2 바이오센서의 3세대

바이오센서와 관계되는 산화 반응에는 세 가지 방식으로 아래와 같이 제1세대, 제2세대, 그리고 제3세대로 나타낸다.

- 제1세대 – 산소전극 기반 센서
- 제2세대 – 매개체 기반 센서
- 제3세대 – 직결된 효소전극

하지만 염다리-전도 전극의 작용형태는 매개체의 전도 작용과 매우 유사한 형태이기 때문에 제3세대의 명시는 엄격히 말하면 1세대와 2세대와는 같지 않다.

> SAQ 5.5
> 매개체란 무엇인가?

5.3.3 제1세대 – 산소전극

처음에 포도당 효소전극은 산화제로 산소분자가 사용하였다.

$$\text{glucose} + O_2 \xrightarrow{\text{GOD}} \text{gluconic acid} + H_2O_2$$

이 반응은 Clark 산소전극을 이용하여 산소농도의 감소를 측정하는 원리를 기반으로 한다. 1953년에 처음 개발된 이러한 종류의 전극은 전기화학적으로 산소를 환원하는 전압전류의 원리를 이용하는데 전지의 전류는 산소의 농도에 정비례하는 것을 기반으로 한다. 포도당산화효소는 전극을 감싸는 가스침투성 막 위 폴리아크릴아미드 겔 내에 고정화된다. 그리고 전극은 백금(양극)과 은(음극)으로 구성된다. 그림 5.7은 전형적인 포도당 센서를 보여준다. 이 시스템은 의학 분야에 실용적으로 매우 높은 중요성을 제시하는 것 외에도 많은 다른 바이오센서 설계에 기초로 할 만큼 유용한 모델이다.

몇몇 다른 바이오센서는 산화효소와 산소를 사용하는 형태로 개발되어 왔다. 그 선택성 특성은 표 5.3에서 주어진다.

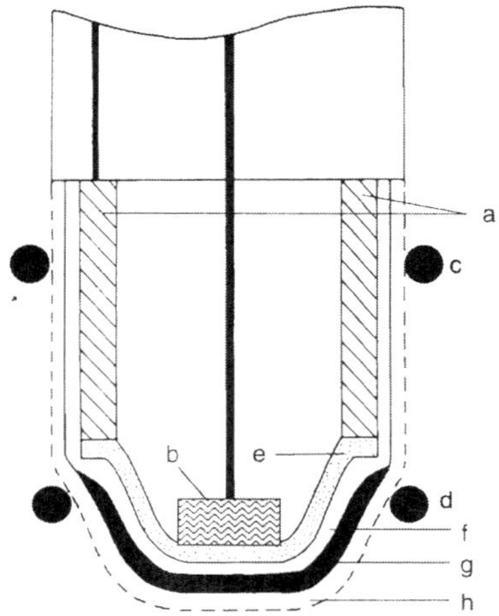

그림 5.7 2개의 막을 사용하는 Clark-type의 포도당 전극(a, 은 음전극: b, 백금 양전극; c와 d, 고무링; e, 전해질 겔; f, 테프론 멤브레인; g, 나이론 네트 상에 있는 포도당산화효소; h, 셀로판 멤브레인).

표 5.3 바이오센서에 사용되는 산화효소의 예

Analyte	Enzyme	Response time (min)	Stability (days)
Glucose	Glucose oxidase	2	> 30
Cholesterol	Cholesterol oxidase	3	7
Monoamines	Monoamine oxidase	4	14
Oxalate	Oxalate oxidase	4	60
Lactate	Lactate oxidase	–	–
Formaldehyde	Aldehyde oxidase	–	–
Ethanol	Alcohol oxidase	–	–
Glycollate	Glycollate oxidase	–	–
NADH	NADH oxidase	–	–

하지만, 비록 이러한 형태의 장치가 올바르게 작동을 할지라도, 잠재적으로 많은 문제를 가지고 있다. 첫째 주변의 산소농도가 제어되어야 하고 일정하게 유지되어야 한다. 그렇지 않으면 산소농도 감소에 반응하는 전극이 포도당 농도 감소에 비례적으로 반응하지 않을 것이다. 또 다른 문제는 산소를 줄이기 위해서 매우 높은 환원 전위가 필요하다는 것이다(−0.7 V).

$$O_2 + e^- \longrightarrow O_2^-$$

즉, 다른 물질과 간섭이 일어난다.

이것을 해결하기 위한 첫 번째 대안은 과산화수소물질의 산화정도를 측정하는 것이다.

$$H_2O_2 \longrightarrow 2H^+ + 2e^- + O_2$$

이것은 전극을 +0.65 V 전위로 조절함으로써 가능하게 한다. 이것은 여전히 반대 측면에서 봐도 매우 높은 값이다. 그리고 또 다른 문제는 아스코르빈산에 의한 간섭이 존재한다는 것이다. 아스코르빈산은 생체 시료에 흔하게 존재하며 이 전위에서 산화된다.

산소를 조절하기 위해 많은 시도가 있었다. 이들 중 몇 가지는 카탈라아제인 일반 효소의 존재에서 아래와 같이 과산화수소가 물과 산소로 분해된다는 사실에 기반을 한다.

$$H_2O_2 \xrightarrow{\text{catalase}} H_2O + O_2$$

하지만, 모든 과산화수소가 재사용된다고 가정했을 때(실제로는 약 50%만 재사용된다), 실제 산소의 수득률은 50%이다. 대안으로는 음극에서 물을 산소로 재 산화하는 것이다.

$$H_2O - 2e^- \longrightarrow 2H^+ + O_2$$

역시, 관련 표준 전극 전위는 +1.23 V로 매우 높고, 그러한 전위값의 적용은 존재하는 다른 간섭물질을 산화시킬 가능성이 높아진다. 몇몇 성공사례는 분석 산소전극 출력에서 피드백 증폭기를 통해 제어되는 독립적 산소발생 회로로 구성된 산소안정전극을 이용하여 이루어졌다. 관련 시스템이 그림 5.8에 나타나 있다.

OP 앰프는 산소존재에 의해 발생하는 전류값과 표준전위를 비교하여 산소발생 회로의 전기분해 전위 값을 조절한다. 포도당산화효소는 카탈라아제와 혼합되고 산소발생 회로의 음극으로 작동하는 백금사(platinum-gauze) 전극에 고정화된다.

또 다른 접근방법은 산소를 포함하고 있는 버퍼의 양을 전지를 통해서 공급하면서 산소량을 조절하는 것이다.

SAQ 5.6

산소가 좋은 매개체가 아닌 이유는 무엇인가?

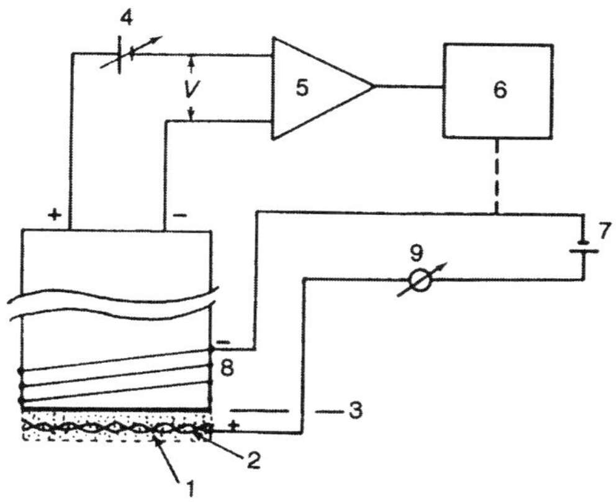

그림 5.8 산속전극에 일정 산소농도를 얻기 위해 사용하는 생성회로의 개요도. 1, 고정화된 효소; 2, 백금네트; 3, 테프론 막 산소전극; 4, 기준전위; 5, 차동앰프; 6, 차동전위를 0으로 유지하기 위한 회로 내 전류를 조절하는 PID 제어기; 7, 전기분해 회로의 전위소스; 8, 전극을 감싸는 백금코일; 9, 전류계.

5.3.4 제2세대 – 매개체

새로운 아이디어로 기존의 산소를 대신하여 가역성이 있으면서 적절한 산화 전위로 농도를 조절할 수 있는 다른 산화 물질(전자이동 물질)을 이용하는 방식이다. 전이 금속 양이온과 관련 복합체가 일반적으로 이러한 목적으로 사용되었다. 이러한 물질을 일반적으로 '*매개체*'라고 명명된다. 많은 매개체는 철 또는 철 화합물을 기초로 한다.

$$\mathrm{Fe(III)} + e^- \longrightarrow \mathrm{Fe(II)}$$

철(III) 이온은 가수분해를 일으키고, 수산화철($Fe(OH)_3$)로 침전이 될 수 있기 때문에 좋은 매개체가 아니다.

잘 알려진 복합체로 헥사시아노철산염(III)$[Fe(CN_6)]^{3-}$이 있는데 일반적으로 시안화철이라고 알려져 있다. 하지만 가장 성공적인 매개체는 페로센(Fc) 복합체로서 구조가 그림 5.9에 나타난 것처럼 두 개의 싸이클로펜타디닐(Cp) 음이온 사이에 양이온이 있는 샌드위치 구조의 형태를 가진다.

위와 관련한 반응은 다음과 같다:

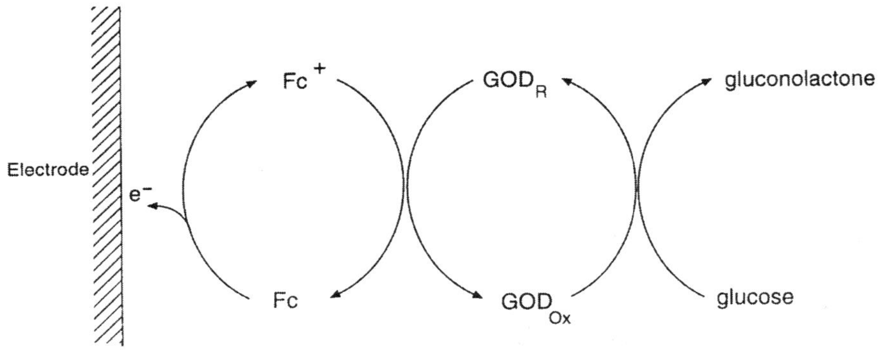

그림 5.10 포도당 측정을 위한 페로센-매개체 바이오센서의 작동 메카니즘: Fc, 페로센; GOD, 포도당산화효소.

$$Fe^{3+}_{aq} + e^- \rightleftharpoons Fe^{2+}_{aq} \quad (E^0 = +0.53\ V) \tag{5.2a}$$

$$\downarrow H_2O \qquad\qquad \downarrow H_2O$$

$$Fe(OH)_3 + 3H^+ \qquad Fe(OH)_2 + 2H^+ \ (\text{hydrolysis})$$

$$[Fe^{III}(CN)_6]^{3-} + e^- \rightleftharpoons [Fe^{II}(CN)_6]^{4-} \quad (E^0 = +0.45\ V) \tag{5.2b}$$

$$[Fe^{III}(Cp)_2]^+ + e^- \rightleftharpoons Fe^{II}(Cp)_2 \quad (E^0 = +0.165\ V; \tag{5.2c}$$

$$\text{ferrocene} \qquad E_p(Ox) = +0.193\ V;$$

$$E_p(R) = +0.137\ V)$$

포도당의 예를 들면, 페로센형 매개체의 작용은 다음과 같다

$$\text{glucose} + GOD_{Ox} \longrightarrow \text{gluconolactone} + GOD_R + 2H^+$$

$$GOD_R + 2Fc^+ \longrightarrow GOD_{Ox} + 2Fc$$

$$2Fc - 2e^- \longrightarrow 2Fc^+$$

실제 포도당 산화는 $FADH_2$로 변환되는 포도당산화효소의 플라빈 아데닌 디뉴클레오티드(FAD) 구조에 의해 이루어진다. 그리고 이어서 매개체 Fc^+에 의해 다시 FAD로 산화되고, 전극에서 Fc가 Fc^+로 산화될 때 전류를 측정함으로써 포도당 농도를 측정한다. 이것은 그림 5.10에 나타나는 순환 반응 개요도로 설명될 수 있다.

DQ 5.3

좋은 매개체가 되기 위한 조건은 무엇이 있는가?

답

좋은 매개체가 되기 위한 성질은 다음과 같다.

(i) 효소에 빠르게 반응해야 한다.
(ii) 가역적인 전자 이동 운동특성을 보여야 한다.
(iii) 재생을 위해 낮은 과-전위를 가지고 있어야 한다.
(iv) pH에 독립적이어야 한다.
(v) 산화, 환원형태에서 모두 안정적이어야 한다.
(vi) 산소와 반응하지 않아야 한다.
(vii) 독성이 없어야 한다.

페로센은 이러한 모든 기준에 적합하다.

SAQ 5.7
왜 황산철은 매개체로 적합하지 않은가?

앞서서 살펴보았듯이, 산소전극은 −0.6V에서 작동하는데 이러한 전위 값에서는 일반적으로 효소와 세포 구조물에 많이 존재하는 물질인 아스코르빈산을 함께 환원시킨다.

표 5.4는 pH 7 조건에서 주요한 반응에 대한 산화환원 전위를 보여준다. 이들 중 몇 가지는 다음 절에서 논의될 것이다.

싸이클로펜타디닐 그룹의 고리는 다양한 치환기를 가지고 있다. 이러한 치환기는 페로센의 주요 성질인 산화환원 전위와 효소에 대한 전자-이동 속도 상수에 영향을 미친다. 몇몇의 예를 표 5.5에 나타내었다.

표 5.4 pH 7에서 주요 반응에 대한 산화환원 전위

Reaction	E (V)[a]	Reaction	E (V)[a]
Acetate−acetaldehyde	−0.60	Oxaloacetate−L-malate	−0.17
Acetone−propan-2-ol	−0.43	Ubiquinone−reducedubiqunone	0.00
H^+ −H_2	−0.42	Fumarate−succinate	+0.03
Xanthine-hypoxanthine	−0.37	Dehydroascorbate−ascorbate	+0.06
NAD^+ −NADH	−0.32	Ferrocene−reduced ferrocene	+0.165
Oxidized−reduced glutathione	−0.23	O_2−H_2/O_2	+0.31
Cystine−cysteine	−0.22	$[Fe (CN)_6]^{3-}/[Fe(CN)_6]^{4-}$	+0.45
Acetaldehyde−ethanol	−0.20	Fe^{3+} −Fe^{2+}	+0.53
Pyruvate−L-malate	−0.19	O_2−H_2	+0.82

[a] Versus the standard hydrogen electrode (SHE)

표 5.5 포도당산화효소와 관련된 산화반응에서 사용되는 페로센과 유도체의 환원전위와 전자-이동속도 상수

Derivative	E (V)[a]	k (10^5 dm^3 mol^{-1} s^{-1})
1,1′-Dimethyl	0.100	0.8
Acetic acid	0.142	–
Ferrocene[b]	0.165	0.3
Amidopentylamidopyrrole	0.200	2.07
Aminopropylpyrrole	0.215	0.75
Vinyl	0.253	0.3
Monocarboxylic acid	0.275	2.0
1,1′-Dicarboxylic acid	0.290	0.3
Methyltrimethylamino	0.387	5.3
Polyvinyl	0.435	–

[a] Versus the saturated-calomel electrode (SCE).
[b] Parent (unsubstituted) material.

용해도 역시 영향을 받는데 바이오센서를 구성하는데 중요한 요소이다. 따라서, 1,1-디메틸크롬철은 물에서 용해되지 않고 E^0값이 +0.1 V가 되고 포도당산화효소의 반응속도 상수는 0.8 × 10^{-5} $dm^3mol^{-1}s^{-1}$가 된다. 반면에 페로센 단일카르복시산은 물에 잘 용해되며 +0.275 V의 E^0와 속도상수 2.0 × 10^{-5} $dm^3mol^{-1}s^{-1}$를 가진다.

많은 다른 매개체 물질의 이용이 가능한데 천연 또는 인공적인 전자 매개체로 분류할 수 있다. 천연 매개체는 시토크롬, 유비퀴논, 플라보 단백질과 피리독신 같은

표 5.6 천연 매개체와 인공 매개에 대한 산화환원 전위(pH 7 조건)

Natural	E (V)[a]	Artificial	E (V)[a]
Cytochrome a_3	+0.29	Hexacyanoferrate(III)	+0.45
Cytochrome c_3	+0.24	2,6-Dichlorophenol	+0.24
Ubiquinone	+0.10	Indophenol	+0.24
Cytochrome b	+0.08	Ferrocene	+0.17
Vitamin K_2	−0.03	Phenazine methosulfate	+0.07
Rubredoxin	−0.05	Methylene Blue	+0.04
Flavoproteins	−0.4 to +0.2	Phthalocyanine	−0.02
FAD/$FADH_2$	−0.23	Phenosafranine	−0.23
FMN/$FMNH_2$	−0.23	Benzylviologen	−0.36
NAD^+/NADH	−0.32	Methylviologen	−0.46
$NADP^+$/NADPH	−0.32		
Ferridoxin	−0.43		

분자를 포함하고, 인공적인 매개체는 메틸 블루, 프탈로시아닌(phthalocyanines)과 바이오로겐(viologen)과 같은 많은 염료를 포함한다. 표 5.6은 이러한 매개체의 산화환원 전위를 비교한 것이고, 그림 5.11은 관련 구조를 보여준다.

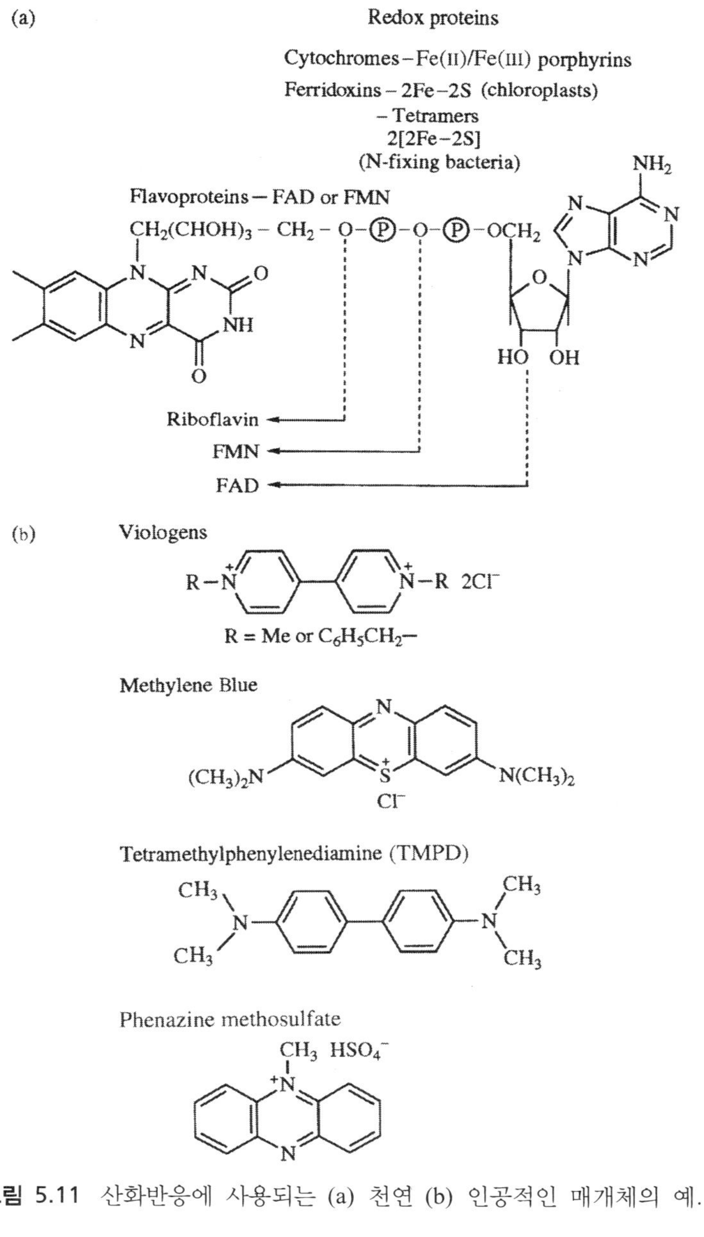

그림 5.11 산화반응에 사용되는 (a) 천연 (b) 인공적인 매개체의 예.

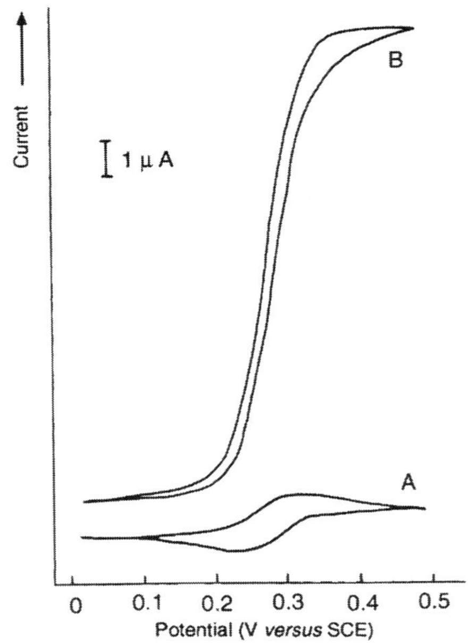

그림 5.12 (A) 포도당만 존재할 때 페로센 단일카르복시산의 순환전압전류도와 (B)포도당 존재에서 포도당산화효소를 첨가하였을 때의 페로센 단일카르복시산의 순환전압전류도.

5.3.4.1 속도상수

일반적으로 속도 메커니즘은 다음과 같이 정의할 수 있다.

$$R \rightleftharpoons Ox + e^-$$

$$E_R + Ox \xrightarrow{k_1} E_{Ox} + R$$

$$E_{Ox} + \text{glucose} \xrightarrow{k_2} E_{red} + \text{gluconolactone}$$

여기서 E는 효소이다. 만약 $k_1 < 10k_2$/[포도당]이면, k_2는 빠르고 k_1는 속도결정단계이다.

매개체의 효과는 순환전압전류 방식으로 알아낼 수 있고 속도상수의 예측도 가능하다. 만약 pH 7의 인산염 버퍼에 페로센 단일 카르복시산과 포도당을 함유한 용액에 대해 순환전압전류도를 알아내면, 그림 5.12에 보이는 곡선 A 형태의 전형적인 가역성 모양의 페로센 순환전압전류도를 얻을 수 있다. 만약 우리가 이 용액에 포도당산화효소를 넣는다면, 환원피크는 크게 증가하는 반면 산화피크는 존재하지 않는 곡선 B형태로 바뀔 것이다.

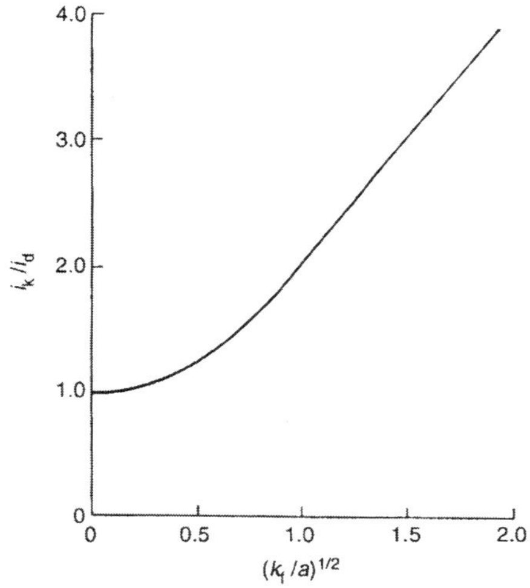

그림 5.13 운동 매개변수의 함수로써 운동-조절 피크전류에 대한 확산-조절 피크전류의 비를 나타내는 이론적 그래프.

속도상수는 촉매 그래프의 상대 높이에 비례하여 다음과 같은 식을 얻는다.

$$i_k/i_d = f[\log(k_1)/v]$$

여기서 v는 스윕률이다.

위의 관계는 $(k_f/a)^{1/2}$과 i_k/i_d의 그래프에서 나타나며, 여기서 $a = nFv/RT$, i_k는 GOD와 있을 때 발생하는 촉매전류이고 i_d는 확산조절전류이며, k_f는 속도상수이다 (그림 5.13).

5.3.4.2 매개체를 이용한 바이오센서의 구성

매개체를 바이오센서에 결합하는 데는 여러 가지 방법이 있다. 위에서 설명한 실험에서 관련 요소들은 모두 용액 내에 존재한다. 바이오센서에서 효소와 페로센은 둘 다 전극에 고정되어야한다.

가장 간단한 접근법은 파라핀 액체와 흑연가루를 혼합한 탄소반죽에 매개체를 함께 섞게 되면 나중에 효소는 그 반죽표면에 흡착되고 하나의 막으로 고정된다 (그림 5.14 참고).

더 정교한 접근방법은 Cass와 동료 연구자들에 의해 제안되었다. 전극 끝단면에 노출된 흑연박막이 톨루엔 용액에서 증발함으로써 디메틸크롬철과 코팅되었다. 그

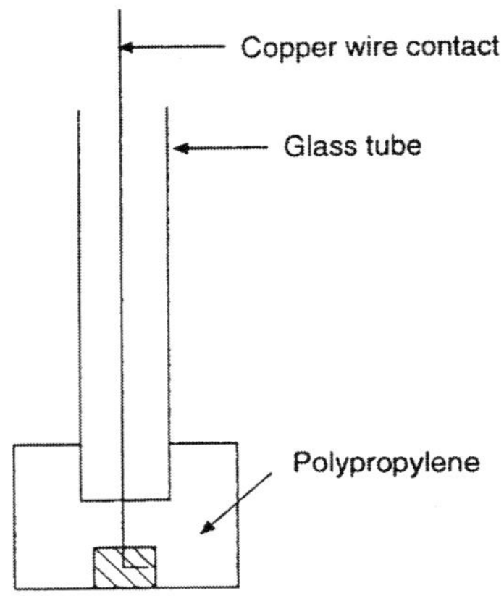

그림 5.14 바이오센서 적용에 매개체를 이용하는 탄소반죽전극의 개요도.

리고 나면 하나의 버퍼 내에서 포도당산화효소는 1-사이클로헥산-3-탄소이미드-*p*-메틸톨루엔황화염과 반응이 일어나면서 표면에 고정된다. 그 다음 센서는 'Nuclepore' 막으로 덮힌다.

> SAQ 5.8
>
> 세 가지 '자연적' 매개체와 세 가지 '인공적' 매개체의 예를 제시하시오.

5.3.5 제3세대 – 직결된 효소전극

매개체가 전극에 효소와 결합하는데 필요하다는 것은 조금 생소할 것이다. 왜 전극에 직접적으로 효소를 환원(산화)시키는 것이 가능하지 않을까? 문제는 단백질은 전극표면에서 변성되는 경향이 있다는 것이다. 게다가 전자-이동 반응은 느리고 비가역적이므로 과도하게 높은 전위가 필요하다.

한 가지 가능한 접근은 표면을 금전극에 4,4′-바이피리닐리움으로 도포하는 것이다. 바이피리닐리움 스스로는 전기적 활성을 가지지 않고 매개체도 될 수 없다. 그것은 효소에 라이신 잔유물과 약한 수소결합을 이루어 일시적으로 결합상태를 유지한다.

더 좋은 해결책은 Albery와 Cranston과 Bartlett (1987)에 의해 개발되었는데, 유기체 염류전도 전극을 이용하는 것이다. 이 시스템에서는 테트라티아푸발렌(tetrathiafulvalene, TTF)이 가역적으로 산화되고, 테트라시아노퀴노디메탄(tetracyanoquinodimethane, TCNQ)은 유사하게 가역적으로 환원된다(그림 5.15).

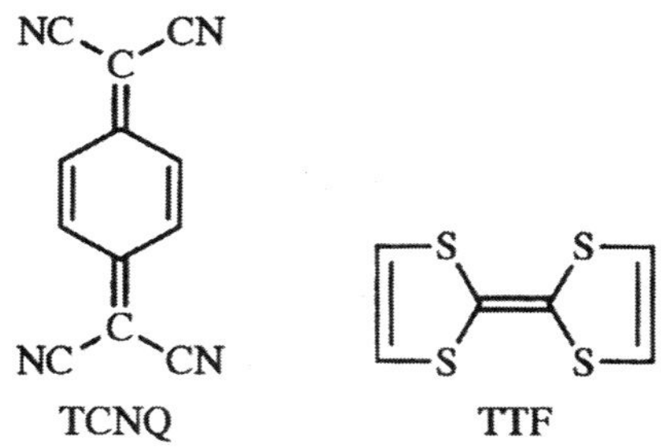

그림 5.15 TCNQ와 TTF의 구조.

이러한 분자 쌍은 *전자이동 복합체*를 형성한다. 이 복합체는 전극과 결합될 때, 표면이 매우 가역적이고, 많은 효소에 대해서도 안정적이라고 알려져 있다. 그러한 적용을 위한 또 다른 중요한 분자는 *N*-methylphenothiazine(NMP)인데, 때때로 TTF보다 선호되는 물질이다.

이러한 전도염은 세 가지 방식(단일 결정, 압축된 펠렛, 탄소 반죽형태)으로 전극과 결합된다. 각각의 성질은 약간씩 다른데, 결정성 형태가 더 높아지면, 가역성은 우수해지나 제작하기가 더욱 어려워지는 문제가 있다.

5.3.5.1 직접효소-전극 결합

최근에 고정화기술은 효소를 와이어전극에 직접적으로 고정하는데까지 발달되었으며 결국에 전자 이동을 빠르게 촉진시키고 높은 전류밀도를 가능하게 하였다. 일반적으로 이 기술은 산화환원 중합체를 사용하는 *in situ* 중합공정을 포함한다. 이 방법의 한 예는 산화환원 피롤로키놀린키논(pyrroloquinolinequinone, PQQ)을 함유한 포도당 탈수소효소(GDH)를 사용하였는데 이것은 오스미움비스피리딘클로라이드와 부분적으로 질소 복합체를 형성하고 브로도에틸라민와 POs-EA와 연결되고 폴리에틸렌글리콜(Poly(ethylene glycol 400 diglycidyl ether, PEGDE)과 교차 결합되는 산화화원 중합체와 폴리비닐피리딘을 통하여 유리탄소 와이어전극에 결합된다. 이러한 산소에 반응하지 않는 바이오센서는 70 mM의 포도당 조건에서 1.8 $mAcm^{-2}$의 높은 전류 밀도를 제공하는데, 일반 포도당센서보다 3배 높은 전류 밀도 값으로 알려진다. 그 때 사용된 효소는 5일의 반감기를 나타내었지만 계속적으로 작동하면서, 전류값은 8시간 정도 지나 기본값으로 감소하였다.

5.3.6 NADH/NAD$^+$

니코틴아미드-아데닌 디뉴클레오티드(NAD)는 많은 생화학 과정에서 사용되는 매우 잘 알려진 공동인자이며, 효소와 수소 전이반응이 함께 발생한다.

$$NAD^+ + RR'CHOH \longrightarrow NADH + R'RC{=}O + H^+$$

NAD와 산화 환원 형태인 NADH의 구조는 그림 5.16(a)와 같고 관련 반응은 그림 5.16(b)와 같이 산화환원작용과 이합체반응을 나타낸다.

불행하게도, NAD$^+$−NADH의 산화환원반응은 전극에서 대체로 비가역적이다.

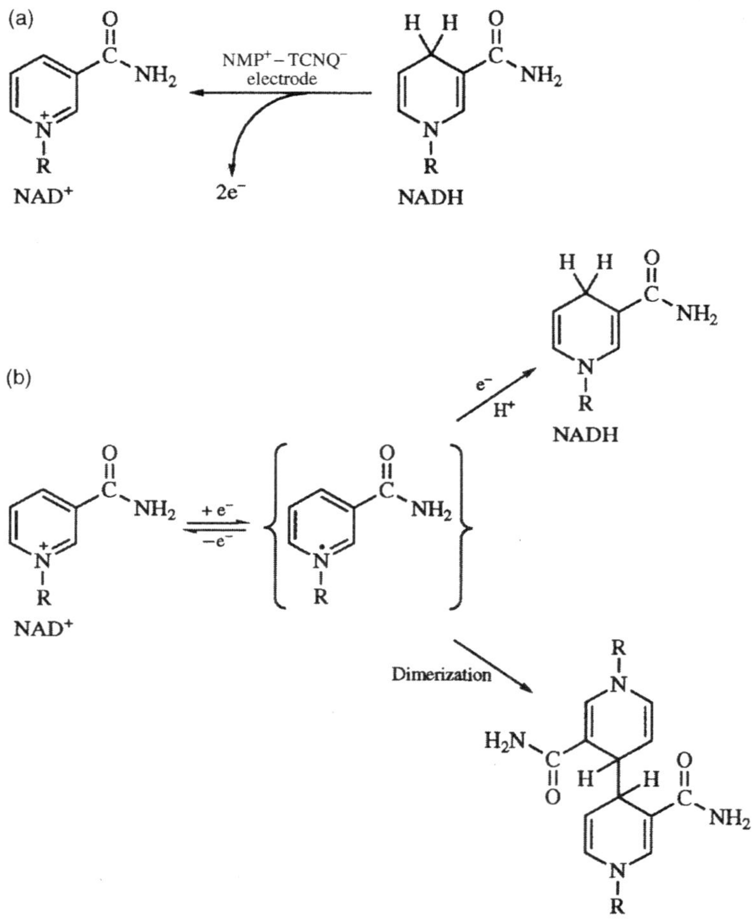

그림 5.16 (a) NAD와 NADH의 구조와 (b) 관련 환원, 산화와 이합체화 반응.

NAD^+의 전기화학적 환원은 NADH를 만들지 않고 이합체가 된다. NADH는 전기화학적으로 NAD^+로 산화될 수 있지만 표준 산화환원 전위보다 높은 문제가 있다. 이 문제는 적절한 표면 매개체로 도포된 코팅전극을 사용하여 해결할 수 있으나 내구 안정성이 부족하다. 대신 전도염 전극을 사용하면 이러한 문제를 해결할 수 있다. NADH는 NMP^+-TCNQ^- 전극에서 −0.2 V 조건에서 산화된다. 이것은 탈수소효소젖산(LDH)을 이용하여 젖산염을 측정하는 바이오센서에서 이용된다. 이 NADH는 유리질 탄소전극에서 +0.75 V 조건에서 재사용되는데, 표준전위인 −0.32 V보다 상당히 높다.

$$CH_3CHOHCO_2^- + NAD^+ \xrightarrow{LDH} CH_3COCO_2^- + NADH + H^+$$

$$NADH \longrightarrow NAD^+ + e^- + H^+ \ (GC,\ +0.75\ V)$$
$$(NMP^+-TCNQ^-,\ -0.2\ V)$$

특히 탈수소효소를 포함한 시스템에 의해 유도될 수 있는 많은 유용한 반응이 있다(250가지 이상으로 예측된다). 이들 중 몇 가지 예가 표 5.7에 나와 있다. 아직 해결되지 않은 문제점은 NADH와 NAD는 고가이며 안정적이지 않다. 또한, 바이오센서에 쉽게 고정되지도 않는다. 그러므로 이 물질은 분석 용액에 직접적으로 더해져야 한다.

위에서 언급한 젖산염-피브루산염뿐만 아니라, 이 기술을 기반으로 한 바이오센서를 이용하여 에탄올 측정이 가능하다.

표 5.7 NADH-결합 분석법의 몇 가지 예

pyruvate + NADH + H^+ $\xrightarrow{LDH}$ lactate + NAD^+
oxalacetate + NADH + H^+ $\xrightarrow{MDH}$ malate + NAD^+
EtOh + NAD^+ $\xrightarrow{ADH}$ CH_3CHO + NADH + H^+
G-6-P + NAD^+ $\xrightarrow{G\text{-}6\text{-}PDH}$ glucono-6′-lactone-6-P + NADH + H^+
CH_4 + NAD^+ + H_2O $\xrightarrow{MMO}$ CH_3OH + NADH + H^+
HCO_2H + NAD^+ $\xrightarrow{FDH}$ CO_2 + NADH + H^+
NO_3^- + NADH + H^+ $\xrightarrow{N(ate)R}$ NO_2^- + H_2O + NAD^+
NO_2^- + 3NADH + $4H^+$ $\xrightarrow{N(ite)R}$ NH_3 + $2H_2O$ + $3NAD^+$
$2Fe(CN)_6^{3-}$ + NADH $\xrightarrow{diaphorase}$ $2Fe(CN)_6^{4-}$ + NAD^+ + H^+
MV^+ + NADH $\xrightarrow{diaphorase}$ MV + NAD+
androsterone + NAD^+ $\xrightarrow{HSDH}$ 5-androstane-3,17-dione + NADH
cholesterol + NAD^+ $\xrightarrow{ChDH}$ cholestenone + NADH + H^+

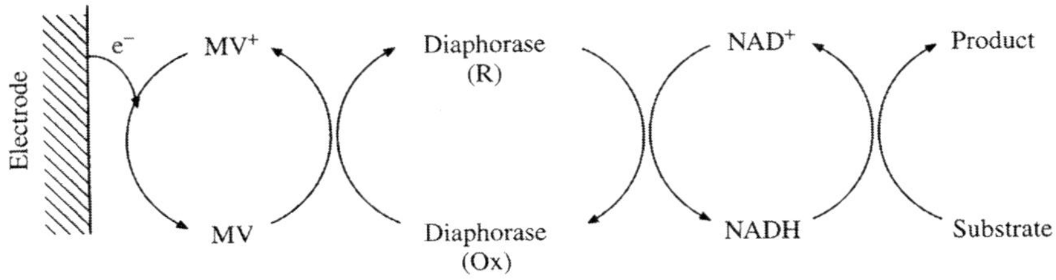

그림 5.17 디아포라아제 효소를 통해 NAD-NADH와 메틸 바이올로겐을 연결하는 가역적인 산화환원 반응.

$$C_2H_5OH + NAD^+ \xrightarrow{ADH} CH_3CHO + NADH + H^+$$

다른 중요한 측정 물질은 콜레스테롤이다.

$$\text{cholesterol} + NAD^+ \xrightarrow{ChDH} \text{cholestenone} + NADH + H^+$$

이 방법으로 검증할 수 있는 다른 분석물은 L-아미노산, 글리코산은 물론 NADH 자체물질이다. 바이오센서가 전도염전극을 사용하여 관련 물질분석에 사용되는 반면에, 페로센이 디아포라이제 효소를 통하여 NADH와 결합된다면 페로센 매개체 형태의 전극이 이용될 수 있다(그림 5.17).

SAQ 5.9

(a) 매개체로서 NAD^+을 사용할 때 발생하는 주요한 문제점은 무엇인가?
(b) 이 문제를 어떻게 해결할 수 있는가?
(c) 매개체로서 NAD^+의 사용 예를 세 가지 드시오.

5.3.7 전류측정(Amperometic) 바이오센서의 예

5.3.7.1 포도당

바이오센서에 관해 발행된 논문 중 절반정도는 포도당에 집중되어 있다고 전해진다. 포도당의 물질대사와 의학적인 중요성은 물론, 포도당 물질은 새로운 바이오센서 기술을 개발하는데 있어 좋은 표준 합성물로 제공된다. 실제로 전기화학적 변환기를 사용해서 포도당을 측정하는 많은 방법들이 있다. 이에 대한 참고자료는 다른 변환기 형태로 이미 초기에 만들어졌다(앞 2.3.5절 참조).

그림 5.18은 전체적인 패턴을 보여준다. 포도당을 측정하는 데 여러 가지 방법이 존재하지만, 포도당산화효소(GOD)는 가장 일반적으로 사용되는 요소이다. 다음의

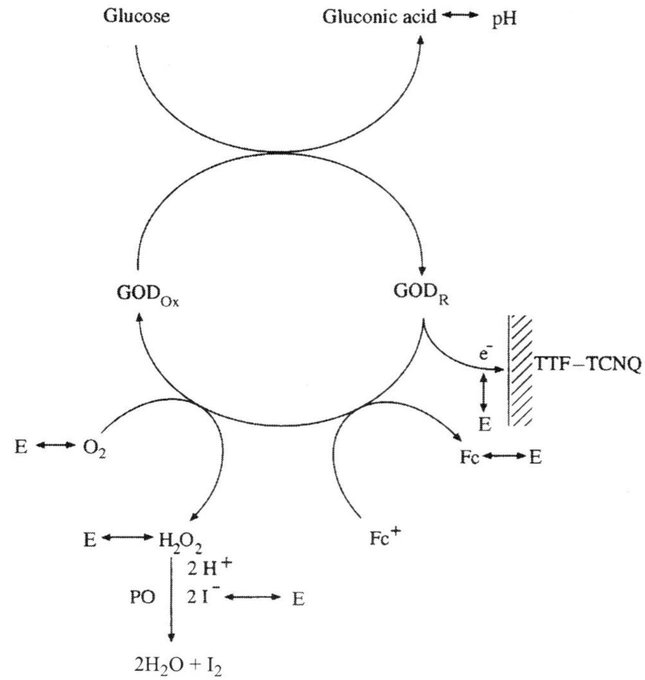

그림 5.18 전기화학센서로 측정할 수 있는 포도당 산화의 다양한 형태.

요점에 주목해야 한다:

(i) 글루콘산은 산물로서 형성되기 때문에, pH의 변화가 있으며 그래서 pH 측정은 반응의 모니터링에 사용될 수 있다:

$$\text{glucose} + O_2 \xrightarrow{\text{GOD}} \text{glucoic acid} + H_2O_2$$

(ii) 전극에서 직접적인 GOD 환원형태의 재산화는 5.3.5절에서 기술한 것처럼 특수한 전극에서 가능하다:

$$\text{glucose} + \text{GOD}_{Ox} \longrightarrow \text{gluconic acid} + \text{GOD}_R$$
$$\text{GOD}_R - 2e^- \longrightarrow \text{GOD}_{Ox}$$

(iii) 반응하면서 산소가 소비될 때, 산소농도의 감소는 5.3.3절에서 기술한 것처럼 Clark 산소전극으로 측정할 수 있다:

$$\text{glucose} + O_2 \longrightarrow \text{gluconic acid} + H_2O_2$$
$$O_2 + 2e^- + 2H^+ \longrightarrow H_2O_2$$

(iv) 다른 방법은 산소의 환원에 의해 생성된 과산화수소를 측정하는 것이다:

$$H_2O_2 - 2e^- \longrightarrow O_2 + 2H^+$$

(v) 생산된 과산화수소는 퍼옥시다아제의 존재 시에 요오드화물을 요오드로 산화시키고 요오드화물의 농도의 감소는 요오드화물 선택성 전극으로 측정된다:

$$H_2O_2 + 2HI \xrightarrow{PO} 2H_2O + I_2$$

(vi) 산소는 페로센과 같은 매개체로 바뀌어, 전기화학적 산화에 의해 측정될 수 있다.

$$\text{glucose} + 2Fc^+ \xrightarrow{GOD} \text{gluconic acid} + 2Fc$$

5.3.7.2 젖산(Lactate)

젖산은 근육의 움직임에 의해 혈액 내에서 그 농도가 증가하기 때문에 중요한 분석대상체이다. 네 가지의 다른 효소들이 사용되는데, 두 가지는 산소로 유도되는 형태인 반면 다른 두 가지는 매개체로 유도되는 형태이다. 이러한 경우 중 세 가지 과정은 아래 식과 같이 피루브산(pyruvate)을 생성하고, 다른 것은 아세테이트(acetate)를 생성한다.

(i) $\text{lactate} + NAD^+ \xrightarrow{LDH} \text{pyruvate} + NADH + H^+$

$$NADH \longrightarrow NAD^+ + 2e^- + H^+ \text{ (전극에서)}$$

(ii) $\text{lactate} + 2[Fe(CN)_6]^{3-} \xrightarrow{\text{cyt } b_2} \text{pyruvate} + 2H^+ + 2[Fe(CN)_6]^{4-}$

$$[Fe(CN)_6]^{4-} \longrightarrow [Fe(CN)_6]^{3-} + e^- \text{ (전극에서)}$$

(iii) $\text{lactate} + O_2 \xrightarrow{LOD} \text{pyruvate} + H_2O_2$

(전극에서; H_2O_2는 산화되거나 O_2로 환원됨)

(iv) $\text{lactate} + O_2 \xrightarrow{LMO} \text{acetate} + CO_2 + H_2O$

(전극에서; O_2는 환원됨)

(LDH, lactate dehydrogenase; LOD, lactate oxidase; LMO, lactate mono-oxidase; Cyt b_2; cytochrome b_2)

5.3.7.3 콜레스테롤

인체 내 과량의 콜레스테롤은 심장병과 연관이 있는 것으로 알려져 있어 일상적인 건강검진에서 혈액 내에 관련 수치 검사가 이루어진다. 하지만, 현재의 방법은 번거롭기 때문에 바이오센서기술이 유용할 것이다. 현재까지는, 바이오센서 기술로 성공적인 상용화된 사례는 아직 보고되지 않았다. 그러나 일련의 기대될만한 진행이 실험실 단계에서 개발되었다.

콜레스테롤은 가장 기본적인 스테로이드 알코올이고, 담석의 주요 구성물이다. 콜레스테롤은 보통 에스테르의 형태로 혈류에서 생성된다. 그러므로 수산기 그룹과 관련된 모든 분석방법은 예비적인 가수분해단계를 필요로 한다. 이것은 콜레스테논으로 산화를 촉매하는 콜레스테롤 산화제(cholesterol oxidase)의 산화와 조합될 수 있는 콜레스테롤 에스터레아제(cholesterol esterase)로 만들어질 수 있다.

매개체로서 페로센을 기반으로 하는 세 가지 가능한 방법이 존재한다. 이들 중에서 첫 번째는 그림 5.19에서 보여주는 것처럼, 전극에 NAD^+ – NADH, 디아포라제(diaphorase), 페로센을 결합하는 것이다.

두 번째 방법은 그림 5.20에서 나타낸 것처럼 먼저 과산화수소로 전환되었다가 나중에 페록시다아제와 페로센을 통해 결합을 이루는 것이다.

세 번째 방법은 바로 콜레스테롤 산화효소에 의해 페로센에 직접 결합하는 것이다. Cassidy와 그 동료들에 의해서 개발된 전지는 전지에 순방향과 역방향으로 산소를 왕복하게 하는 $[Fe(CN)_6]^{3-}$을 함유한 얇은-막 전지형태이다. 이러한 형태는 바이오센서 저서에서는 연료전지(fuel cells)로 언급된다.

5.3.7.4 인산(phosphate)

인산은 포도당 센서를 이용하여 간접적 방식으로 측정할 수 있다. 포도당-6-인산

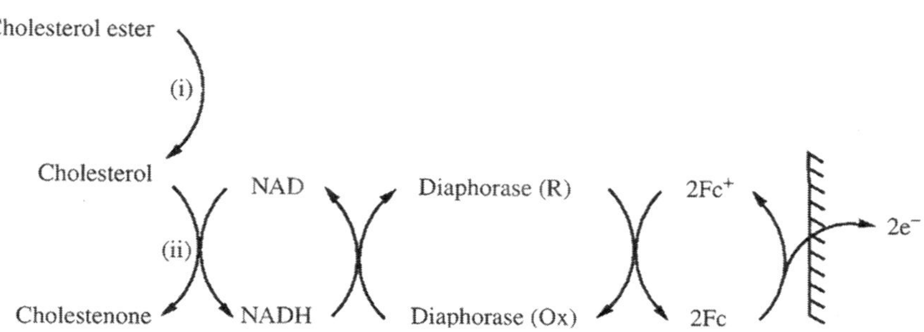

그림 5.19 콜레스테롤 분석을 위해 NAD–NADH, 디아포라제, 페로센을 이용하는 바이오센서의 반응형태.

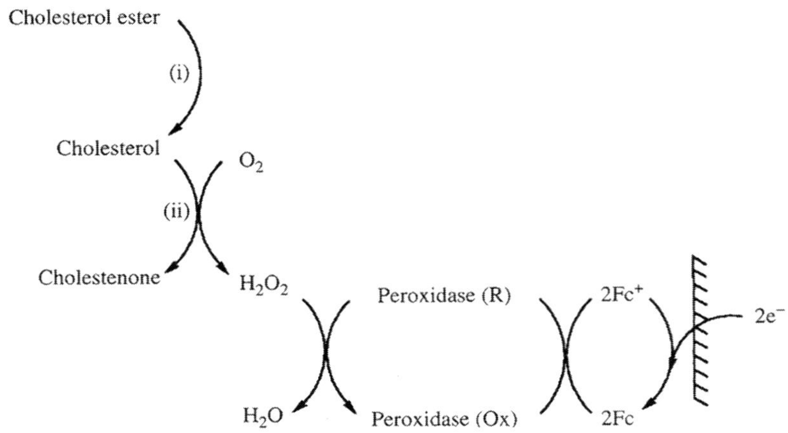

그림 5.20 콜레스테롤 분석을 위해 과산화수소로 전환되는 산소와 페록시다아제, 페로센을 이용하는 바이오센서의 반응형태: (i) 콜레스테롤 에스테라아제 (ii) 콜레스테롤 옥시다아제.

(Glucose-6-phosphate)은 산인산화효소(acid phosphatase)에 의해 자유(free) 인산과 포도당으로 가수분해되어 포도당 바이오센서로 측정이 될 수 있다. 그러나, 인산은 인산화효소의 활동을 방해한다. 그래서 방법적으로 측정하고자 하는 인산이 존재할 때 포도당-6-인산이 인산화효소와 반응하도록 한다. 인산 존재에 의한 반응은 저해되어 결과적으로 생성되는 포도당의 양도 그 만큼 줄어들게 될 것이다.

$$\text{glucose-6-phosphate} \xrightarrow{\text{AP}} \text{glucose} + \text{phosphoric acid}$$
$$\text{glucose} + O_2 \xrightarrow{\text{GOD}} \text{gluconic acid} + H_2O_2$$

5.3.7.5 녹말

녹말은 α-아밀라아제에 의해 덱스트린과 말토오즈로 분해된다. 글루코아밀라아제(다당류 분해효소)는 말토오즈를 포도당으로 분해하게 되어 결과적으로 녹말은 포도당 바이오센서에 의해 측정될 수 있다. 이러한 경우에 일반적 방법은 전극에 포도당을 사용하여, 산소-포도당 산화제반응으로 생산된 과산화수소를 측정하는 것이다. 그러나 기존 용액에 포도당이 또한 존재하므로, 이중막 필터를 이용하여 포도당은 제거된다. 모든 물질은 첫 번째 막을 통과할 수 있고, 내부에는 포도당산화효소, 산소, 카탈라아제가 존재한다. 간섭 포도당은 과산화수소와 글루코노락톤(gluconolactone)으로 분해되고, 과산화수소는 카탈라아제에 의해 산소로 산화된다. 비록 말토오즈와 산소는 통과할 지라도, 자유 포도당 또는 과산화수소는 전극에 도달

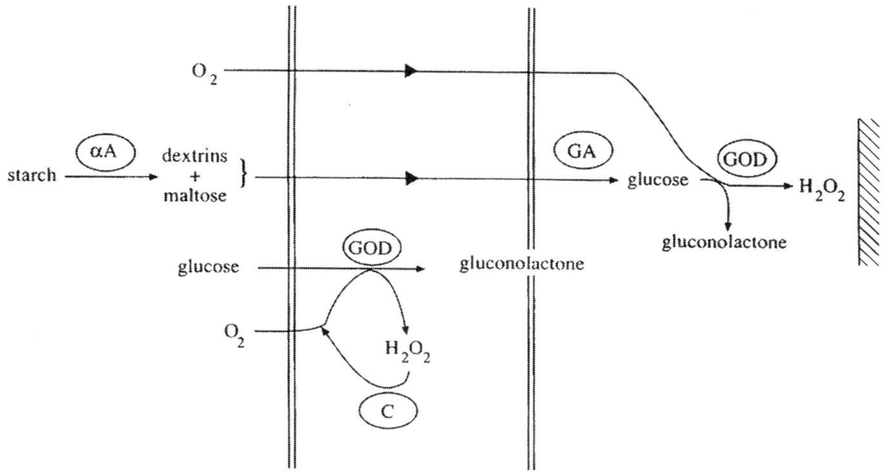

그림 5.21 포도당 제거 다중층 센서를 이용한 녹말 결정을 위한 반응경로.

하기 전에 두 번째 막을 통과하지 못한다. 두 번째 막 안에는 글루코아밀라아제와 포도당산화효소가 존재하여 말토오즈를 포도당으로 전환시키고, 다시 글루코노락톤과 과산화수소로 전환시켜 결국에는 포도당 전극으로 측정이 가능하게 된다. 이 과정에 대한 반응식은 그림 5.21에 나타나 있다.

5.3.7.6 에탄올

에탄올은 혈중 알코올 농도를 측정하는 데 필요한 중요 측정물질이다. 몇 가지 방법들이 개발되었는데 한 가지 방법으로 *아세토박터*(*Acetobacter xyliniurn*) 또는 *트리콜스포론*(*Trichosporon brassicae)*을 사용하는 미생물센서 방식이 있다. 이러한 두 종의 박테리아는 에탄올이 아세트산으로 산화되도록 촉매작용을 한다.

$$\text{ethanol} + O_2 \xrightarrow{A.\ xylinium} \text{acetic acid} + H_2O$$

이 반응은 산소전극을 이용하여 측정되는데 일본에서 막 캡슐 고정화 방법을 적용하여 상용화하였으며 측정 대역이 5–72 mM의 범위 내이다.

다른 방법은 NAD^+–NADH와 $[Fe(CN)_6]^{3-/4-}$를 전극에 결합시키는 알코올 탈수소효소(alcohol dehydrogenase, ADH)을 사용하는 것이다(그림 5.22 참조). 또 다른 방법으로, 앞서서 2.7.5.2절에 언급한 바와 같이 ADH와 NAD^+에 기반한 생물발광 검출법이 있다.

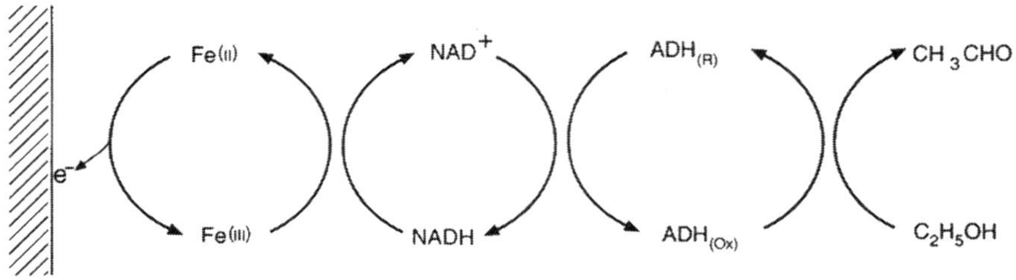

그림 5.22 에탄올 측정을 위한 철 매개자를 가진 알코올 탈수소효소 (ADH)와 NAD를 이용하는 바이오센서의 반응경로.

5.3.7.7 아스피린

혈액 내 아스피린의 농도가 3 mM 이상이면 독성이 있는 수준이며, 적당한 치료 농도는 1.1−2.2 mM 수준이다. 혈액 내에서 아스피린은 간의 에스테르효소에 의해 살리실산으로 전환된다. 살리실산을 측정하는 관행적인 방법으로 철과 복합체를 형성하는 분광광도계법이 있으나 선택성이 낮은 것이 문제이다. 박테리아에서 유래된 효소인, 살리실산염 수산화효소는 NADH를 거쳐 살리실산염을 카테콜로 산화되도록 촉매작용을 한다(그림 5.23 참조). 카테콜은 스크린프린트 전극을 이용한 전자-산화(electro-oxidation)방법으로 측정할 수 있다. 그러나 이러한 방법은 Ulster 대학의 저자의 그룹에 의해서 제기 되었듯이 몇 가지 기술적인 문제를 가지고 있다.

5.3.7.8 타이레놀(paracetamol(N-Acetyl-p-Aminophenol)('Tylenol'))

진통제의 일반적인 구성성분인 파라세타몰이 과도하게 축적되어 생기는 중독 현상은 간손상의 원인이 될 수 있다. 과량복용한 사람 내 파라세타몰의 농도와 존재는 가능한한 빨리 확인되어야 한다. 효과적인 바이오센서는 이 목적을 달성하는데 매우 적합한 장치가 될 수 있다. 파라세타몰은 탄소반죽전극에서 쉽게 산화될 수 있지만, 선택적이지 못한 문제가 있다. 그러나 아릴기−아실아미다제(aryl−acylamidase) 효소는 *p*-아미노페놀(*p*-aminophenol)로 파라세타몰의 가수분해를 촉매하고 아미노

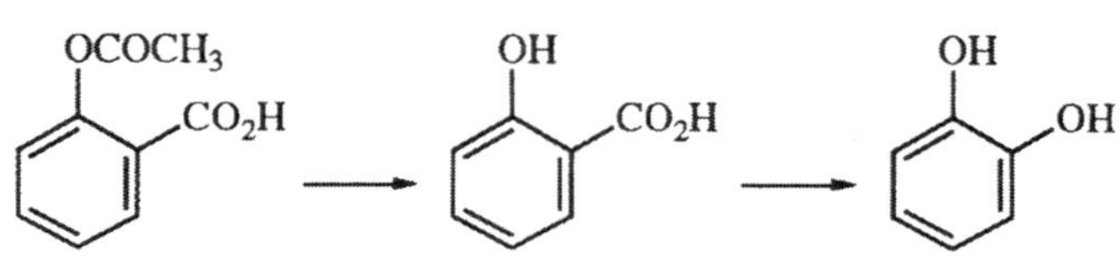

그림 5.23 아스피린의 가수분해와 변화에 대한 반응개요도.

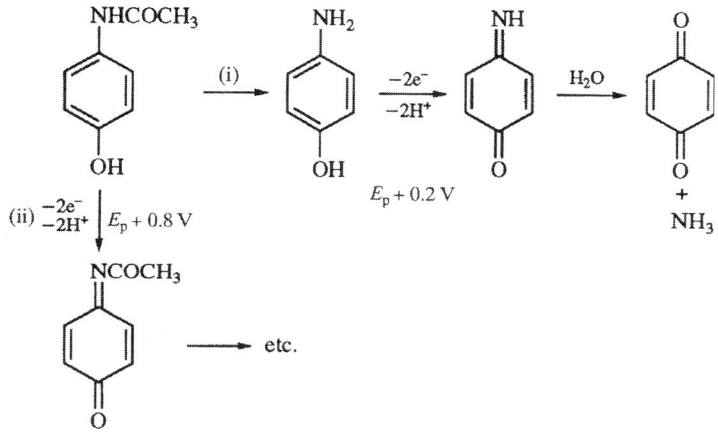

그림 5.24 파레세타몰의 가수분해와 산화에 대한 반응개요도.

페놀은 매우 낮은 농도에서 전기화학적으로 산화되어 퀴노니이민(quinoneimine) 물질로 되어 일회용 스크린프린트 탄소막 전극을 사용하여 측정된다. 이러한 과정은 그림 5.24에서 보여주고 있다.

> SAQ 5.10
>
> 젖산 분석에 사용되는 여러 형태의 바이오센서를 비교하라.

5.3.8 전류측정 가스센서(Amperometric Gas sensor)

5.3.8.1 산소

산소의 측정은 제1세대 바이오센서는 물론, 현대의 다양한 분야인 생화학에서의 산화대사, 의료분야, 자동차산업, 수질분석, 철강 산업 등에서 중요한 항목이다. 산소측정을 위한 간단한 형태의 전류측정센서는 폴라로그래프(Polarograph)원리에 기초하며, 잘 알려진 Clark 전극으로 개발되었다(5.3.3절 참조). 자동차산업에서 사용하기 위한 이러한 센서의 일반적인 형태는 그림 5.25에 나타나 있다. 여기서, ZrO_2/Y_2O_3 혹은 CaO로부터 만들어진 고체 세라믹 전해질은 백금전극위에 코팅된다. 전위는 전극에 인가되고 산소농도에 직접적으로 비례하는 확산-제한 전류(diffusion-limited current)가 측정된다.

이산화황(sulfur dioxide)은 산소보다 더 양극성인 750 mV의 산화환원 전위를

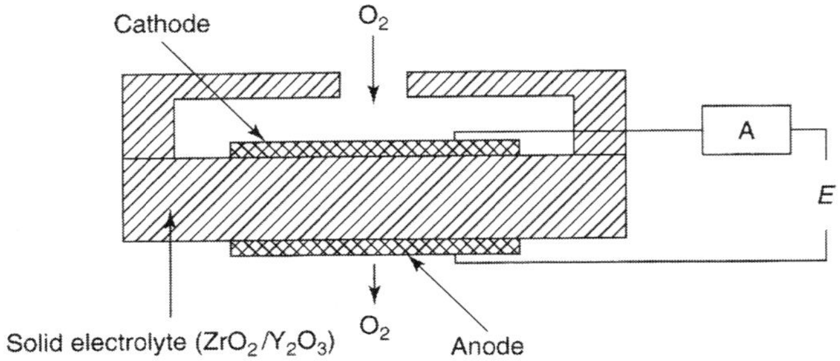

그림 5.25 확산조절 및 제한전류 센서의 개요도.

가지고 있어 간섭이 덜 될 수 있다. 그러나 일산화질소 혹은 염소와 같은 가스는 비록 미량으로 존재한다고 하더라도(염소가 상수도에 소독제로 사용되는 것은 제외), 산소보다 더 높은 음의 산화환원 전위를 갖고 있어 간섭을 일으킬 수 있다. 이러한 문제와 관련하여 선택막을 이용하면 그러한 간섭 기체를 제거하는 데 도움이 될 수 있다.

의학적으로 적용될 때는 아산화질소 또는 할로탄(halothane)은 잠재적인 간섭물질이 될 수 있다.

5.3.8.2 아산화질소

아산화질소는 은 전극 −1.2 V 조건에서 전기화학적으로 환원될 수 있으나, 산소는 −0.65 V 이하에서 환원된다.

$$N_2O + H_2O + 2e^- = N_2 + 2OH^-$$

한 가지 방법은 아산화질소와 산소 두 기체가 모두 존재하는 상황에서 두 기체를 측정하는 방법이 고안되었는데 −0.65와 −1.45 V에 연속적인 폴라라이징 펄스를 적용함으로써 가능하게 되었다. −0.65 V에서 전류는 산소농도에 비례하지만, −1.45 V에서는 총 기체농도에 비례한다. 그래서 총 기체농도에서 산소농도를 빼면, 이산화질소의 농도를 구할 수 있다.

5.3.8.3 할로탄

은 전극(−0.43 V)상에 할로탄의 환원전위는 산소의 전위(−0.56 V)와 너무 근접하여 산소와 아산화질소 복합물에 적용하는 방식을 그대로 사용하기 어렵다. 그러나 짧은 시간에서 할로탄의 환원은 매우 느리지만(동역학적 조절 하에서), 산소는 20

ms 이하와 50 ms 이상 두 가지 시간에서 확산전류가 조절되는 조건에서 환원이 된다. 장시간에서는 할로탄의 환원도 확산-조절 조건에서 가능하다.

$$Ag + e^- + CHClBrCF_3 \xrightarrow{slow} (Ag...Br...CHClCF_3)^- \xrightarrow{fast + H_2O + e^-} Ag + Br^- + CH_2ClCF_3 + OH^-$$

−1.45 V의 단일펄스가 적용되고 전류는 20 ms 이하와 50 ms 이상의 두 가지 시간범위에서 측정된다. 자료의 분석으로 혼합물 내 두 가지 기체인 산소와 할로탄의 농도를 알아낸다.

5.3.8.4 생물학적 산소요구량(BOD)

생물학적인 산소요구량은 수질분석에서 수행되는 가장 중요한 분석항목 중 하나이다. 이것은 얼마나 많은 산소가 시료 내에서 모든 생물학적 유기물을 산화하는데 사용되는 지를 측정하는 것으로 나타낸다. 이것을 측정하는 일반적인 방법은 5일의 배양기간을 필요로 한다. 그러나 산소전극에 기반한 바이오센서는 이러한 분석에 이상적이다. 미생물인 *클로스트리디움*(*Clostridium butyricum*)과 *트리콜스포론*(*Trichosporon cuteneum*)은 본 바이오센서 적용에 필요하다. 이 물질은 산소전극 앞부분에 도포되고, 이어서 산소-포화 버퍼용액으로 세척한 후 기본(base) 산소전류를 측정한다. 그 다음 시료를 주입하고, 안정화 후 산소전류를 다시 측정한다. 두 번의 측정사이에 값의 차이는 일반적인 BOD분석을 이용함으로서 얻어지는 결과와 비례관계를 나타낸다.

이러한 센서의 형태는 25−30°C의 온도범위에서 작동하도록 설계되었다. 그러나 또다른 BOD 센서로서 60°C와 그 이상과 같은 높은 온도에서 적용이 가능하도록 뜨거운 온천에서 얻어지는 고온성 박테리아를 이용하는 경우인데 공장 내 뜨거운 물의 검사에 유용하다.

5.3.8.5 일산화탄소

석탄가스가 사라졌음에도 불구하고, 자동차 배출가스, 고체-연료 난방기의 연기 혹은 기름-난방 연기로부터 일산화탄소의 배출에 의한 독성과 죽음은 불행하게도 여전히 문제가 된다. 일산화탄소를 검출하기 위한 장치는 비싸고 선택성이지 못한데 일반적으로 적외선 분광광도계 측정방식을 이용한다. 문제는 일산화탄소가 매우 간단한 분자이며, 많은 상황에서 산소와 유사하게 행동한다는 것이다. 그러나, 특히 혐기성 조건에서 서식하는 박테리아는 일산화탄소를 이산화탄소로 산화하는 것을 촉매 시키는 효소를 가지고 있음이 밝혀졌다.

5.4 전도성센서와 바이오센서

5.4.1 화학저항체 (Chemiresistors)

실제 시료에서 변환기의 순수 저항 값의 변이만을 이용하는 센서는 일반적으로 선택성이 부족하다. 이에 반해 다른 저항반응을 나타내는 복수의 어레이 형태의 감지물질을 사용하면 매우 복잡한 혼합물을 측정할 수 있다. 각각의 감지물질은 다른 전도중합체로 코팅되거나 소결된 금속산화물로부터 만들어질 수 있다. 이러한 배열은 각 전해질에 대해 고유의 신호 값을 생성할 수 있다. 이러한 신호는 전해질 혼합물로부터 얻어질 수 있으며, 맥주와 라거 맥주의 맛을 테스트하는 과정과 커피 블렌드의 향을 테스트하는 데에도 사용된다. 이러한 형태의 장치를 '전자코(electronic nose)'라고도 명명된다. 약 12 ~ 20개 정도의 센서물질 어레이로부터 얻어지는 신호의 평가는 뇌의 활동을 자극하는 '*신경망 분석*'의 사용을 필요로 하게 된다. 이러한 방법에서, 어레이 반응의 매개변수가 없는 비선형 모델이 만들어질 수 있다. 최근에 많은 관련 장치들이 실용화되었다.

5.4.2 화학저항에 기반한 바이오센서

만약 이런 센서에 있는 감지물질이 천연의 생물학적 물질이면(예를 들어 효소 혹은 항체), 우리는 다른 종류의 바이오센서를 생각할 수 있으며 몇몇 예는 다음과 같다.

(i) $$\text{Urea} + 2H_2O = 2NH_4^+ + HCO_3^-$$

이 반응은 이온의 변화와 관계되며 칼로리미터법과 비교할 때 더 향상된 속도와 감도를 나타내는 전도측정방식이 된다. 전도측정은 색깔 또는 탁도에 의해 영향을 받지 않는다.

(ii) 많은 다른 효소들은 전도성에 적절한 변화를 나타낸다. 예를 들어:

- 아미다아제(amidase) – 이온그룹 생성
- 탈수소효소(dehydrogenase)와 탈탄산효소(decarboxylase) – 다른 극성끼리 분리
- 에스테라아제(esterase – 양자(proton)이동과 관계
- 키나아제(kinase) – 이온결합 정도의 변화를 초래

- 포스파타아제(phosphatase)와 설파타제(sulfatase) – 전하-운반그룹 크기의 변화

5.4.3 반도체산화물 센서

몇몇 전이금속 산화물의 전도도는 그 표면에 흡착되는 가스에 의해 영향을 받는다. 이러한 것의 대표적인 예는 아연산화물과 주석이산화물이다(앞선 그림 2.32 참조). 이러한 원리에 기초한 센서들은 1–50 ppm 농도까지 일산화탄소, 이산화탄소, 에탄올 그리고 다른 유기 증기들을 측정하는데 이용될 수 있다. 이러한 형태의 센서는 진공증착기술에 의해서 제조된다. 0.3 μm 층의 팔라듐으로 도포된 주석 산화물은 페라이트 기질 위에 있는 실리콘산화물층에 도포된다. 페라이트 반대 면은 루테늄 산화물의 두꺼운 층으로 센서가 반도체 작용 온도가 될 수 있도록 하나의 히터의 역할을 한다. 전기 저항은 얇은-산화물 층을 감싸는 두 개의 금 접촉면 사이에서 측정된다.

이러한 시스템에서, n형 반도체가 선호되는데 그 이유는 측정 기체 존재 시에 전기저항변화를 높은 값에서 낮은 값으로 바꿀 수 있기 때문이다. 일부 공기 중의 산소는 SnO_2로부터 나온 과잉 전자와 반응하여 표면에 화학적으로 흡착된다. 그 결과 낮은 전도도(높은 저항)를 나타내는 흡착 산소음이온(O^-_{ads})이 생성된다. 흡착된 가스는 다음과 같이 산소음이온과 반응을 한다.

$$G + O^-_{ads} \longrightarrow GO^-_{des} + e^-$$

그 가스는 화학적으로 흡착된 산소를 제거하고 산화되어 환원제인 가스가 측정될 수 있다. 생성된 전자는 SnO_2의 전기 전도도를 증가시키고 그 결과 저항의 감소로써 측정된다. 그 값은 가스의 존재량에 비례한다.

ZnO는 비록 선택성이 다소 부족하지만 하나의 n-형태의 반도체로서 유사한 방식으로 작용한다. 개선된 선택성은 작용온도를 변경하고 다른 금속물질 예를 들면 백금 또는 팔라듐을 첨가하여 기체의 산화를 촉매시킴으로써 얻어질 수 있다.

이러한 형태의 센서는 건물과 집에서 가연성 가스를 측정하는 것으로 상업적으로 이용이 가능하다. 또 다른 적용 예는 자동차분야에서 볼 수 있는데 예를 들어, 티타늄 이산화물을 기반으로 한 센서는 배기가스의 산소농도를 측정하는데 사용된다. 활성 층의 저항은 산소 양과 비례하는 관계를 나타낸다.

반도체센서는 물분자가 센서 표면에 흡착되기 때문에 공기 중의 습기에 반응한다. 그러나 이것의 작동방식은 아직 정확히 규명되지 않았다.

5.5 전계효과 트랜지스터센서의 응용

DQ 5.4

전계효과 트랜지스터는 어떻게 센서로서 작동하는가?

답

이 장치를 센서로 변환하기 위해서, 절연게이트형 전계효과 트랜지스터(IGFET)의 게이트 금속이 화학적으로 민감한 표면 혹은 막으로 교체된다. 이러한 막은 전해질 용액과 접촉한다. 기준전극은 게이트-전압 바이어스(bias)를 통해 회로를 완성한다. 막전위와 용액 전압의 차이는 다음과 같이 미지의 게이트 전압 V_g을 보상하게 된다.

$$\phi_{mem} - \phi_{sol} = 1/\mathrm{n_iF}(\mu_{isol} - \mu_{\mathrm{i},\,mem})$$

$$1/\mathrm{n_i F}(\mu_{\mathrm{isol}} - \mu_{\mathrm{i,mem}}) = \mathrm{E}^0 + \frac{\mathrm{RT\ ln\ a_i}}{\mathrm{n_i F}}$$

그리고:

$$\phi_{mem} - \phi_{sol} = \mathrm{E}^0 + \frac{\mathrm{RT\ ln\ a_i}}{\mathrm{n_i F}}$$

$$\mathrm{I}_D = \mathrm{K}(\mathrm{V}_G - \mathrm{V}_T - \mathrm{E}_{REF} - \frac{\mathrm{RT\ ln\ a_i}}{\mathrm{n_i F}} - \mathrm{V}_D/2)\mathrm{V}_D\mathrm{n_iF}$$

여기서 $K = C_0W\mu_n/L$, C_0는 절연체의 전도도, W는 채널의 폭, L은 채널의 길이, μ_n는 전자이동성이다.

FET는 일정 전압 V_G에서 드레인 전류 I_D를 측정하거나 일정 드레인 전류 I_D 조건에서 게이트 전압 V_G를 측정하면서 사용된다. 이러한 두가지 형태의 측정방식에 이용되는 전류는 앞선 2장에서 기술되었다(그림 2.27과 2.28 참조).

5.5.1 화학선택성 전계효과 트랜지스터

가장 간단한 적용방법은 100 nm의 산소층이 덮힌 실리콘 칩 위에 증착된 팔라듐층의 게이트를 가진 아무것도 도포되지 않은 IGFET를 이용하는 것이다. 이것은 0.01 ppm 농도까지 수소가스에 매우 선택적인 반응을 나타낸다. 그 때의 반응은 $V = k_p$로 하였을 때 ppm 당 V는 27 mV가 얻어진다. 이 전극은 일산화탄소, 암모니아, 황화수소, 메탄, 부탄에도 어느 정도 반응을 한다. 이리듐층을 첨가하면 암모니아에 대한 반응은 증가하고 수소에 대해서는 감소한다.

5.5.2 이온선택성 전계효과 트랜지스터

이온투과담체(ionophores)는 이온선택성전극의 경우처럼, FET 장치에 사용되는 가장 유용한 이온-선택성 고분자 물질의 형태이다. 그러나 FET에 경우에는, H^+에 대해서 특별한 반응이 존재한다. 비록 H^+ 이온이 쉽게 수산화(hydroxylation)되기 때문에 SiO_2가 그다지 효과적이지는 않지만, 최초의 pH ISFET는 이온민감성층으로 순수절연체 게이트를 사용하였다. 그러나 실리콘질화물(Si_3N_4) 게이트 장치는 가수분해 되지 않고, 디케이드당 50−60mV로 반응하면서 H^+이온에 대해 매우 선택적이다. TiO_2와 Ge는 비슷한 반응을 나타낸다. 이 반도체물질은 FET칩 제작에서 사용되었던 물질과 같은 동일한 기술로 다루어진다. 이 기술은 다른 이온의 경우에는 성공적이지 못하다. 그러나 Na^+이온의 경우, 집적회로 제작공정을 이용하여 게이트부위에 붕규산 유리를 증착할 수 있다. 발리노마이신 크롬 에테르를 포함하는 폴리머 막은 K^+에 대해 성공적으로 사용되었고, Ca^{2+}에 대해서는 *p*-(1,1,3,3-tetramethylbutyl) phenylphosphoric와 함께 사용되어 왔다. 만약 막 두께가 100 μm보다 얇으면, 10의 배수당 40 mV의 반응을 얻을 수 있다.

H^+, Na^+, K^+, Ca^{2+}에 대해 4중-기능 ISFET은 임상분야 적용을 위하여 개발되었다 – 이것은 H^+에 대해 Si_3N_4 – 게이트를 사용하고, Na^+에 대해 유리, Ca^{2+}에 대해 인산 유도체(이온투과담체), 그리고 K^+에 대해 발리노마이신을 사용한다. 이러한 장치는 실험실 조건에서는 만족스럽게 작동했지만, 임상적인 상태에서는 (모든 혈액 시료에서) 나트륨 분석에 대한 문제를 갖고 있었다.

불균일계 막을 사용한 성공적 예로서 은염(silver salts)과 혼합된 polyfluorinated phosphazine(PNF), 특히 PNF(25%)와 염화은(silver chloride)(75%)의 경우 Cl^-에 대한 반응은 10의 배수당 52 mV였다. 황화은 또는 요오드화은을 포함하였을 때 특정 이온에 대해 선택성을 조절할 수도 있다.

5.5.3 FET-기반 바이오센서(FET-Based Biosensor, ENFETS)

효소 기반 FET를 사용하면 소형의 바이오센서를 만드는데 유리하다. 일반적으로 그림 5.26에서 보여주는 것처럼, 이중게이트 배열 방법이 적용된다.

pH-기반 FET는 가장 일반적인 형태로서 페니실린, 포도당, 요소 측정에 적용된다. 실제로, 하나의 이중포도당-요소 바이오센서는 세 개의 FET-게이트를 이용하는데 기준전극으로 하나를 이용하고, 다른 두 개는 포도당산화효소와 요소 가수분해효소를 가진 FET로 사용한다.

수소가스를 측정하기 위한 Pd-MOSFET장치는 NAD^+−NADH와 pyruvate−NH_3

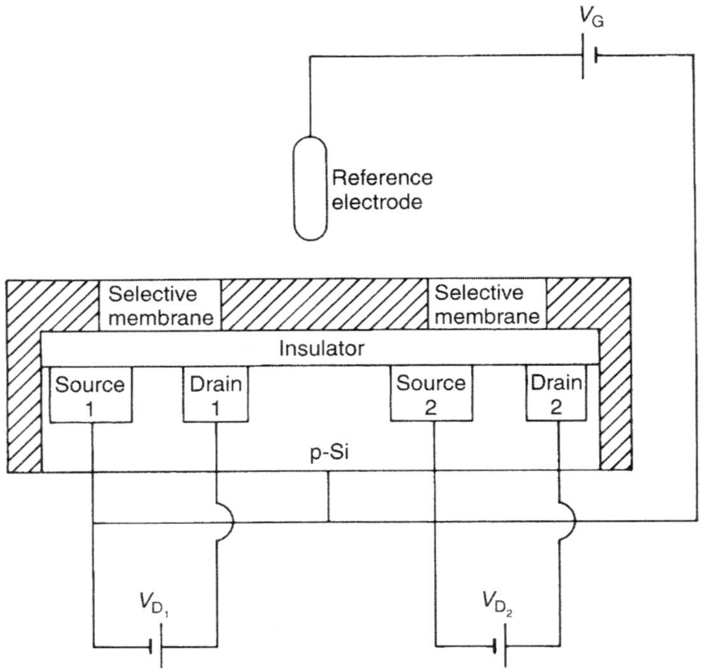

그림 5.26 일산화탄소와 에탄올을 측정하는데 사용되는 이중게이트 ENFET 반도체 센서의 개요도.

에 연결된 수소-수소화효소(hydrogen-hydrogenase)를 가지고 사용되며 알라닌 탈수소화효소를 가지고 알라닌을 만들어 낸다. 이것은 NADH와 관련된 많은 반응들에 대해 다양한 가능성을 제시한다.

> SAQ 5.11
>
> IGFETs, CHEMFETs, ISSFETs, ENFETs의 차이점을 설명하라.

요약

이 장에서는 네 가지 다른 유형의 전기화학센서의 적용을 제시하였다. 첫 번째는 전위차에 기초를 둔 것으로, 이온선택적인 전극과 전위차를 이용한 가스센서를 포함한다. 전류측정센서의 종류로서, 전압전류계의 이온 센서와 전류측정의 바이오센서(매개체의 역할을 포함)가 언급되었다. 제1세대, 제2세대, 제3세대의 바이오센서들을 공부하고, 전류측정 가스센서도 포함하였다. 제3세대 그룹에서 화학저항체, 바이오센서와 반도체산화물 센서를 포함하는 전도센서들이 검토되었다. 마지막으로, 전계효과 트랜지스터의 응용은 화학센서(CHEMFETs), 이온선택성센서(ISFETs), 그리고 바이오센서(ENFETs)까지 확대되었다.

추가 참고문헌 목록

Albery, W. J. and Cranston, D. H., 'Amperometric enzyme electrodes', in *Biosensors: Fundamentals and Applications*, Turner, A. P. F., Karube, I. and Wilson, G. S. (Eds), Oxford University Press, Oxford, UK, 1987, pp. 180−210

Bartlett, P. N., 'The use of electochemical methods in the study of modified electodes', in *Biosensors: Fundamentals and Applications,* Turner, A. P. F., Karube, I. and Wilson, G. S. (Eds), Oxford University Press, Oxford, UK, 1987, pp. 211−246

Blackburn, G. F., 'Chemically sensitive field effect transistors', in *Biosensors: Fundamentals and Applications*, Turner, A. P. F., Karube, I. and Wilson, G. S. (Eds), Oxford University Press, Oxford, UK, 1987, pp. 481−530.

Bruckenstein, S. and Symanski, J. S., 'Analytical applications of gas membrane electrodes', *J. Chem. Soc., Faraday Trans.* l, **82**, 1105−1116 (1986)

Cardosi, M. F. and Turner, A. P. F., 'The realisation of electron transfer from biological molecules to electrodes', in *Biosensors: Fundamentals and Applications*, Turner, A. P. F., Karube, I. and Wilson, G. S. (Eds), Oxford University Press, Oxford, UK, 1987, pp. 257−275

Cass, A. E. G., Davis, G., Francis, G. D., Hill, H. A. O., Aston, W. J., Higgins, I. J., Plotkin, E. V., Scott, L. D. L. and Turner, A. P. F., 'Ferrocene-mediated enzyme electrode for amperometric determination of glucose', *Anal. Chem.*, 56, 6567−6571 (1984)

Cassidy, J. F., Clinton, C., Breen, W., Foster, R. and O'Donohue, F., 'Novel electrochemical device for the determination of cholesterol or glucose', *Analyst*, 118, 415−423 (1993)

Clark, L. C., 'The enzyme electode', in *Biosensors: Fundamentals and Applications*, Turner, A. P. F., Karube, I. and Wilson, G. S. (Eds), Oxford University Press, Oxford, UK, 1987, pp. 3−12

Davis, G., 'Cyclic voltammetry studies of enzymatic reactions for developing mediated biosensors', in *Biosensors: Fundamentals and Applications*, Turner, A. P. F., Karube, I. and Wilson, G. S. (Eds), Oxford University Press, Oxford, UK, 1987, pp. 247−256

Enfors, S. O., 'Compensated enzyme electrode for in situ process control', in *Biosensors: Fundamentals and Applications,* Turner, A. P. F., Karube, I. and Wilson, G. S. (Eds), Oxford University Press, Oxford, UK, 1987, pp. 347−355

Hilditch, P. I. and Green, M. J., 'Disposable electrochemical biosensors', *Analyst*, **116**, 1217–1220 (1991)

Karube, I., 'Microbiosensors based on silicon technology fabrication', in *Biosensors: Fundamentals and Applications*, Turner, A. P. F., Karube, I. and Wilson, G. S. (Eds), Oxford University Press, Oxford, UK, 1987, pp. 471–480

Kuan, S. S. and Guillbault, G. G., 'Ion selective eletrodes and biosensors based on ISEs', in *Biosensors: Fundamentals and Applications*, Turner, A. P. F., Karube, I. and Wilson, G. S. (Eds), Oxford University Press, Oxford, UK, 1987, pp. 135–152

Miasik, J. J., Hooper, A. and Tofield, B. C., 'Conducting polymer gas sensors', J. Cham. Soc., Faraday Trans. 1, **82**, 1117–1126 (1986)

Rusling, J. F. and Ito, K., 'Voltammetric determination of electron transfer rate between an enzyme and a mediator', *Anal. Chim. Acta*, **252**, 23–27 (1991)

Turner, A. P. F., Aston, W. J., Higgins, I. J., Bell, J. M., Colby, J., Davis, G. and Hill, H. A. O., 'Carbon monoxide: acceptor oxidoreductase from Pseudomonas thermocarboxydovorans strain C2 and its use in a carbon monoxide sensor', *Anal. Chim. Acta*, **163**, 161–174 (1984).

Wilson, R. and Turner, A. P. F., 'Glucose oxidase : an ideal enzyme', *Biosensors Bioelectron.*, **65**, 238–241 (1992).

Ye, L., Hammerle, M., Olsterhoorn, A. J. J., Schumann, W., Schmidt, H. L., Duine, J. A. and Heller, A., 'High density "wired" quinoprotein glucose dehydrogenase electrode', *Anal. Chem.*, **65**, 238–241 (1993).

제 6 장

광학센서 적용

학습목표

- '소멸'(evanescent)광의 개념을 이해한다.
- 내재성 및 외인성 방법을 구분한다.
- 센서 응용에 있어서 형광과 흡광방법 사용을 평가한다.
- 고체상 흡광센서의 원리 이해한다.
- 직접 고정화 및 간접 고정화된 시약의 작용 원리를 이해한다.
- 광학센서를 pH, 금속 이온, 가스(O_2, CO_2, SO_2, NH_3 등) 측정에 어떻게 적용할 것인지에 관해서 이해한다.
- 광학 측정 방법을 어떻게 바이오센서에 이용할 것인가에 관해 이해한다.
- 반사 방법의 중요성을 평가한다.
- 반사 방법의 원리를 어떻게 하면 감쇠전반사, 내부전반사형광, 그리고 표면플라즈몬 공명기술에 적용할 수 있는가에 관해 이해한다.
- 센서에 적용했을 경우 광산란방법들에 관한 지식을 습득한다.

6.1 광학 센서의 기술

6.1.1 센서 내 도파관의 작동 모드

광 센서로 또는 센서로부터 빛을 전달하는 광섬유 도파관은 2장에 이미 소개하였다. 광섬유는 내재성 및 외인성의 두 가지 방식으로 작동될 수 있다.

6.1.1.1 외인성 방식

이 방식에서 도파관은 광원과 광 수집기의 두 가지 역할을 동시에 한다. 광변조는

그림 6.1처럼 인라인 전자와 같은 광섬유의 외부에서 일어난다. 빛의 흡수는 비어-램버트 법칙에 의해 설명되는데, 측정 대상물의 세기와 시료 층의 두께에 비례한다.

6.1.1.2 내재성 방식

이 방식에서는 측정 대상물이 도파관 내부의 빛과 직접 반응한다. 그림 6.2의 모형에 표시된 것처럼 도파관 주위의 얇은 매질 속의 *소멸*장 투과 깊이 내에 놓여 있는 측정 대상물에 의해 빛의 상, 편광, 그리고 세기가 도파관 내부에서 변조될 수 있다.

> SAQ 6.1
>
> 광섬유의 '내재성' 및 '외인성' 동작 방식의 차이를 설명하라.

6.1.2 고정화를 위한 시약

광센서에는 일반적으로 고정화 시약이 필요하다. 시약은 종종 분석대상물의 존재에 따라 색이 변하는 형태의 색소다. 시약은 비록 때에 따라 간접적인 경쟁결합법이 사용-

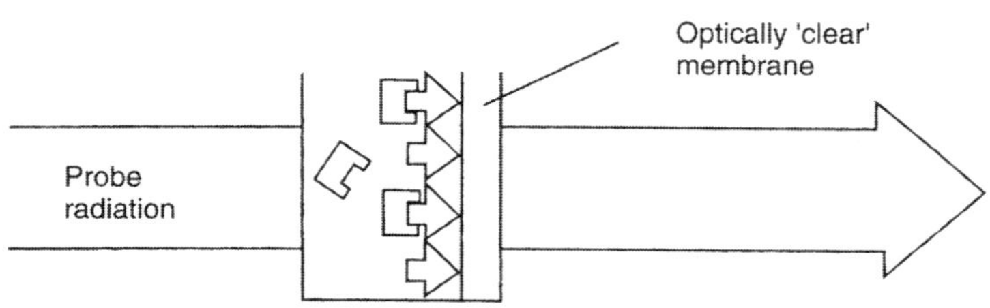

그림 6.1 '인라인' 고체형 광센서 셀의 개략도.

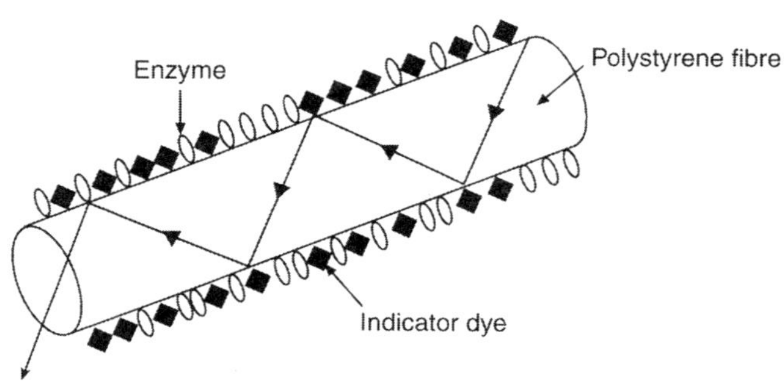

그림 6.2 폴리스탈린 섬유를 기반으로 한 내재성 효소 센서 모형의 개략도.

되어야 하지만 직접적인 방식으로 작동할 수 있다. 경쟁결합법은 만약 분석대상물과 시약 모두가 결합에 따른 스펙트럼 변화가 없는 경우에 아주 유용하며, 그럴 경우 분석대상물과 유사한 물질이 사용될 수도 있다.

6.1.2.1 분석대상물과 시약 착화합물의 직접 방법

분석대상물 A는 다음과 같이 시약 R과 착화합물을 만든다.

$$A + R = AR$$

여기서,

$$K = [AR]/[A][R] \tag{6.1}$$

만약 {R}이 *전체* 시약 농도 이면;

$$\{R\} = [R] + [AR]$$

그리고 자유 시약 농도는 아래와 같이 주어진다.

$$[R] = \{R\}/(1+K[A]) \tag{6.2}$$

$$[AR] = K[A]\{R\}/(1+K[A]) \tag{6.3}$$

분석대상물과 자유 시약, 또는 결합된 시약과 분석대상물에 기인한 신호들 사이에 간단한 관계식은 없다. 만약 측정된 광학적 변수가 [AR]에 비례한다면, $[A] \ll 1/K$와 같이 낮은 농도에서는 반응은 [A]에 비례한다; 만약 $[A] \gg 1/K$이면 반응은 한계값으로 포화된다. 만약 반응이 [R]에 비례하면, 신호는 [A]의 증가에 따라 감소한다. 이 경우 선형적인 관계는 다음과 같이 얻어질 수 있다:

$$\{R\}/[R] = 1 + K[A]$$

그러므로, 더 좋은 접근법은 AR에 하나 그리고 R(기준)에 또 하나 씩 두 개의 파장을 사용하는 것이다. 이제 다음과 같이 쓸 수 있다 (식 (6.1)로부터):

$$[AR]/[R] = K[A]$$

그러므로, λ_{AR}과 λ_R의 흡광비와 A의 농도 사이에는 비례관계가 있다.

DQ 6.1

왜 고정화 시약을 사용하였을 때에는 분석대상물의 농도와 흡광 사이에 직접적인 관계가 없는가?

답

분석대상물의 농도는 자유 시약과 시약 및 분석대상물의 결합물이 관련된 복잡한 함수이다. A의 농도가 낮을 때에는 결합물 [AR]로 인한 반응은 A의 농도에 비례한다(즉, 식 (6.3)에서 [A] ≪ 1/K). [A] ≫ 1/K일 때는, 반응은 [AR]/[R]에 비례하여 한계값에 이른다. 식 (6.2)로부터, 만약 반응이 [R]에 비례하면, 신호는 [A]의 증가에 따라 감소한다. 선형 관계식은 {R}/[R] = 1 + K[A]와 같다.

하지만 하나는 AR을 위한 그리고 다른 하나는 R을 위한 두 개 파장에서의 흡광을 측정하면, 식 (6.1)을 사용할 수 있고 흡광비와 A의 농도 사이에는 비례관계가 있어 [AR]/[R] = K[A]로 쓸 수 있다.

6.2 가시광선 흡광 분광학

6.2.1 pH 측정

pH 측정은 많은 응용분야의 기본이다. 아주 많은 염료가 pH 지시자로 동작한다. 이들 지시자의 가장 큰 문제는 pH 범위가 2 이하로 비교적 작다는 것이다. 하지만, 상당히 제한된 pH 범위에서 동작하는 생화학 시스템에서 큰 문제가 되지 않는다. 메틸레드(Methyl Red)는 염기성 형태와 산성 형태의 최대 값이 잘 분리된 독특한 가시 스펙트럼을 지닌 적절한 pH 염료다(그림 6.3). 두 개의 파장은 모두 최대 값이 상당히 높고 산성 형태 메틸레드의 최대 값이 염기성 형태의 최대 값과 잘 분리되어 있음을 알 수 있다. 두 형태의 기준 파장 모두 무시할만한 흡광 영역에 놓여 있다.

메틸레드는 폴리아크릴아미드가 입혀진 마이크로 구슬 내부에 넣을 수 있어 그림 6.1과 같은 장치로 사용할 수 있다. 검출은 558 nm에서, 기준은 600 nm에서 이루어지고 pH 영역은 7.0−7.5 (±0.01)이다. 이것은 pH 범위가 7.38−7.44인 혈액을 지닌 사람의 혈액 pH를 측정하는데 사용되었다. 이후 버전은 565 nm(밝은 녹색) 파장의 LED를 사용하였고 기준은 810 nm (적외선) LED를 사용하였다. 검출은 실리콘 p-i-n 다이오드를 사용하였다. 이렇게 하여 저렴한 휴대형 pH센서를 만들 수 있었다.

SAQ 6.2

전위측정 방법과 비교하여 광학측정법을 이용한 pH 측정의 장점이 있는가?

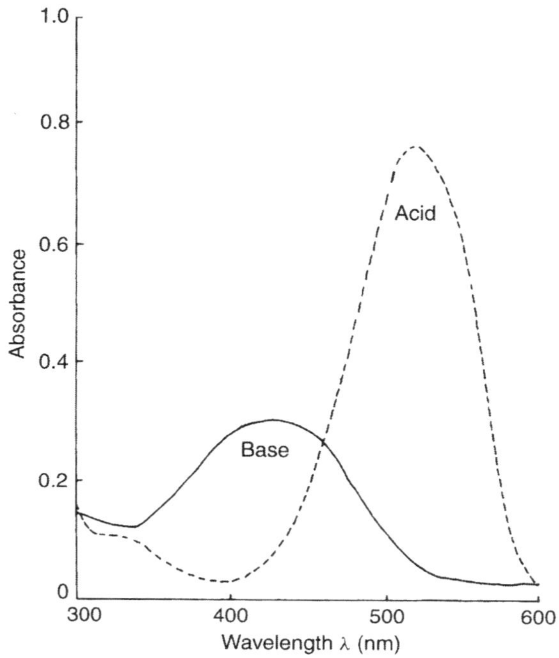

그림 6.3 산성 형태와 염기성 형태 메틸레드의 자외선 및 가시선 스펙트럼.

6.2.2 이산화탄소 측정

이산화탄소는 탄산수소 버퍼가 담겨있는 가스가 통과할 수 있는 막을 지닌 pH 탐침(probe)을 이용하여 측정할 수 있다.

6.2.3 암모니아 측정

암모니아 측정을 위해서는 높은 pH 반응성을 지닌 pH 탐침이 필요하며, 이 경우 4-니트로페놀(4-nitrophenol)이 적절한 지시자이다. 암모니아 센서는 이산화탄소 센서와 유사한 형태를 지니는데, 단지 이 경우에는 버퍼로서 염화암모늄이 사용된다.

암모니아에 직접 반응하는 과염소 옥사진(Oxazine perchlorate) 염료를 사용한 다른 형태의 방법도 있다. 이 염료는 모세관 도파관에 도포되고 내재성 방식(그림 6.4)으로 동작한다. 광방사는 560 nm LED를 사용하였으며, 검출기로는 광다이오드가 사용되었다.

NAD^+-NADH와 관련된 많은 예들이 형광방식 뿐만 아니라 이 부류에도 포함될 수 있다.

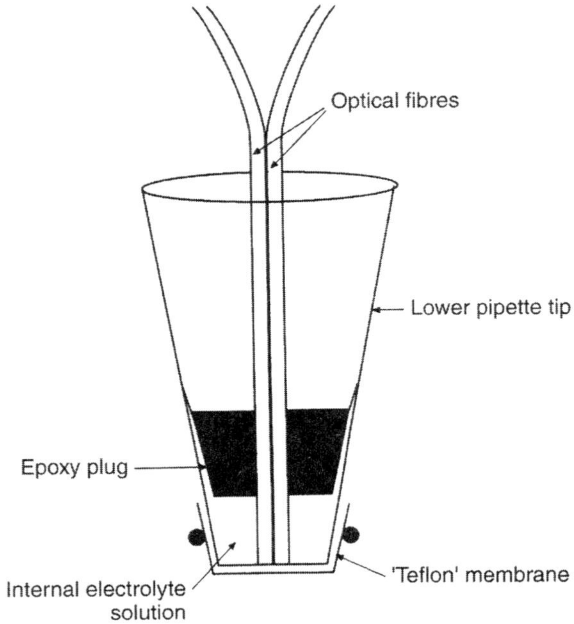

그림 6.4 암모니아 측정을 위해 사용된 내재성 모드로 작동하는 광센서 개략도.

6.2.4 바이오센서로 이용된 예

이와 같은 몇 몇 장치들이 페니실린, 요소, 인산-P-니트로페닐을 위한 바이오센서로 개발되었다.

6.2.4.1 페니실린

페니실린 분해효소(Penicillnase)는 페니실린으로부터 페니실로익산(Penicilloic acid)을 형성하는데 촉매작용을 한다. 브롬화시아노겐(CNBr)으로 활성화된 투명 셀룰로스막이 공유결합을 통해 글루타치온과 브로모크레솔 녹색(Bromocresol Green)의 결합물에 부착된다. 여기에 페니실린 분해효소가 카르보디이미드 반응을 통해 결합된다.

6.3 형광 시약

형광 시약은 광센서와 바이오센서에서 가장 많이 개발된 분야이다.

6.3.1 pH 측정을 위한 형광 시약

pH 센서를 위한 몇 가지 형광 시약이 개발되었으며, 아마 그 중 가장 좋은 것이 피라닌(8-hydroxy 1,3,6-trisulfonate)일 것이다. 그림 6.5에서 보듯이 흡수(여기) 대역은 405 nm(산성 형태) 및 470 nm(혐기성 형태)이며, 방사(형광) 대역은 520 nm이다. 이들 값은 모두 비싸지 않은 광학 부품을 사용할 수 있는 가시광 영역이다. 이들 장치는 pH 범위 6.4−7.5 범위에서 작동한다.

6.3.2 할로겐 화합물

Cl^-, Br^-, 그리고 I^- 측정을 위해 아크리디니움(acridinium) 또는 퀴니디니움(quinidinium) 기반의 형광시약을 카르보디이미드(carbodiimide)를 통해 유리지지체에 공유결합으로 결합시킨 형광 소광 센서가 개발되었다. 아크리디니움 장치를 사용했을 때 I^-에 대해 얻을 수 있는 최대 감도는 0.15 mM이었다.

6.3.3 나트륨

광학적 표시자인 형광성 분자(8-anilino-1-naphthalene sulfonate)는 잉여 표시자의 형광을 억제하는 소광 양이온성 고분자 전해질 poly[copper(II)-polyethyleneimine]과의 경쟁하에서 고정화된 이온선택성 물질 및 Na^+ 복합물과 이온쌍을 형성한다.

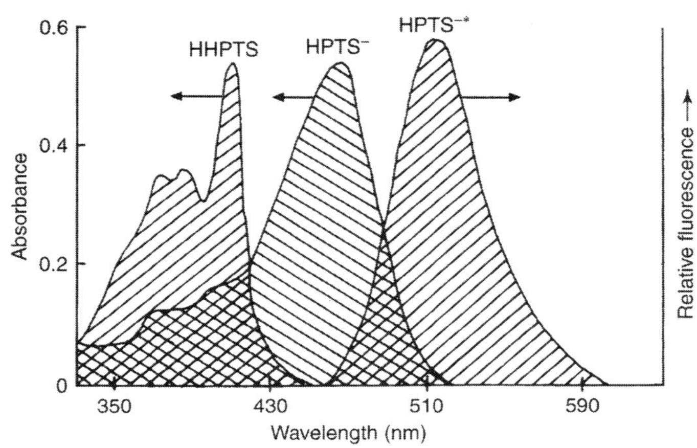

그림 6.5 8-hydroxy 1,3,6 trisulfonic 산(HPTS)의 산성 형태(HHPTS)와 염기성 형태($HPTS^-$)의 흡광 스텍트럼과 염기성 형태($HPTS^-$)의 형광 스펙트럼.

$$\underset{\text{(quenched)}}{I-Na^{+} + \text{Poly-Fluor}_{soln}} \rightleftharpoons \underset{\text{(fluoresces)}}{I-Na^{+}-\text{Fluor} + \text{Poly}_{soln}}$$

여기서 I는 이온선택성 물질이다.

6.3.4 칼륨

2-hydroxy-1,3-xylyl-18-crown-5를 diazotised 4-nitroaniline과 반응시켜 K^+에 선택성이 있는 광 활성화 크라운 화합물을 만들고 이를 광섬유 끝부분에 고정화시켰다. 비록 검출 한계는 0.5 mM 이었지만 실제 의료용으로 응용하기에는 Na^+(= 1/6)에 대한 선택성이 부족하다.

6.3.5 가스센서

6.3.5.1 산소

산소는 형광의 매우 효과적인 소광제이므로 이러한 성질은 여러 가지 다른 방법으로 센서에 이용될 수 있다. 가장 쉬운 방법은 폴리아크릴아미드 지지체 위에 페릴렌뷰틸산(perylenebutyric acid)을 사용하는 것으로, 468 nm 파장을 이용하여 여기시키면 514 nm에서 형광을 일으킨다. 이 탐침은 1−150 torr의 압력 범위에서 산소에 반응한다. 때론 대체물질로 피렌뷰틸산(pyrenebutyric acid)이 이용되지만, 비싸지 않은 플라스틱 섬유광학부품을 쓸 수 없는 342 nm(자외선 영역)를 여기광으로 사용해야 한다. 형광의 *세기*를 이용하는 대신 형광*수명* 특성을 이용하여 산소를 측정하는 또 다른 방법이 개발되었다. 이 방법은 460 nm로 여기 시켰을 때 610 nm에서 비교적 오랫동안 형광을 발생하는 이염화수화물(tris(2.2′-bipyridyl) ruthenium(II))을 이용한다. 이 지시자는 실리콘 막의 키젤겔(Kieselgel)에 흡착된다. 산소가 없는 경우 청색 LED 광원을 사용했을 때 형광수명은 205 ns였다. 이 센서는 확장된 선형 범위와 우수한 장기간 안정성을 지닌다.

6.3.5.2 이산화황

위에서 묘사한 산소를 측정하는 장치 구조와 유사하게 benzo[*b*]fluoranthene는 산소(배기가스에서 발견되는)가 없을 때 SO_2에 84 ppm까지 반응한다.

> SAQ 6.3
> 형광 방법의 장점은 무엇인가?

6.4 경쟁결합법을 이용한 간접방법

때때로 경쟁결합방법이 사용된다. 특히 이 방법은 분석대상물이나 시약 모두가 결합 시 스펙트럼 변화를 보이지 않을 때 유용하며, 이 경우 분석대상물과 유사한 물질이 사용될 수 있다. 유사 물질은 분석물질과 유사한 고유 광특성을 지니거나 결합 시 유사한 광학적 변화를 야기하는 물질이다. 유사물질에 형광 표지자와 같은 특정한 광학적 특성이 첨가되기도 한다. 포도당 측정에 적합한 시약은 종종 생물수용체로 불리는 콘카발린-A(Con A)이며, 적합한 유사물질은 형광 이소티오시아네이트(fluorescein isothiocyanate, FITC)로 표지한 덱스트란(dextran)이다. Con A는 셀룰로스 중공 섬유(그림 6.6)에 고정화 된다.

FITC-덱스트란은 광셀의 내부에서는 자유롭게 이동하지만 막을 통과해서 밖으로는 확산되지 못한다. 분석대상물과 유사물질(A*) 사이의 상대적인 크기 차이로

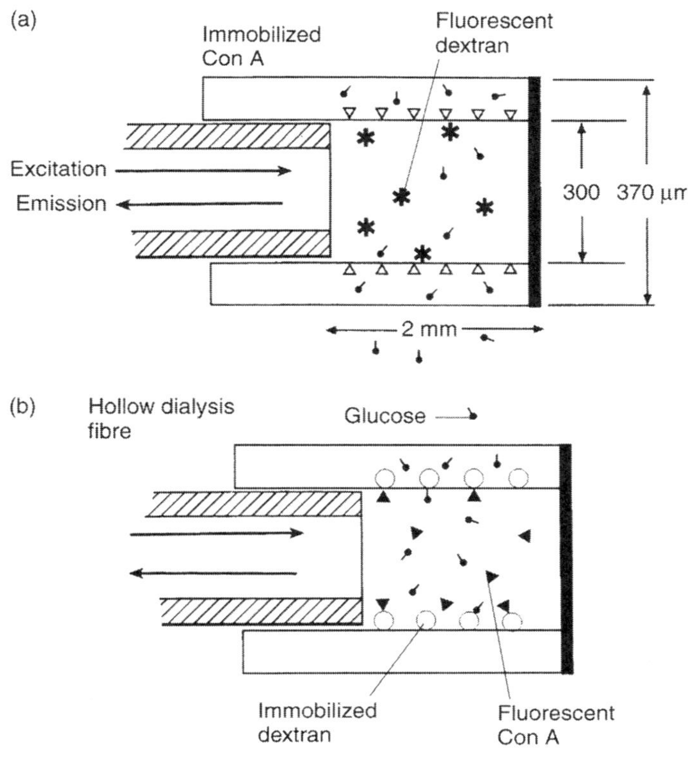

그림 6.6 FITC로 표지된 덱스트란과 Con A를 사용하는 포도당용 바이오센서의 두 가지 작동방식.

인해 분석대상물은 막을 통과하여 셀로 확산될 수 있다. 당 성분이 없을 때 유사물질은 수용체(R)와 복합물을 형성한다.

$$A^* + R \rightleftharpoons A^* - R$$

이 복합물은 셀의 벽으로부터 일부 수용체를 효과적으로 제거하여 최대 형광의 20%에 상당하는 신호가 관찰된다. 분석대상물(A)이 들어오면 분석대상물과 수용체의 경쟁적인 평형상태가 유지된다.

$$A + R \rightleftharpoons A - R$$

그 결과 셀 벽으로부터 이동되는 수용체의 양이 증가하고 형광신호가 더욱 증가하게 된다. 결국 모든 수용체가 유리되고 더 이상 형광 신호가 증가하지 않는다(신호 포화). 이 장치로 얻어지는 전형적인 반응 곡선을 그림 6.7에서 보여주고 있다.

이 반응을 다음과 같이 분석할 수 있다.

$$A + R \rightleftharpoons A - R$$
$$A^* + R \rightleftharpoons A^* - R$$

간단한 단분자 결합에서 두 반응과정을 위한 평형상수는 다음과 같이 주어진다.

$$K = [A - R]/[A][R]$$
$$K^* = [A^* - R]/[A^*][R]$$

만약 수용체의 총량을 {R}이라 하고 분석대상물과 유사한 물질의 양을 {A*}라

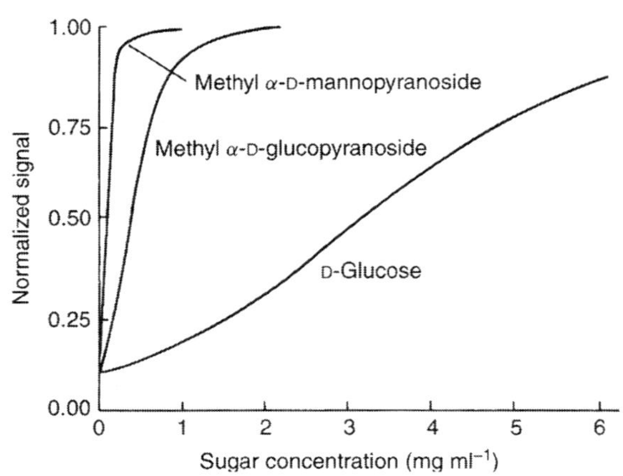

그림 6.7 다른 당성분에 대한 Con A 기반의 바이오센서 반응 곡선들.

하면, 이들의 총 농도는 보존되고 다음과 같이 표현할 수 있다.

$$\{R\} = [R] + [A - R] + [A^* - R]$$

그리고 두 시약의 질량 균형은 다음과 같다.

$$\{A^*\} = [A^*] + [A^* - R]$$

이 네 가지 식을 총 수용체 농도에 대한 결합한 수용체의 비율을 계산하기 위해 풀면 다음과 같다.

$$([A^*]/\{A\})^2 + \{A^*\}/[A^*][(\{R\}/\{A^*\} - 1) + (K[A] + 1)/(\{A^*\}K^*)] - (K[A] + 1)/([A^*]K^*) = 0 \tag{6.4}$$

여기서 $[A^*]/\{A^*\}$는 정규화된 반응을 나타내고 0과 1사이 값을 갖는다. 감도는 (A^*)와 관련이 있다.

정규화된 반응은 $\{R\}/\{A^*\}$와 $(K[A]+1)/(\{A^*\}K^*)$ 두 개 항의 함수이고, 분석대상물의 농도 [A]는 두 번째 항과 관련이 있다. 따라서 모형 장치의 완전한 특성을 다른 $\{A^*\}/\{R^*\}$ 값에 대해서 $[A]/\{A^*\}$ 대 $(K[A]+1)/(\{A^*\}K^*)$ 사이 관계 곡선을 이용하여 얻을 수 있다. 그런 관계곡선을 그림 6.8에 보여주고 있다.

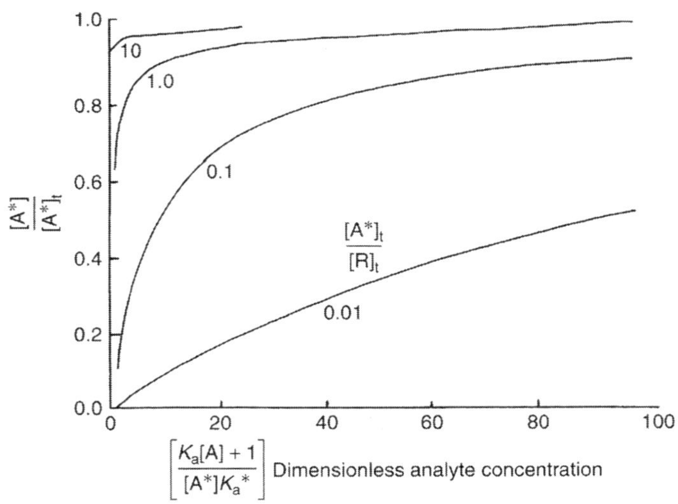

그림 6.8 식 (6.4)의 변수 그래프: R, 수용체; A, 분석대상물; A^*, 유사물질; K, 속도 상수; 윗첨자 't'와 'a'는 총 및 자유 분석대상물을 나타낸다. $[A^*]_t/[R]_t$의 변화는 검출공간의 분석대상물과 유사물질 농도의 상대적 수준 효과를 보여준다.

다음 과정을 수행함으로써 이 그림에 나타낸 곡선들은 광센서를 설계하기 위한 적절한 조건을 예측하는데 사용될 수 있다.

(i) 관심 있는 농도의 중간 대역 [A]을 예측한다.
(ii) 결합상수가 10/[A]인 생물 수용체를 선택한다.
(iii) 광학장치로 측정할 수 있는 A*의 최소 농도 [A*]를 예측하고 {A*}이 약 50[A^*]이라고 가정한다.
(iv) K* = 1/[A*] 되도록 유사물질을 선정(또는 합성)한다.
(v) 생물 수용체의 농도가 센서 반응조에서 약 100{A*}이 될 수 있게 담을 수 있는 기술을 개발한다.

포도당 센서에 이런 원리를 적용하면 혈당 범위는 1–5 mgml^{-1}, [A]은 2.5 mgml^{-1} (0.025 M), 당에 결합하는 Con A의 K는 320 M^{-1}이다. 중공 투석 섬유의 표면에 고정화 될 수 있는 Con A의 최대량은 10^{-5} M이다. Con A와 FITC-dextran 사이의 결합 상수 K*는 약 7.5×10^{-4} M^{-1}이고, FITC-dextran 총 농도 {A*}는 약 1.5×10^{-6} M이다. *K*[A]의 값은 당의 수준이 2.5 mgml^{-1}에서 약 6이고 {R}/{A*}는 7이었다. 이들 자료는 위의 기준에 맞는다.

6.5 반사법 – 내부반사분광

6.5.1 소멸파(Evanescent waves)

빛을 광섬유 내부에서 완전히 반사시키기 위해서는 '광학적으로 희박'한 매질(피복)로 에너지가 전혀 흐르지 말아야 한다. 실제로는 경계를 가로지르는 한정된 소멸 전기장이 존재한다. 따라서 일부 방사가 도파관 영역에서 그 주위를 둘러싸고 있는 낮은 굴절률을 지닌 매질로 짧은 거리만큼 뻗어나간다. 소멸파(Evanescent wave, EW)는 도파관의 경계로부터의 거리에 따라 지수 함수적으로 감소한다. 이 좁은 영역이 소멸 에너지가 그 안에 존재하고 있는 분자와 반응할 수 있는 측정 부피를 결정한다.

DQ 6.2

'소멸광' 센서의 장점은 무엇인가?

답

이들 장점은 다음과 같이 요약될 수 있다.

광학 장치의 장점은 다음과 같다:

(i) 연결을 위한 광학 부품이 필요 없다.
(ii) 상당한 소형화가 가능하다.
(iii) 발생 광기구의 많은 부분을 제어할 수 있는 가능성이 있다. 이것은 표면으로부터 짧은 거리에 소멸장을 한정하여 표면과 체적효과 사이의 구분을 가능케 한다.
(iv) 소멸장 주위의 더 큰 에너지 세기 때문에 기존의 광학적 방법보다 감도가 향상된다.
(v) 경로 길이가 아주 짧기 때문에 산란에 영향을 덜 받는다.
(vi) 설계의 많은 부분을 제어할 수 있다.

6.5.2 반사율 방법

반사율 방법은 광학 표면에 흡착된 물질의 연구와 관련이 있으며, 특히 면역분석법에 적합하다. 다음과 같은 세 가지 변형된 작동원리가 있다.

- 감쇠 전반사(Attenuated total reflectance, ATR)
- 내부전반사 형광(Total internal reflection fluorescence, TIRF)
- 표면플라즈몬 공명(Surface plasmon resonance, SPR)

감쇠 전반사의 기본 구조는 그림 6.9에 나타나 있다(위의 그림 2.44도 참조). 광파가 굴절률 n_1과 n_2인 두 매질 사이의 경계에 부딪히고 반사각이 아래와 같

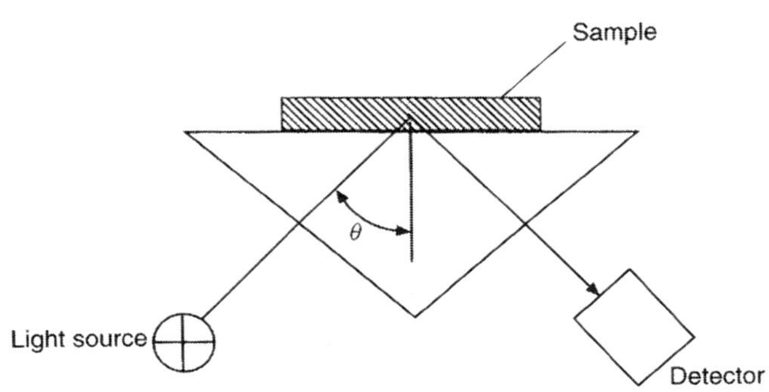

그림 6.9 감쇠 전반사 측정법을 수행하기 위한 기본 구조.

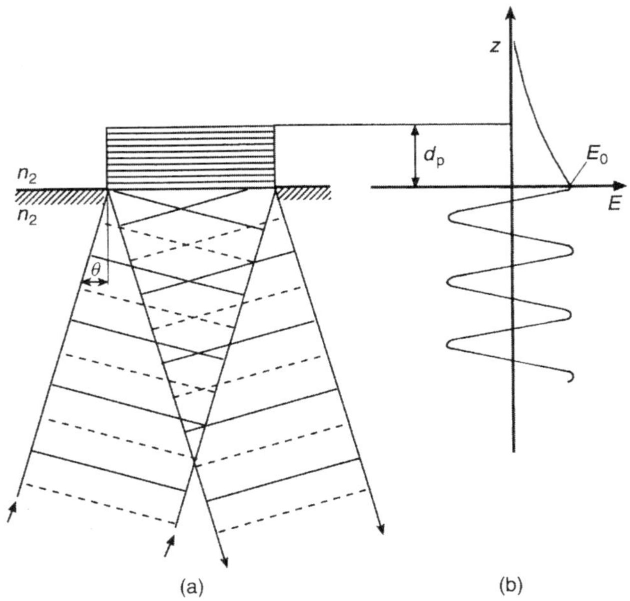

그림 6.10 두 광학 매질 사이 경계에서의 소멸파의 발생.

으면 내부 전반사가 일어난다.

$$\sin \theta_c = n_2/n_1, \text{ 그리고 } n_1 > n_2$$

만약 $\theta > \theta_c$이면, z 방향으로 경계를 통과하여 n_2 매질로 파장에 따른 거리 d_p 만큼 침투하는 소멸파가 존재한다. 이 파의 전기장 벡터(E)는 아래의 방정식(식 6.10)과 같이 경계(E_0)에서 가장 크고 거리(z)에 따라 지수함수적으로 감쇠한다.

$$E = E_0 \exp(z/d_p) \quad (6.5)$$

침투 깊이 d_p는 아래 식에서처럼 다른 요인들에 의한 영향이 있을 수 있다.

$$d_p = \frac{\lambda / n_1}{2\pi[\sin^2\theta - (n_2/n_1)^2]^{1/2}} \quad (6.6)$$

식 (6.6)에서 보듯이 정량적으로 d_p는 θ의 증가와 함께 감소하고, n_2/n_1이 1에 접근해가면 증가한다. 따라서 θ, n_1, λ의 적절한 선택에 의해 d_p의 값을 정할 수 있다. 예를 들어, $n_1 = 1.46$인 석영 도파관에, 시료가 $n_2 = 1.34$인 물이면 θ_c는 66° 이다. 만약 θ를 70°, λ를 500 nm로 설정하면 d_p는 직경 25 nm인 면역 반응 성분의 단분자층을 쉽게 포함하는 270 nm이다.

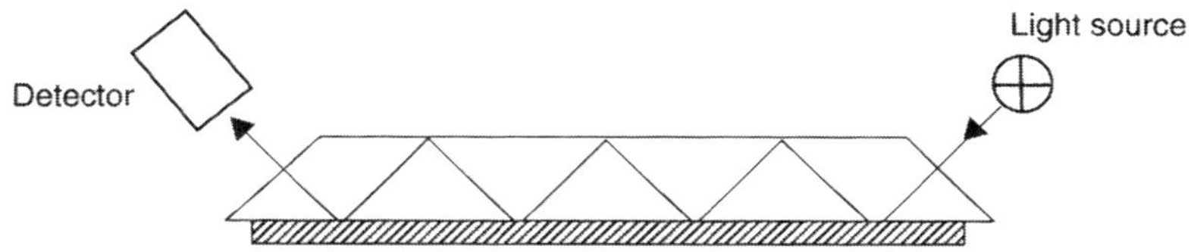

그림 6.11 다중반사를 나타내는 내부전반사.

하지만 d_p는 반사의 감쇠를 결정하는 네 가지 요소 중 하나일 뿐이다. 다른 요소들은 반사 표면에서 편광의존 전기장 세기, 시료 측정면적, 그리고 두 굴절률 n_1과 n_2의 조화이다. 유효두께 d_e는 이러한 모든 요소들을 고려한 것이다. 이것은 투과실험 시 동일한 흡수를 일으키는데 필요한 막의 두께를 나타낸다.

감도를 향상시키기 위해서는 그림 6.11에서처럼 다중반사가 사용될 수 있다. 만약 반사횟수(N)가 아래에서 나타낸 바와 같이 도파관의 길이(l)와 두께(T), 그리고 입사각(θ)의 함수이면,

$$N = (l/T)/\cot\theta$$

도파관이 길고 가늘수록 N이 크고 더 자주 소멸파가 표면의 분석대상물 층과 상호작용한다. 만약 R이 반사율이면 아래와 같이 쓸 수 있다.

$$\mathrm{R} = 1 - \alpha d_e$$

여기서, α는 흡수계수이다. 따라서, N 번의 반사에 대해서는 다음과 같이 쓸 수 있다.

$$R^N = 1 - N\alpha d_e$$

SAQ 6.4
'소멸광'이란 무엇인가?

그림 6.12와 6.13에 내부반사 요소(Internal reflection element, IREs)에 사용된 두 가지 실질적인 구조를 보여주고 있다. 처음 것은 다중 내부반사이고, 두 번째 장치는 광섬유를 사용하였다. 두 장치 모두 감쇠 전반사와 표면플라즈몬 공명기법에 사용될 수 있다.

6.5.3 감쇠 전반사

이 방법에서는 흡수물질이 내부반사요소(IRE)의 반사 표면과 접촉하여 위치하고, 이로

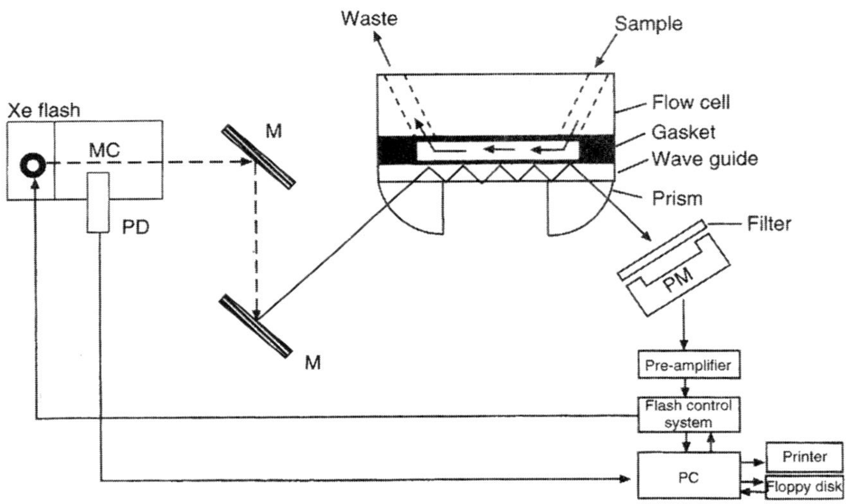

그림 6.12 다중 내부반사판을 이용하여 면역분석 측정에 사용되는 기기 구성 도면: PM, 광전자 증배관; PD, 광다이오드; MC, 단색화 장치; M, 거울.

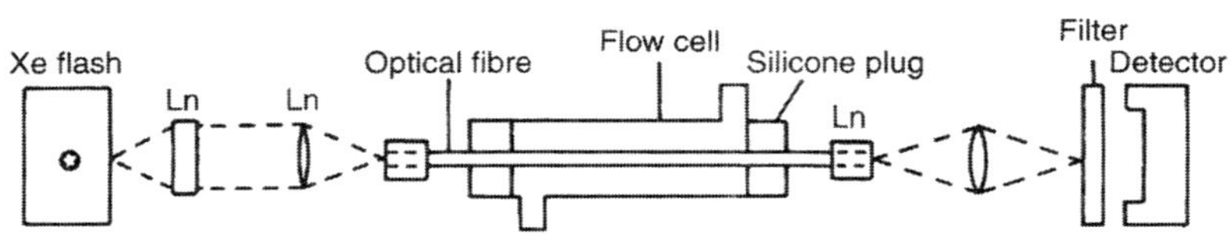

그림 6.13 면역분석 측정을 위해 흐름전지와 광결합 장치를 사용한 광섬유 장치의 부품 구성 도면; Ln, 렌즈.

인해 내부에서 반사되는 빛의 감쇠가 일어난다. 입사파의 세기에 대한 반사광의 세기가 측정된다. 감쇠 전반사(ATR)는 적외선, 가시광선, 자외선 영역에서 면역분석법의 관찰을 위해 사용되었다. 예를 들어, 적혈구와 토끼 항적혈구 항혈청이 이 방법을 이용하여 관찰되었다. 토끼 항체는 석영 현미경 슬라이드의 표면에 공유결합으로 고정화되고 다른 농도의 적혈구와 반응된다. 반사광의 감쇠는 410 nm에서 측정되었다. 유사한 응용에서 310 nm에서도 동작하였다.

6.5.4 전반사 형광

이 기술에서는 방사된 형광이 경계와 직각에 위치한 검출기(그림 6.14(a))에서 검출되거나 주광선과 동일한 방향에서 (그림 6.14(b)) 측정된다. 사실 이론적 및 실험적 모두 후자(b)를 사용했을 때 50배까지 방사 신호가 증가되었다. 특히 광섬유를

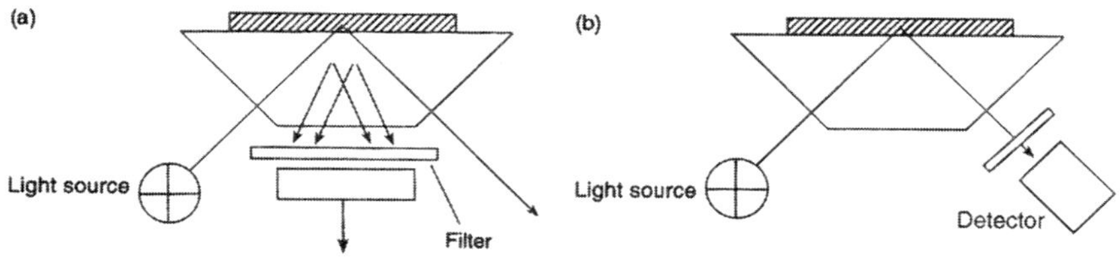

그림 6.14 (a) 직각 (b) 동일 방향 형광을 이용한 내부반사 검출에 이용된 구조의 개략도.

내부반사요소로 사용했을 때 더 유용했다. 게다가 섬유 주위 시료 용액의 체적을 통과하는 형광 측정을 방지함으로써 간섭이 최소화되었다. 내부 전반사 형광(TIRF) 또한 면역반응을 측정하는데 사용되었다. 예를 들어, 페닐아르손산(Phenyl-arsonic acid)이 합텐−알부민(Hapten−albumin) 결합을 통해 석영 현미경 슬라이드 표면에 고정화되었다. 고정화된 합텐에 부착될 수 있는 FITC가 표지된 항체는 소멸파로 표면에서 형광을 야기시켜 검출될 수 있다.

6.5.5 표면플라즈몬 공명

6.5.5.1 브루스터각(Brewster angle) 측정

$\theta = \tan^{-1}(n_1/n_2)$인 브루스터각에서 평면 편광의 반사력$(R_p) = 0$이다. 하지만 투명한 투사 위상과 흡착 기질에 대한 n_2는 $N_2 = n_2 + i/k_2$ $(i = (-1)^{1/2};\ k_2 = 0)$로 주어지고 R_p는 *가-브루스터*각에서 최소값을 나타낸다. R_p가 최소$(R_{p,min})$인 각은 표면의 도금층에 매우 민감하여 R의 변화(ΔR)를 아래와 같이 측정할 수 있다.

$$\Delta d_{min} = (\Delta R/\Delta d)^{-1}\Delta R_{min}$$

여기서, d는 표면층의 두께이다. 만약 ΔR_{min}이 약 ±0.025%이면, Δd_{min}는 약 0.05 nm이다. 만약 이 장치가 농도 약 0.8 μgcm^{-2}인 항원−항체 반응에 사용되면 두께 변화 0.2−0.4 nm에 상응하는 검출한계는 약 0.02−0.05 μgcm^{-2}로 제시된다.

6.5.5.2 표면플라즈몬

표면플라즈몬은 고체(금속 또는 반도체)의 경계에서 형성되며, 이 영역에서 관련 전자는 준자유전자 기체와 같이 작동한다. 경계의 외부 전기장은 표면 전하의 폭발적인 진동을 일으키고, 그런 전하 진동은 공간으로 확장되는 고주파 전자기장과 결합된다.

이런 플라즈몬은 빛이나 전자선에 의해 여기될 수 있다. 가장 유용한 것은 소멸

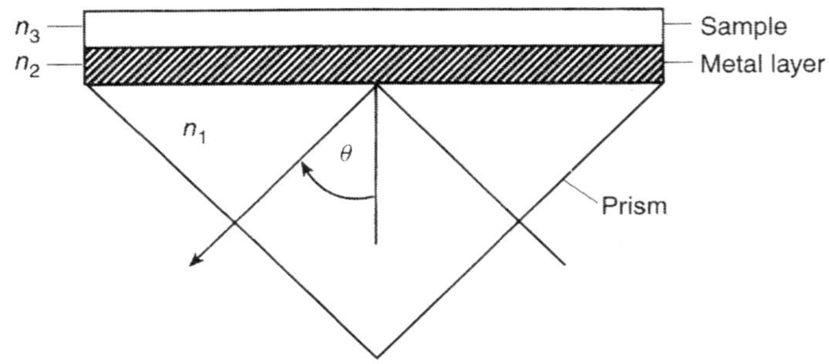

그림 6.15 *크레츠만(Kretschmann)* 구조를 이용한 비방사 플라즈몬을 일으키는 감쇠 전반사 방법의 개략도: n_1, n_2, n_3는 각각 유리 프리즘, 금속층, 시료.

광파에 의해 여기된 비방사플라즈몬이다. 이 형태의 플라즈몬은 전기장이 경계로의 거리 증가에 따라 지수함수적으로 감소하는 특성을 나타낸다.

보통 SPR 기술은 기본 ATR 구조를 이용한다. 여기서 굴절률 n_1의 프리즘은 굴절률 n_2인 60 nm의 은과 같이 매우 얇은 금속층으로 도금되고 그 위로 $n_1 > n_3$ 가 되도록 굴절률 n_3인 시료층이 놓여진다(그림 6.15).

표면방향의 광자 운동량이 플라즈몬 진동과 일치하도록 평면 편광 입사장은 각 θ를 갖는다. 따라서 그 빛은 금속내의 전자 플라즈몬과 결합할 수 있다. 이것을 표면플라즈몬 공명이라 한다.

SAQ 6.5
브루스터각이란 무엇을 의미하는가?

SAQ 6.6
표면플라즈몬이란 무엇인가?

전반사된 빛의 세기가 측정된다. 이 값은 금속의 깊이와 너비, 흡수 특성, 두께에 따라 θ의 증가와 함께 급격하게 감소한다. 이런 효과는 그림 6.16에서 볼 수 있는데 서로 다른 입사각도에 따른 금속층을 가로지르는 에너지 밀도 $|H(x)|^2$의 분포를 보여주고 있다.

θ_0 = 50°에서 에너지는 공명영역의 바깥에 있고 플라즈마 내에서 지수 함수적으로 감소한다.

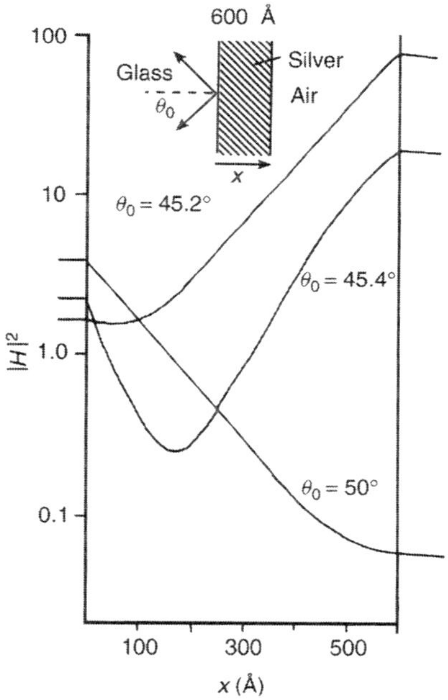

그림 6.16 두께 600 Å 의 은 필름 내부에서 입사각(θ_0의 함수로 나타내어진 계산된 전자기 밀도, $|H(x)|^2$).

θ_0 = 45.4°에서 에너지는 공명이 일어나는 근처에 있고, 에너지의 급격한 감소는 최소값에 이르렀다가 경계에서 높은 값으로 증가한다. θ_0 = 45.20°일 때는 공명이 생기고 장의 에너지는 경계에서 공명이 없을 때 값의 약 80배인 최대값으로 상승한다. 그림 6.17은 세기(R_p)와 투사각(θ) 사이의 관계곡선을 보여주고 있다.

흡착된 층의 두께가 두꺼워질수록 공명을 위한 각이 점차 큰 값으로 이동하고 피크의 폭이 증가하는 것을 볼 수 있다. 만약 광학 장치가 0.05°이상의 해상도를 가질 수 있으면 수 옹스트롬 두께의 피복을 측정할 수 있다. 각 위치는 금속층에 인접한 외부의 굴절률 변화에 매우 민감하다. 따라서 공기(n = 1.0)에서 물(n = 1.33)로의 변화는 굴절각을 25° 만큼 이동시킨다.

SPR의 실험장치 구조는 (그림 6.15의 위에 나타낸 바와 같이) ATR에 사용된 것과 유사하다.

일반적으로 석영으로 만들어지는 IRE 프리즘은 금, 은, 알루미늄, 구리와 같은 금속의 얇은 층으로 도금된다. 공명이 일어나는 지점은 여러 가지 방법으로 얻을

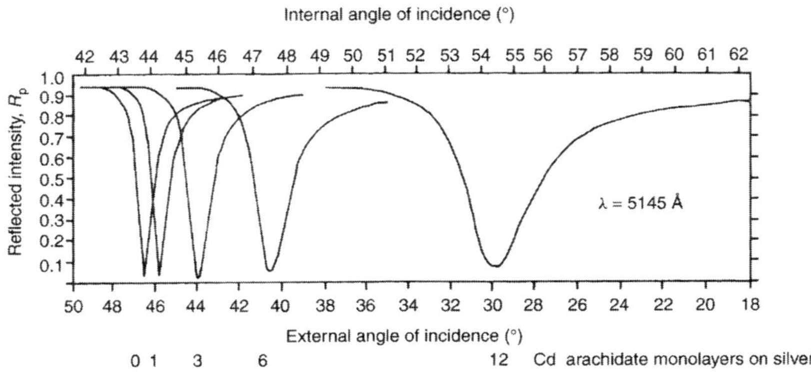

그림 6.17 다른 양의 아라키드 단분자막으로 덮인 은 필름에 대해 측정된 전감쇠 반사도 곡선.

수 있다. 첫 번째로, 반사파의 최대 세기를 얻기 위하여 파장 길이를 고정하고 각을 변화시킬 수 있다. 이런 방법으로 각도 변화를 최소 0.0005°까지 검출할 수 있다. 같은 효과를 얻기 위한 다른 방법으로 각을 고정하고 파장 길이를 변화시킬 수 있다. 막의 표면 거칠기 때문에 산란된 빛은 그림 6.15 위에 나타낸 것과 같은 구조를 이용하여 고정된 파장 길이에서 입사되는 빛에 대비하여 측정할 수 있다.

현재까지의 SPR 주요 응용분야는 면역분석이다. 어려운 과정이 될 수도 있지만, IRE 표면에 면역학적 쌍이 고정화되어야만 한다. 가장 일반적으로 사용되는 방법은 흡착과 공유결합이다(3장 참조).

전형적인 예는 사람의 면역글로블린(class G, IgG)과 항-IgG 사이의 반응이다. 여기서 항원은 프리즘의 표면에 흡착되어 약 50Å 두께의 단백질 층을 형성한다. 그림 6.18처럼 다양한 농도의 항-IgG가 흡착된 층과 배양되었고, 고정된 투사각에 대한 공명각의 변화가 측정되었다.

표면플라즈몬 공명은 센서 응용에 있어 커다란 가능성을 지닌 비교적 새로운 기술이다. 'BIAcore'라고 알려진 SPR장치가 Pharmacia Biosensors(Sollentuna, Sweden)사에 의해 시판되고 있다.

> SAQ 6.7
>
> 표면플라즈몬 공명의 장점은 무엇인가?

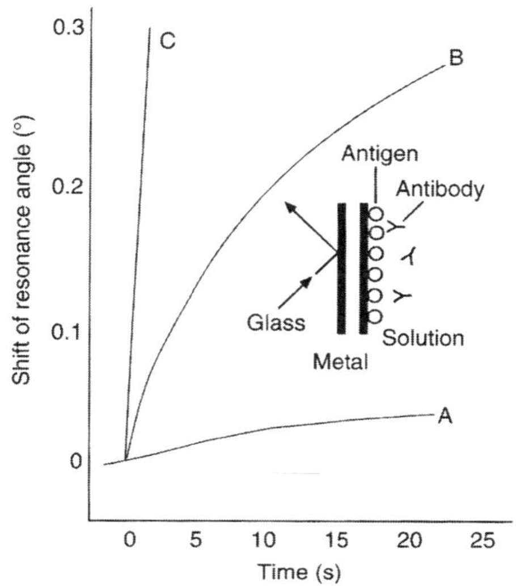

그림 6.18 IgG 항체 농도 세 수준에 대해 시간의 함수로 나타낸 공명의 전이: A, 2 μg ml^{-1}; B, 20 μg ml^{-1}; 200 mg ml^{1}. 도면은 사람의 면역글로빈과 항-IgG 사이의 반응에 나타나는 항체고정 순간을 보여준다.

DQ 6.3

광화학적 측정의 성능을 제한하는 요소들은 무엇인가?

답

(i) 적절한 시약이 개발되었을 때만 작동한다.

(ii) 외부 배경 광의 간섭을 받는다.

(iii) 제한된 동적범위를 지닌다. – ISE의 10^6 – 10^{12}와 비교하여 일반적으로 10^2 정도.

(iv) 장비가 비싸고, 시약의 양에 의존하며, 소형화하기 어려울 수도 있다.

(v) 분석대상물이 시약 상으로 이동하는데 소요되는 시간 때문에 반응시간이 느릴 수도 있다.

(vi) 아래와 같은 요소들 때문에 센서의 장시간 보정 문제가 있다:

- 입사광하에서 시약의 안정성
- 시약의 침출
- 고정화된 조직의 안정성
- 변질되고 간섭받기 쉬움

6.6 광산란 기술

6.6.1 광산란의 종류

레이저광의 활용은 광산란 기술의 이용을 크게 변화시켰다. 산란에는 레일리(Rayleigh) 산란, 레일리-간스-데바이(Rayleigh-Gans-Debye) 산란, 미(Mie) 산란과 같은 몇 가지 방식이 있다. 많은 분석기술들이 광산란을 사용한다. 정적 및 동적 두 가지 주요 형식이 있는데, 동적 방법이 생물 재료와 관련된 응용에 더 유용하다. 이 분야에 세 가지 비교적 새롭고 강력한 기술이 있는데, 이들은 아래와 같으며 다음 단원에 설명되어 있다.

- 준탄성 광산란분광법(Quasi-elastic light scattering spectroscopy, QELS)
- 광자상관 분광법(Photon correlation spectroscopy, PCS)
- 레이저 도플러 유속계(Laser Doppler velocimetry, LDV)

6.6.2 준탄성 산란분광법(QELS)

매질에 떠있는 입자들의 집합은 브라운 운동을 하고 각 입자에서 다른 방식으로 산란되는 빛은 시간에 따른 세기의 파동을 야기한다. 이 파동 분포는 입자의 크기와 크기 분포에 관한 정보를 담고 있다. 세기 파동의 시간척도는 *준탄성 산란분광법*이라고 알려진 동적 광 산란 또는 세기 파동 분광법의 기초다. 이것은 교질입자나 하전된 단백질의 입자 크기 결정에 사용되어 왔다.

6.6.3 광자상관 분광분석법(PCS)

이 기술은 실제로는 그림 6.19에 나타난 것과 같은 실험 장치를 이용하는 QELS의 확장이다. 연속적인 레이저광이 브라운 운동을 하고 있는 부유물 상태의 시료를 담고 있는 셀을 통과한다. 산란된 빛은 렌즈에 의해 수집되어 광 검출기에서 전기신호로 변환된다. 이 신호는 광자 상관기에 의해 분석된다. 이 기기는 신호의 다른 지연시간에 대한 값들의 평균값을 계산한다. 이 값은 신호의 자동상관함수라고 불린다. 이것은 일반적으로 산란된 입자나 거대분자의 크기와 관련이 있는 지연 시간에 따라 지수함수적으로 감쇠한다. 이 함수로부터 입자의 크기 분포가 얻어진다. 광자상관분광법은 10^4 – 10^{10} particles/ml 범위에서, 나노미터와 마이크로미터 사이의 입자크기 영역에서 동작한다.

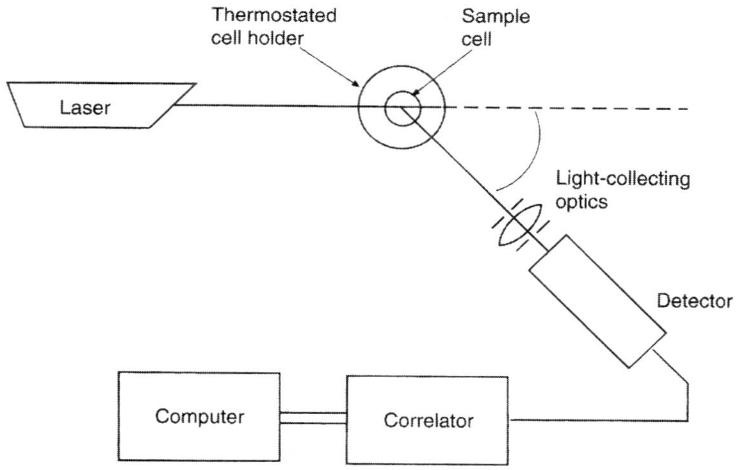

그림 6.19 광자상관 분광법을 수행하기 위해 사용된 측정 장치 구성의 개략도.

PCS는 기존 방법에 비해 면역분석 시 100~1000배로 감도가 증가하고, 이 감도는 방사면역분석법과 유사한 감도이면서도 방사선 동위원소를 필요로 하지 않는다. 특히 생물 거대분자의 제3의 구조와 행동 방식을 측정하는데 도움이 될 수 있는 입자의 형상과 크기를 측정하는 것과 같이 생물거대분자에 대한 많은 응용 예가 있다.

6.6.4 레이저도플러 유속계(LDV)

이 기술은 튜브를 통과하는 것과 같이 흐르는 입자의 속도에 관한 정보를 얻기 위해 사용한다. 장치의 구조를 그림 6.20에서 보여주고 있다.

연속적인 평면편광 레이저광(수 mW 출력)이 두 개의 동일한 광선으로 나뉜 다음 유체를 교차하게 초점이 맞춰진다. 유체에 포함된 입자는 약간씩 다른 도플러 주파수로 각 레이저광선으로부터의 빛을 산란한다. 검출기는 산란된 일부 빛을 수집하여 광 검출기에 맥동을 생성한다. 받은 주파수 자료의 분석을 통해 입자의 속도를 예측할 수 있다. 레이저 도플러 유속계는 살아있는 세포, 소포, 그리고 DNA로의 반대이온 응집에 관한 전기영동 광산란 연구에 적용되었다.

현재까진 위에 언급된 모든 기술들은 부피 큰 부품들과 주파수 재보정(PCS 제외), 작동자의 높은 전문성, 그리고 상당한 시료 준비 노력이 필요하다. 하지만 광

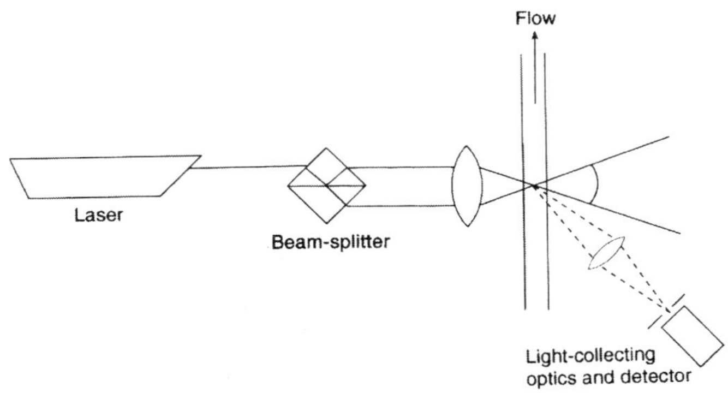

그림 6.20 레이저 도플러 유속측정을 위한 장치의 개략도.

섬유의 응용을 통해 분석과정들의 단순화가 가능하고 이들 방법을 사용한 바이오 센서의 개발을 기대할 수 있다.

> SAQ 6.8
> 광산란의 주요 형태는 무엇인가?

요약

이 장에서는 광도측정 기술을 센서에 적용하는 발전된 방법에 대해 논의하였다. 이런 적용사례는 내재성 또는 외인성 방식으로 사용될 수 있는 광섬유 도파관의 사용과 관련이 있으며, 소멸파의 개념도 소개하였다. 직접 및 간접 고정화된 시약의 사용을 포함한 고체상 흡수방법도 소개하였으며, 형광과 흡광 방법도 비교하였다. 이런 방법들을 pH, 금속이온, 그리고 산소, 이산화탄소, 이산화황, 암모니아와 같은 가스를 위한 센서에 적용하는 것을 설명하였다. 광도측정 방법을 바이오센서에 이용하는 기술도 소개하였다.

반사방법도 소개하였고, 이를 감쇠 전반사(ATR), 내부 전반사 형광(TIRF), 그리고 표면플라즈몬 공명(SPR)에 적용하였다. 또한, 이들 기술의 활용예가 일부 주어졌다. 더불어, 준탄성광 산란분광, 광자상관분광, 그리고 레이저도플러 유속계와 같이 센서로서 응용하기 위한 광산란 방법의 개요를 소개하였다.

추가 참고문헌 목록

Blum, L. J., Gautier, S. M. and Coulet, P. R., 'Fiber-optic biosensors based on luminometric detection', *Food Sci. Technol.*, **60**, 101−121 (1994)

Carr, R. J. G., Brown, R. O. W., Rarity, I. G. and Clarke, D. J., 'Laser light scattering and related techniques', in *Biosensors: Fundamentals and Applications*, Turner, A. P. F., Karube, I. and Wilson, G. S. (Eds), Oxford University Press, Oxford, UK, 1987, pp. 679−703

Lavers, C. R., Itoh, K., Wu, S. C., Murabayashi, M., Mauchline, I., Stewart, D. and Stout, T., 'Planar optical waveguides for sensing applications', *Sensors Actuators*, B, **69**, 85−95 (2000).

McCapra, E., 'Potential applications of bioluminescence and chemiluminescence in biosensors', in *Biosensors: Fundamentals and Applications*, Turner, A. P. F., Karube, I. and Wilson, G. S. (Eds), Oxford University Press, Oxford, UK, 1987, pp. 617−638

McCraith, B. D., 'Optical chemical sensors', in *Chemical and Biological Sensors*, Diamond, D.(Ed.), Wiley, New York, 1998, pp. 195−233

Schultz, J. S., 'Design of fibre optic biosensors based on bioreceptors' in *Biosensors: Fundamentals and Applications*, Turner, A. P. F., Karube, I. and Wilson, G. S. (Eds), Oxford University Press, Oxford, UK, 1987, pp. 638−655

Seitz, W. R., 'Optical sensors based on immobilised reagents', in *Biosensors: Fundamentals and Applications*, Turner, A. P. F., Karube, I. and Wilson, G. S. (Eds), Oxford University Press, Oxford, UK, 1987, pp. 599−617.

Sutherland, R. M. and Dahne, C., 'IRS devices for optical immunoassays', in *Biosensors: Fundamentals and Applications*, Turner, A. P. F., Karube, I. and Wilson, G. S. (Eds), Oxford University Press, Oxford, UK, 1987, pp. 655−679

제 7 장
질량감응형센서와 열센서

학습목표

- 압전효과의 원리를 설명한다.
- 질량변화에 따른 주파수가 어떻게 센서에서 이용될 수 있는지 설명한다.
- 압전효과를 발생하는데 이용되는 물질을 알아본다.
- 압전효과가 바이오센서와 가스 분석에 어떻게 이용되는지 알아본다.
- 압전원리를 적용하는 일반 수정미세저울(quartz crystal microbalance, QCM)과 전기화학 수정미세저울에 대해 학습한다.
- 표면탄성파(surface acoustic waves) 형태의 수정 압전효과에 대해 기술한다.
- 다양한 표면탄성파의 형태, 즉 판파, 소멸파, 램파에 대해 이해한다.
- 표면탄성파가 기체분석과 바이오센서에 적용되는 원리를 이해한다.
- 크게 세 가지 형태의 열 감지 장치인, 열량측정, 촉매전도 및 열전도에 관해서 이해한다.
- 서미스터(thermistor)의 구성과 작동에 대해서 이해한다.
- 바이오센서에 적용되는 서미스터에 대해 서술한다.
- 촉매 가스센서의 응용과 원리에 대해서 이해한다.
- 펠리스터(pellistor)에 대해 서술한다.
- 가스 크로마토그래피에 이용되는 열전도 장치를 이해한다.

7.1 압전효과 (The Piezo-Electric Effect)

7.1.1 원리

1880년에 퀴리형제는 비등방성 촉매, 즉 석영과 전기석과 같이 대칭중심이 없는 물질은 기계적으로 힘을 가할 때 전기적 신호가 발생한다는 것을 발견하였다. 반대로 만약 전기적 신호가 이 같은 결정체에 가해진다면 이들은 기계적으로 변형이 일어날 것이다. 따라서, 진동형태의 전기전위가 인가되었을 때 그 결정체는 진동이 발생할 것이다.

모든 결정체는 자체의 진동 자유공진주파수를 가지고 있으며 그 환경에 의해 변조될 수 있다. 이러한 주파수의 일반적 값은 10 MHz 대역, 즉, 라디오주파수 대역대에 있다. 실제적인 주파수는 결정체의 질량에 영향을 받으며 함께 도포되어 있는 다른 물질에도 영향을 받는다. 그 표면 위에 대상체가 흡착되면서 발생하는 공진주파수의 변화(Δf)는 높은 감도(500−2500 Hz/g)로 측정될 수 있다. 결과적으로 센서로 적용될 때는 검출한계가 pg(피코그램)까지 측정이 가능하다.

표면질량변화 (Δm)와 공진주파수 (Δf)사이의 관계는 Sauerbrey 방정식에 의해 다음과 정의된다.

$$\Delta f = -2.3 \times 10^6 f^2 \Delta \mathrm{m/A}$$

여기서 Δm은 검출 영역의 면적 A(cm^2)에 흡착되는 물질의 질량(g)이고, f는 전체 공진주파수이다. 하나의 15 kHz 결정체에서 2500 Hz/μg의 분해능을 가지는데 이는 검출 한계가 10^{-12} g (1 pg)까지 가능하다.

압전효과를 가지면서 센서로 사용이 가능한 물질들로는 앞에서 언급한 자연재료뿐만 아니라 바륨과 납 티탄산염과 같은 세라믹물질도 포함된다. PVDF(poly (vinylidene fluoride, (PVDF) ($-CF_2-CH_2-CF_2-)_n$와 같은 유기고분자도 압전 성질을 가진 결정을 형성한다.

압전센서에 이용되는 센서장치의 전형적인 배열의 개략도는 그림 7.1에 나타나 있다.

SAQ 7.1

(a) 압전효과란 무엇인가?
(b) 압전의 성질을 갖고 있는 물질 세 가지를 나열하여라.

7.1.2 가스센서의 응용

압전원리를 이용하는 센서는 결정질 코팅 표면에 흡착될 수 있는 증기와 가스 종류를 분석하는 데 유용하다. 비록 이 방법은 선택성이 부족할 수 있지만, 특정한 물질을 코팅함으로써 선택적으로 가스를 흡착시킬 수 있다. 따라서, 젤라틴, 실리

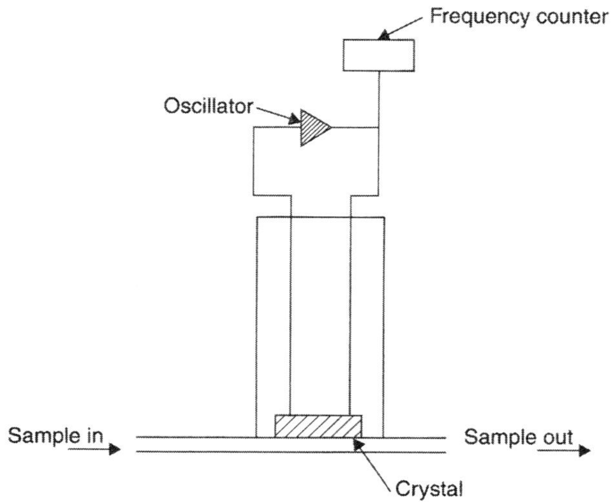

그림 7.1 압전효과 센서에 이용되는 전형적 배치 개략도.

카겔 그리고 분자체와 같은 흡수성 코팅 재료는 수증기를 흡수할 것이다. 부착물질은 가역적으로 제거될 수 있으므로 센서가 반복적으로 사용될 수 있다. 이러한 센서는 수증기 측정을 위한 장치로써 성공적으로 상업화되었다.

아황산가스(SO_2)는 자동차 엔진 배기가스와 화석연료의 연소과정 중에서 발생하는 공기의 주요 오염원이다. 유기 아민들은 가역적인 방식으로 아황산을 다음과 같이 흡착한다.

$$R_3N + SO_2 + H_2O \rightleftharpoons R_3NH^+HSO_3^-$$

그러나 이러한 아민은 질산화물과 같은 다른 산성가스들도 또한 흡착한다.

매우 낮은 농도에서도 악취와 독성을 가진 황화수소에 대한 높은 선택성을 가진 센서가 개발되었다. 이 가스는 인간의 코가 인지할 수 없는 수준에서도 독성을 나타낸다. 구리, 은, 납 아세테이트 같은 금속 아세테이트는 가스센서에서 황화수소를 검출하는데 성공적으로 이용되어 왔다.

일산화탄소는 매우 위험한 독성가스로 난방제품의 불완전 연소에서 종종 발생하는데, 냄새로는 검출할 수 없다. 비록 반응성은 약하지만, 환원성질은 압전센서를 만드는데 이용되어 왔다. 일산화탄소는 아래와 같이 210°C에서 산화수은(HgO)과 반응해서 수은 가스를 발생시킨다.

$$HgO + CO = Hg + CO_2$$

이때 발생한 수은은 수은증기 센서를 이용하여 검출된다. 수은은 기압계, 전극, 온도계 등 실험실에서 널리 이용되는데, 만약, 수은 손실이 발생하면 환경에 독성을 높일 수 있다. 따라서 수은검출을 위한 우수한 센서가 필요하다. 금 플레이트형태의 수은결정체를 함유한 장치가 수은검출에 이용되었는데 수은은 쉽게 금과 아말감(amalgam)이 형성된다. 150°C로 가열하면 가역적으로 반응한다.

다양한 산성코팅제가 암모니아 검출에 사용된다. 예를 들면, 아스코르빈산(Ascorbic acid), L-글루탐산(L-glutamic acid), 피리독신(pyridoxine, 비타민 B_6) 염산염이 이용된다. 이러한 물질은 암모니아와 특수하게 가역적 결합이 되어 선택성이 높아진다. 그러나 아민과 같은 다른 기초 분석제가 간섭물질로 작용할 수 있다.

> SAQ 7.2
> 센서에서 압전효과가 어떻게 이용되는가?

7.1.3 바이오센서 응용

더 높은 선택성은 바이오센싱 방법으로부터 얻어질 수 있다. 포름알데히드는 압전결정체에 선택적 층으로 포름알데히드 탈수소효소/NAD^+를 코팅하여 검출할 수 있다. 그때 효소는 건조상태로 존재한다:

$$CH_2O + H_2O + NAD^+ \xrightarrow{FDH} NADH + HCO_2H + H^+$$

효소와 글루타티온 보조효소를 글루타르 가교결합으로 9 MHz 수정 진동자위에 고정화 시켰다.

유기인계 살충제는 $FeCl_3$, $CuCl_2$, $NiCl_2$와 같은 금속염을 이용하여 검출할 수 있다. 이들은 유기인계 살충제와 같은 화합물과 복합체를 형성하여 압전기반 센서를 만드는데 사용되어왔다. 더불어 콜린에스테라아제(cholinesterase) 효소는 'Malathion'과 같은 복합체와 선택적으로 작용한다. 아세틸콜린 에스테라아제(acetylcoholine esterase)효소는 글루타르알데히드와 수정체에 고정화되고 5 ppm 농도에서 센서장치를 작동하는데 필요하다.

항체는 압전 결정체 위에 코팅을 함으로써 이상적으로 높은 선택성과 감도를 갖도록 한다. 예를 들면 파라티온을 검출하는데 안티파라티온이 이용되는데 일정한

습도유지가 중요하다. 때때로 면역센서는 선택성이 너무 뛰어나서 좀 더 일반적인 유기인산 센서를 필요로 한다. 그럼에도 불구하고 항체센서는 인체에서 발견 될 수 있는 효모와 같은 곰팡이균인 칸디다 알비칸스(*Candida albicans*)와 같은 항원항체에 대한 높은 선택성이 요구되는 의학분야에서 널리 응용되고 있다.

7.1.4 수정미세저울

그림 7.2에서 나타난 것처럼 두 개의 수정과 진동자를 가진 차분모드시스템을 이용하는 것이 보다 실용적이다. 이 시스템은 *수정진동자 미세저울*(QCM)로 알려져 있다. 이 장치는 현재 상당한 주목을 받고 있지만, 두 구역 사이에 균형 차이의 문제점을 가지고 있어서 감도가 떨어지고 불량한 신호 대 노이즈비(signal to noise, S/N)를 보여준다. 구역사이의 차이값은 증폭기를 이용하는데 이것은 증폭 질량 흡수법(AMISA, amplified mass absorbent assay)으로 명명된다. 이 시스템은 APS (adenosine 5′-phosphosulfate reductase)를 측정하는데 이용된다. 원리적으로 알칼리 인산염이 미세저울 표면에 붙고 5-bromo-4-chloro-3-indolyl phosphate에 노출된다. 이것은 저울 표면위에 불용성인 탈인산화 이합체 침전을 야기시켜 5 ng cm^{-3}의 APS를 검출할 수 있다.

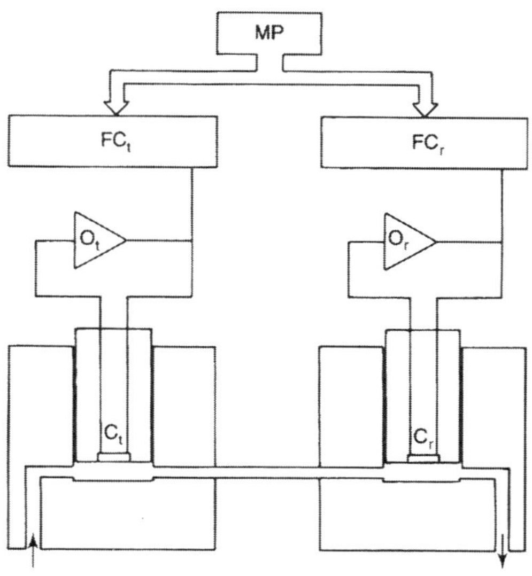

그림 7.2 전자기 센서분석에 사용되는 두 개의 균형 결정체와 진동자를 가진 차동모드로 작동하는 전형적인 수정미세저울시스템의 개략도: C, 수정결정센서; O, 진동발생회로; FC, 주파수카운터; MP, 마이크로프로텍터; 아래첨자 'r'과 't'는 기준과 시험을 각각 의미.

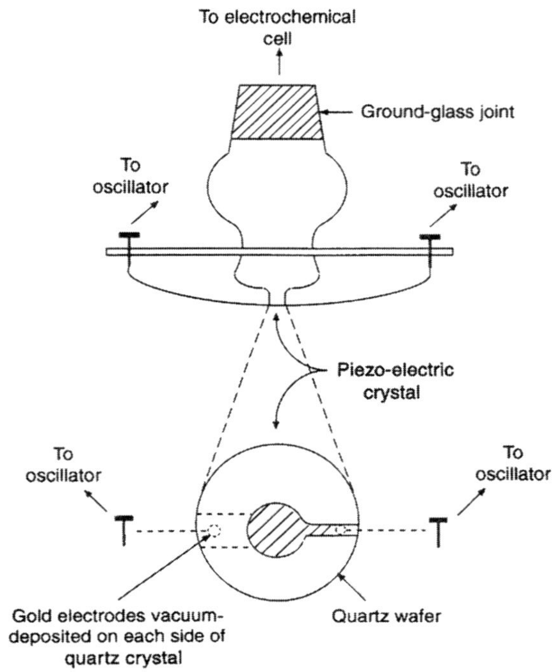

그림 7.3 전기화학 수정 미세전극의 개략도.

다른 적용의 예로서 *살모넬라*(*Salmonella typhimurium*)와 *헤르페스 바이러스*(*Herpes simplex* virus) DNA 검출의 예가 있다.

관련 장치로는 *전기화학적 수정진동자 미세저울*(EQCM)이 있다. 금과 같은 금속 박막이 압전 결정체 표면위에 도금되고 전기화학 전지에서 작동전극(working electrode)의 역할을 한다. EQCM은 전극에서 (a) 단일층에서 흡/탈착, (b) 패러데이 산화환원 반응에 의한 전극에서의 전해석출/전해용출, (c) 용액과 표면고정화필름 사이에서의 이온의 전달과 같은 물질의 질량변화를 검출할 것이다.

전형적인 EQCM은 10 MHz AT-수정결정체로 제작되는데 그림 7.3에 나타난 것처럼 4 ng Hz^{-1}의 검출감도를 제공한다. 이것은 온도 또는 밀도에 영향을 받는 점도와 같은 용액의 성질변화를 보상하는데 유리한 방식이다. EQCM으로 측정된 질량변화를 모니터링하고 고분자를 도포한 전극을 이용할 수 있다. 이러한 방식에 이용되는 고분자로는 산화환원 폴리머인 폴리티오닌과 폴리비닐페로센이 그 예이다.

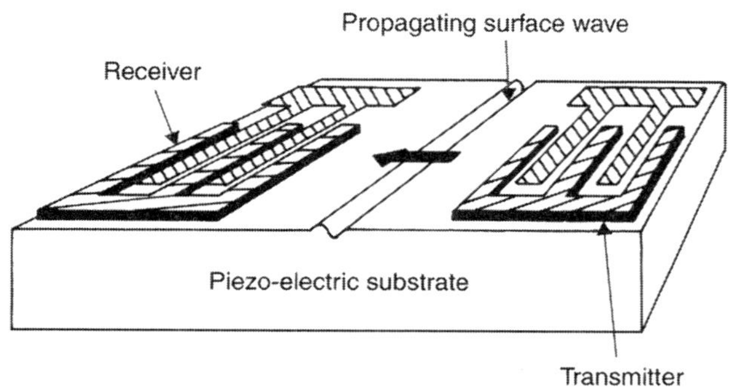

그림 7.4 표면탄성파 센서의 개략도.

> SAQ 7.3
> 질량반응센서에서 선택성은 어떻게 얻을 수 있는가?

7.2 표면탄성파 (Surface Acoustic Waves, SAW)

표면탄성파는 비록 용액 내에서는 생성되지 않고 표면에서 발생하지만 압전 결정체인 니오비움산리튬(lithium niobate, $LiNbO_3$)을 이용하여 만들어진다. 그림 7.4에서 나타나듯이, 송신기(transmitter)와 수신기(receiver)는 결정체의 각 끝단에 위치한다.

송신기와 수신기는 일반적으로 다중선형전극(interdigitated electrode) 조합으로 구성되어 있다. 송신기에서 가해진 무선주파수는 결정 내에 기계적인 스트레스를 생산하여 Raleigh 형태의 *표면탄성파*를 발생하게 된다. 발생한 표면탄성파는 두 번째 조합 전극에서 수신되며 최종적으로 전극전압으로 변환된다. 표면파는 결정체 속으로 광학 소멸파와 같은 약한 파장의 깊이로 침투한다. 따라서, 표면위에 고정화된 특정물질은 결정체가 과도하게 두껍지만 않으면 파의 전달에 영향을 준다. 이러한 기술과 관련하여 다양한 방법이 존재한다.

7.2.1 판파모드 (Plate Wave Mode)

판파모드는 압전 결정체를 통한 전자기파가 다중선형변환기(interdigitated transducer, IDT) 표면 위에 전달되는 것과 관계가 있다.

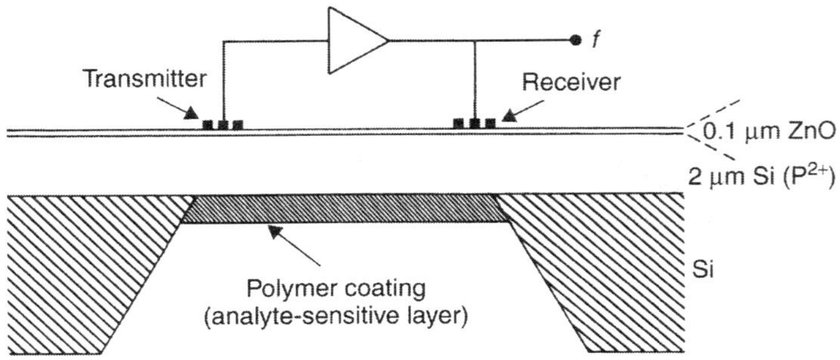

그림 7.5 Lamb모드 표면탄성파 센서의 절단면 개략도.

7.2.2 소멸파 모드 (Evanescent Wave Mode)

소멸파는 하향의 파형을 이용하기 위하여 일반적인 5개의 음향파장 보다 얇은 기판(즉, 2 ~ 3 음향파장)을 사용한다. 접지용 금속판은 간섭 신호를 막기 위하여 두 개의 다중선형변환기 사이에 위치한다.

7.2.3 램모드 (Lamb Mode)

이것은 일반적 파장과 비교하여 매우 얇은 두께의 기판을 이용한다. 이때 여기 주파수는 매우 낮다. 그림 7.5에 나타난 바와 같이 종종, 반응 고분자 층이 아래쪽 표면위에 존재한다.

램 모드파는 더 높은 민감도와 센서 설계에 있어 높은 활용성을 갖고 있다. 기체분석을 위해 구리프타롤시아닌 코팅물질이 사용되어 왔다.

비록 글리세롤용액을 포함하는 위 장치의 특성에 대한 연구가 많이 진행되어 왔지만, 실용적인 적용이 거의 이루어지지 않았다. 예를 들면, 인플루엔자와 DNA를 검출하는 연구가 진행되기도 하였다.

7.2.4 두께전단모드 (Thickness Shear Mode)

이것은 대부분 액체에 적용되어왔다. 이러한 경우, 해당 액체의 점성, 밀도와 전도성이 연구된다. 전단모드 장치는 오직 두 종류의 분석 신호를 발생시킨다. 첫 번째로, 탄성체의 전단모듈러스에 의해 특성화된 얇은 필름은 표준 Sauerbrey 질량측정치까지 상승한다. 두 번째로, 액체-고체 전단 표면에서 고정은 경계층에서 새로운 물질이 투입될 때 차동 신호가 발생한다. 이러한 장치를 기반으로 한 바이오센서의 여러 가지 적용사례가 존재한다.

칸디다알비칸스(*Candida albicans*) 효모는 항-칸디다(anti-*Candida*) 항체로 검출되었는데 그 항체는 도금 백금전극위에 공유결합되었다. 또한, 인간 면역글로블린(IgG)은 AT-cut 9 MHz 결정체에서 측정되었는데 결정체 위에 있는 산화팔라듐 층에 단백질 A를 도포하였다. 주파수의 변화는 인간 IgG와 단백질 A가 결합했을 때 발생하였다.

DQ 7.1

센서장치에 이용되는 여러 형태의 표면 탄성파의 상대적인 장점에 대하여 요약하여라.

답

기본적인 SAW 모드는 압전 결정체에 인가된 무선 주파수에 의해 생성되는 Rayleigh 표면파를 이용하는데 분석대상체의 표면 코팅과 상호작용한다. 기본 SAW 파는 2차 조합의 전극에 의해 검출되고 전압으로 변경된다.

판파모드에서는, 판파는 결정체를 통해 반사되고 하나의 다중선형변환기에 도달하게 된다.

소멸파는 더 낮은 기질농도와 관계가 되며 탄성파의 수직성분을 이용한다.

Lamb 모드에서는 더 얇은 기질 두께와 기작 주파수가 존재한다. 밑면 표면위의 폴리머 층은 높은 감도와 설계의 융통성을 제공한다.

두께전단모드는 주로 액체에 사용되고 부분적으로 분석되는 액체의 점도, 밀도와 전도에 영향을 받는다. 전단모듈러스에 의해 특성화 되는 얇은 필름은 Sauerbrey 질량 측정값을 나타낸다. 또한 차동모드도 이용될 수 있다.

SAQ 7.4

질량감지센서에서 가능한 검출한계는 얼마인가?

7.3 열센서

7.3.1 서미스터 (Thermistors)

서미스터는 온도변화를 측정하는 데 사용되는 매우 감도가 좋은 장치이다. 작동원리는 소결된 특정 금속산화물이 온도에 따라 전기적 저항이 변화는 것에 기반하는

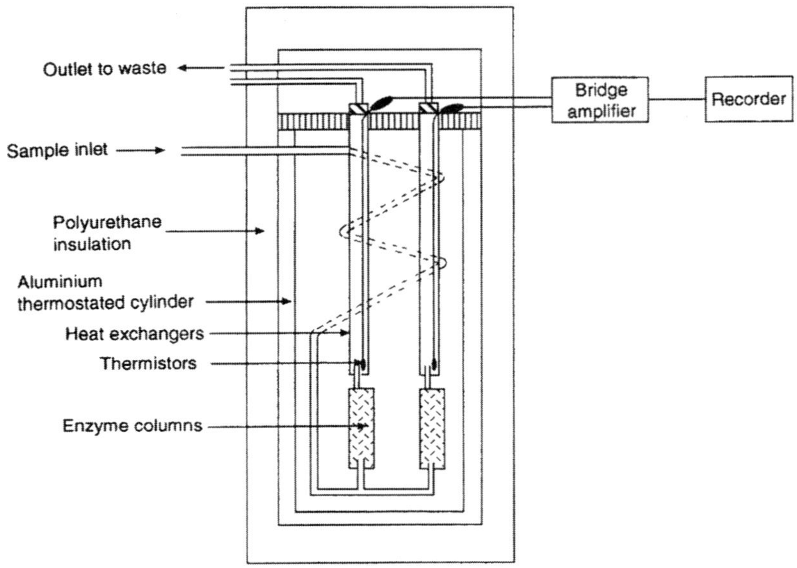

그림 7.6 효소반응 바이오센서에 이용되는 서미스터장치의 개략도.

데 BaO, CaO, 또는 Co, Ni, Mn 등의 전이금속화합물이 서미스터의 예이다. 정확도 ±0.005°C를 가지면서 보통 1°C 상승할 때, 4−7% 정도의 저항이 감소한다. 이러한 소자들은 일반적으로 작은 유리 비드의 형태로 만들어지며, 소형시스템으로 간주된다. 서미스터는 화학적 또는 생화학적인 반응에서 발생된 미세한 열을 측정하는데 사용될 수 있다. 선택성은 서미스터 요소에 가깝게 하여 측정 물질 관련 반응이 일어나도록 하여 얻어지게 된다. 또한, 이 기술은 효소반응에서 엔탈피 변화를 측정하는데 유용하게 사용된다. 이 방법은 비색법을 사용할 수 없을 때 색깔이 있는 용액, 탁도가 높은 액체에 사용될 수 있다. 알부민과 결합된 효소는 서미스터 위에 글루타르알데히드와 가교결합을 통하여 (고정화) 코팅되어 센서로 작용한다 (그림 7.6). 두 번째 서미스터는 오직 알부민만 코팅시키고, 이를 대조군으로 사용한다. 이 반응을 통해 저항이 변하며, 그 결과 전기적인 신호의 차이를 주게 된다.

그 신호는 뚜렷하게 비선형성을 가지는데, 다음과 같은 식으로 표현된다.

$$R_T = A \exp(\beta/T), \text{ or } R_{T1} = R_{T0} \exp[\beta(1/T_1 - 1/T_0)]$$

여기서 β는 보통 약 3000의 값을 가진다. 일반적으로 R은 300 K에서 약 10 kΩ로 1 kΩ/°C의 해당 기울기를 가진다. 일반 적용 온도 범위는 −100 ~ 200°C이다.

그러나, 반응은 미세한 온도 범위에서 비선형성을 가질 수 있다. 이러한 비선형성은 일반적인 적용방식은 아니지만, 마이크로프로세서를 사용하여 보정할 수 있다.

효소 반응에 대한 마이크로열량계의 두 가지 적용사례를 다음과 같이 나타내었다. 열량은 반응 엔탈피와 분석물의 양 두 가지 모두에 영향을 받는다.

$$\text{glucose} + O_2 + H_2O \xrightarrow[\Delta H = -80\ \text{kJ mol}^{-1}]{} \text{gluconic acid} + H_2O_2$$

$$CO(NH_2)_2 + H_2O \xrightarrow[\Delta H = -6.6\ \text{kJ mol}^{-1}]{\text{urease}} CO_2 + 2NH_3$$

포도당 센서는 훨씬 높은 엔탈피를 갖고 있기 때문에 요소센서보다 훨씬 감도가 뛰어남을 알 수 있다. 이 센서를 사용하면, 2 mM 농도 이하의 포도당을 검출할 수 있다.

> SAQ 7.5
> 서미스터는 무엇인가?

7.3.2 촉매가스센서

촉매센서는 특히 발화성가스를 감지하는데 사용된다. 작동원리는 공기 중에 있는 발화성가스의 연소를 조절하고 그 과정에서 생성되는 열의 양을 측정하는 것과 관련이 있다. 예를 들면

$$CH_4 + 2O_2 \xrightarrow[\Delta H = -80\ \text{kJ mol}^{-1}]{} CO_2 + 2H_2O$$

반응을 촉진하기 위하여 백금 같은 촉매제가 사용된다. 백금선 코일은 연소 온도에서 가스혼합물을 유지하기 위한 히터로서 사용되며 백금선의 저항은 온도변화에 반응한다. 전류는 가스를 뜨겁게 하기 위하여 백금코일을 통과하며 발화 온도까지 상승시킨다. 발생한 열은 전선의 온도를 상승시키고, 결과적으로 전기적 저항의 변화가 발생하고 그 저항의 값이 측정된다. 메탄의 경우, 발생한 열은 매우 높기 때문에 탄화수소 분석에 매우 민감하게 측정할 수 있는 방법이다. 이러한 센서는 '*비등온모드(non-isothermal mode)*'에서 작동하는 방식으로 불려진다.

다른 방법으로는 전류를 감소시키기 위해 피드백 소자 속에서 전기회로를 이용하는데, 이것은 반응에서 생성된 열을 보상함으로써 전선의 온도를 일정하게 유지한다. 이것은 작동의 '*등온모드(isothermal mode)*'라고 알려져 있다. 가스의 연소에

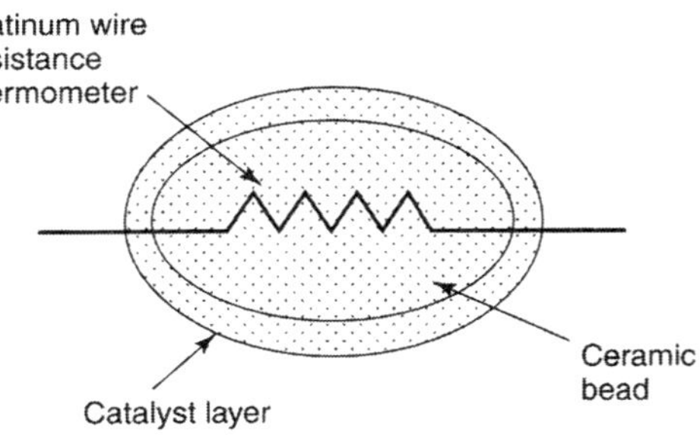

그림 7.7 유독성 저항 펠리스터 가스 센서.

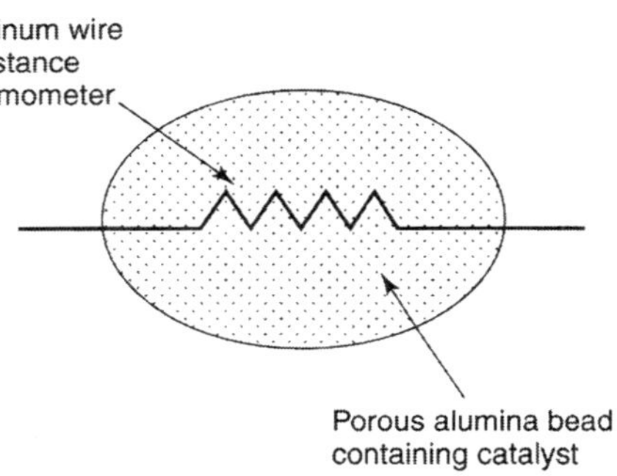

그림 7.8 유독성 저항 펠리스터 가스 센서.

의해 발생된 열과 잔류 가스양은 전류의 변화와 관계되는데 이러한 전류값의 변화가 측정된다.

백금을 촉매로 사용할 때는 1,000°C 온도가 필요하다. 팔라듐과 로듐과 같은 다른 촉매는 더 낮은 온도에서 사용할 수 있어 선호되는 촉매이다.

촉매가스 센서의 또 다른 형태로 *펠리스터(pellister)*가 있다. 그 원리는 앞선 설명과 같으나, 백금선 저항 열량계와 열선이 세라믹 비드에 싸여 있는 점이 다르다. 팔라듐과 같은 촉매층은 그림 7.7과 같이 비드의 표면위에 코팅되며 메탄과 같은 다양한 가스측정을 위해 500°C 온도에서 작동된다.

촉매 센서의 특별한 문제점은 촉매제는 유기황계 또는 유기인계 화합물과 알킬납 유도체에 의해 독성을 가질 수 있다. 이 문제를 해결하기 위해, 그림 7.8과 같이 센서 비드는 촉매제가 혼합된 기공성 알루미나로 만들어 질 수 있다.

이러한 가스센서는 보통 짝을 이루어 동작하는데, 그중 하나는 촉매가 포함되어 있지 않으며 그림 7.9에 나타난 바와 같이 휘스톤 회로로 분리된 암을 형성한다.

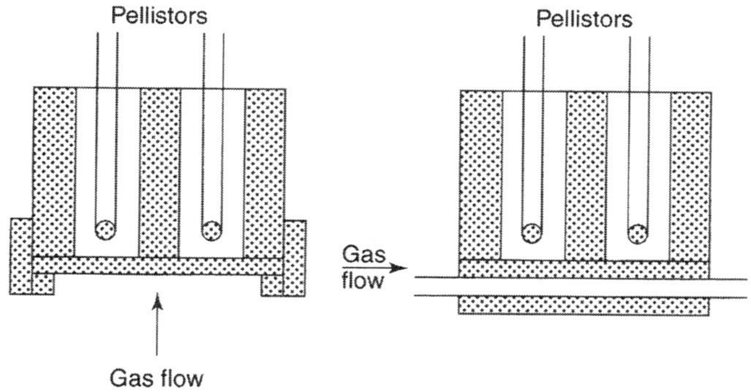

그림 7.9 두 개의 펠리스터 가스 센서장치의 브릿지 구성 개략도.

DQ 7.2

열 센서의 가스분석 적용사례에 대하여 설명하여라.

답

열센서는 주로 연소가스 분석에 적용되는데, 특히 메탄과 일산화탄소와 같은 공기 내의 혼합물은 물론 휘발성의 가연성 액체 분석에 적용된다. 비록 이 기술은 선택성을 가지지 못하지만, 광산 내 메탄가스, 화학공장 내 휘발성 액체와 같은 단독 가스가 예측되는 곳에 이용될 수 있다. 이러한 센서의 원리는 공기 중에 가스를 태우고 발생한 열량을 측정하는 것이다. 이것은 효소보다는 반응이 연소라는 것 외에는 서미스터에서 설명된 것과 같다. 열 센서는 모두 연속 속도를 증가시키기 위해 촉매를 이용한다. 가장 감도가 높은 장치는 **펠리스터(pellister)**이다. 이러한 열 센서 중 압전원리로 작동하는 센서는 종종 검출하고자 하는 가스에 선택적으로 반응하도록 센서 위에 코팅을 한다. 몇 가지 예는 다음과 같다:

- 수증기 – 실리카겔 또는 분자크기의 체와 같은 흡습성 필름 재료
- 이산화황 – 유기아민
- 암모니아 – 리독신 수화염화물을 포함하는 몇 가지 물질
- 탄화수소 – 그다지 선택적이지는 않지만 'Carbowax 550'
- 황화수소 – 은, 구리 또는 아세트산 납
- 수은증기 – 수은과 아말감을 형성하는 금도금
- 일산화탄소 – 산화(II)수은(수은증기로 변하여 측정됨)

7.3.3 열전도장치

열전도장치는 가스의 열전도도를 측정하고, 가스 크로마토그래피(GC 또는 GLC)에

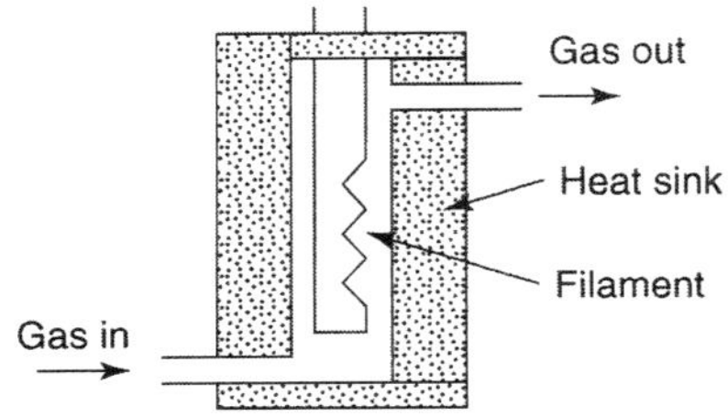

그림 7.10 가스크로마토그래프 분석에 사용되는 열전도장치의 개략도.

일반적으로 이용된다. 텅스텐, 텅스텐/레늄 합금, 니켈/아연 합금으로 만들어진 필라멘트는 약 250°C까지 전기적으로 가열된다. 열은 주변에 의해 손실이 되는데 그 손실률은 주변 가스의 열전도도에 영향을 받는다. 필라멘트의 온도 변화는 다른 열량계 센서들과 마찬가지 방법으로 전기저항의 변화에 의해 결정된다. 그러나, 열전도장치는 화학반응을 측정하는데 이용되지는 않고 가연성의 잔류 가스를 모니터링하기 위해 비활성의 환경에서 안전하게 설치된다. 열전도장치는 또한 질소, 아르곤, 헬륨, 또는 이산화탄소와 같은 비활성가스 자체를 측정하는데 이용될 수 있다. GC 분석에서 사용되는 열전도 장치의 전형적인 개략도를 그림 7.10에 나타내었다.

SAQ 7.6

펠리스터(pellister)란 무엇인가?

SAQ 7.7

센서 장치에 이용되는 세 가지 열공정은 무엇인가?

요약

이 장에서는 압전효과, 압전센서의 원리와 이들을 응용한 가스 검출부터 바이오센서에 대하여 알아보았다. 무선주파수(RF)를 제어하기 위한 압전 결정체의 사용과 함께 고주파(RF) 발생과 유도-축전 회로가 기술되었다. 비등방성 결정체와 압전 효과, 더불어 질량변화의 결정체 주파수에 대한 효과(Sawerbury 방정식)가 소개되었다. 또한, 수정미세저울과 전기화학적 수정미세저울과 같은 압전효과 개발 사례가 서술되었다. 압전효과를 개량하여 만들어진 다양한 표면탄성파(즉, 판파, 소멸파,

램파와 전단파) 기술이 소개되었다. 기체분석과 바이오센서에 사용되는 표면탄성파의 적용사례가 기술되었다.

세 가지 주요한 열센싱 장치(열량식, 촉매식 그리고 열전도식)가 설명되었다. 서미스터의 바이오센서에 적용되는 예와 서미스터 제작과 작동원리가 주어졌다. 또한, 촉매가스센서와 펠리스터(pellister)원리와 응용방법, 가스크로마토그래피 장치와 같은 열전도장치의 사용예가 함께 설명되었다.

추가 참고문헌 목록

Bruckenstein, S. and Shay, S., 'Applications of the quartz crystal microbalance in electrochemistry', *J Electroanal. Chem.*, **188**, 131–135 (1985).

Christiansen, P. A. and Hamnett, A., 'The electrochemical quartz microbalance', in *Techniques and Mechanisms in Electrochemistry*, Blackie, Glasgow, UK, 1994, pp. 204–208.

Clark, D. J., Blake-Coleman, B. C. and Calder, M. R., 'Principles and potential of piezoelectric transducers and acoustical techniques', in *Biosensors : Fundamentals and Applications*, Turner, A. P. F., Karube, I. and Wilson, G. S. (Eds), Oxford University Press, Oxford, UK, 1987, pp. 551–572.

Danielson, B. and Mosbach, K., 'Theory and application of calorimetric sensors', in *Biosensors: Fundamentals and Applications*, Turner, A. P. F., Karube, I. and Wilson, G. S. (Eds), Oxford University Press, Oxford, UK, 1987, pp. 575–597.

Thompson, M., Kipling, A. L., Duncan-Hewitt, W. C., Rajakovic, L. V. and Cavic-Vlasak, B. A., 'Thickness-shear-mode acoustic wave sensors in the liquid phase: A review', *Analyst*, **116**, 881–890 (1991).

Walton, P. W., Gibney, P. M., Roe, M. P., Lang, M. J. and Andrews, W. J., 'Potential biosensor systems employing acoustic impulses in thin polymer films', *Analyst*, **118**, 425–428 (1993).

Zang, D., Green, G. M., Flahery, T. and Shallow, A., 'Development of inter-digitated acoustic wave transducers for biosensor application', *Analyst*, **118**, 429–432 (1993).

제 8 장

구체 적용사례

학습목표

- 본 책에서 소개된 센서기술을 이용하는 다섯 가지 분석 사례를 살펴본다.
- 혈액 내 포도당 검출에 사용되는 의료용 바이오센서 'ExacTech'의 구조와 성능에 대하여 알아본다.
- 물속에 미량농도의 구리를 측정하는데 복합 및 차분 펄스 폴라로그래프 기술이 어떻게 적용되는 가를 알아본다.
- 복합물질을 분석하기 위해 이용되는 센서어레이의 사례를 들면서 랩온어칩을 향한 기술개발과정을 이해한다.
- 혈액 안에 네 가지 다른 금속이온을 동시에 검출하는데 사용되는 ISFET센서의 활용사례를 공부한다.
- 생체발광측정법에 효소공정과 관계된 면역측정기술이 어떻게 피코몰 농도수준의 폭발성 물질을 측정에 이용될 수 있는지를 이해한다.
- 맥주 내 플라보놀의 전류측정법 분석에 사용되는 식물 조직에서 이용 가능한 효소의 활용에 대하여 공부한다.

DQ 8.1

새로운 센서를 고안할 때 고려해야 하는 주요 인자들은 무엇인가?

답

(a) 적용을 위한 특정 조건

(b) 선택적 반응요소의 결정

(c) 변환기의 선택

(d) 고정화 방법의 결정

(e) 요구되는 성능 인자
(f) 센서 구성방식
(g) 센서 작동방식
(h) 센서 시험방법

8.1 혈액 내 포도당 측정 – 전류측정방식 바이오센서

8.1.1 혈액 내 포도당 측정을 위한 바이오센서 방법의 고찰

바이오센서와 관련하여 출판된 논문들 중 절반은 포도당과 관련되어 있다고 알려져 있다. 포도당의 신진대사와 의학적 중요성은 물론이고 이 물질은 새로운 바이오센서 기술을 시도하는데 있어서 좋은 표준 시료로 이용될 수 있다. 전기화학적 변환기를 사용하여 포도당의 농도를 결정하는 여러 가지 방법이 있다. 이러한 사실에 대해서는 5장과 6장에서 다룬 여러 종류의 변환모드에 관한 내용을 참조하라.

그림 5.18은 이러한 변환기를 사용하는 분석법의 개괄적인 패턴을 보여준다. 이 그림을 보면 포도당산화효소(GOD)가 중요한 요소물질이면서 여러 가지 방법으로 포도당 농도를 측정할 수 있음을 보여준다.

이외에도 포도당 측정에는 포도당탈수소효소(GDH)와 같은 다른 효소를 이용하거나 열 또는 광도측정 장치를 포함하는 다른 변환기 방식의 다양한 시스템이 있다.

8.1.2 목표 – 당뇨병 환자들이 집에서 쉽게 주기적으로 혈액 내 포도당 농도를 측정할 수 있도록 해주는 간편하고 휴대가 용이한 센서를 제공

8.1.2.1 적용을 위한 특정조건

환자가 집에서 사용을 할 수 있도록 간편하고 신뢰성있고 가격이 합리적이어야 한다.

8.1.2.2 선택물질의 결정

포도당산화효소는 비싸지 않고, 에스페르질리스 니거(Aspergillis niger)에서 쉽게 얻을 수 있는 효소이다. 이것은 시간이 지나도 안정한 상태를 유지하는데, 특히 막 안에 있을 때 안정하다.

8.1.2.3 변환기의 선택

전기화학적 변환기 – 특히 전류측정법 – 는 값이 저렴하고, 신뢰성있으며 LCD 화면에 직접적인 측정값을 제공한다. 대부분 상용화된 포도당 센서는 산소보다는 매개체(일반적으로 페로센 유도체)에 결합시킨 포도당산화효소를 이용한다.

8.1.2.4 고정화방법의 결정

긴 수명을 위해서는 공유결합 방법이 가장 좋다. Medisense사에서 개발한 최초의 바이오센서 'ExacTech'는 매개체인 디메틸페로센으로 코팅된 흑연박막을 사용하였다. 이 산화효소는 1-시클로헥실-3-(2-모르포리노에틸)카모디미드 *p*-메틸톨루엔설퍼네이트(1-cyclohexyl-3-(2-morpholinoethyl)carbodiimide *p*-methyltoluenesulfonate) 반응에 의해 고정화된다. 'ExacTech'장치는 스크린프린트 기술을 사용한다.

8.1.2.5 필요 성능인자

- 혈 중 포도당 범위는 1.1−33.3 mM
- 정밀도 ±3−8%
- 측정 시간 – 30초 이내
- 센서의 수명 – 포장 상태에서 최소 6개월 지속되어야 함

8.1.2.6 센서의 구성

그림 8.1에 나타낸 장치는 크기가 53 × 90 mm이고 무게가 40 g이다. 비교환방식의 3 V 전원으로 4,000번의 사용이 가능하다. 소비자가격은 약 35파운드(2001년 9월 가격기준)이며, 배터리가 소모되면 무료로 교환해 준다.

전극스트립은 그림 8.2에 더 자세하게 나와 있다. 스트립은 적합한 측정 재현성을 확실하게 확보하기 위하여 일회용으로 사용된다. 소형화는 그림 8.1에 나타난 바와 같이 스크린프린트 스트립 위에 해당 효소와 매개체를 고정화하여 이루어졌다. 한 전극은 고정화된 효소−매개체를 함유하고, 다른 전극은 은−염화은 기준전극이다. (은−염화은 잉크는 적절한 전극위에 스크린프린트 될 수 있다.) 전극스트립은 한쪽 끝이 측정장비와 연결되어 있는 두 개의 금속접촉면을 가지고 있다.

8.1.2.7 센서의 작동원리

혈액 한 방울이 두 개의 전극에 걸쳐 스트립 위에 떨어지며 접촉이 되어 전극 별도의 세포 용기가 필요하지 않게 된다. 지지전해질과 가스를 없애는 과정이 필요하지 않다.

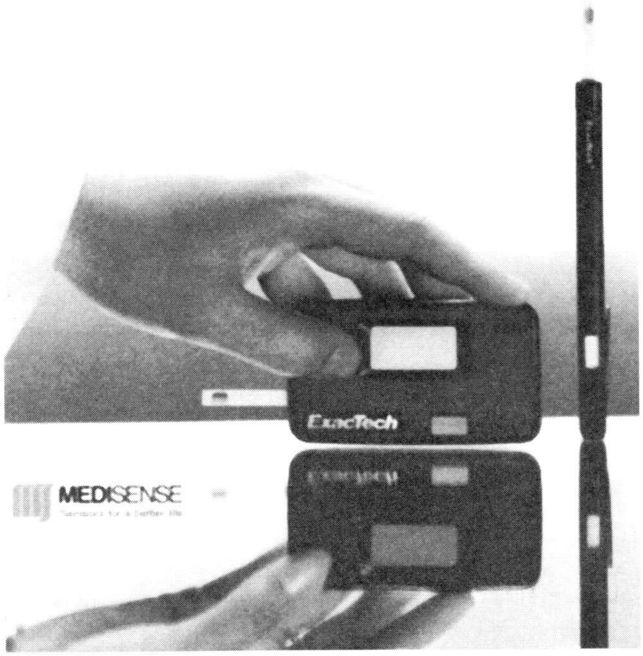

그림 8.1 Medisense 'ExacTech' 바이오센서 장치.

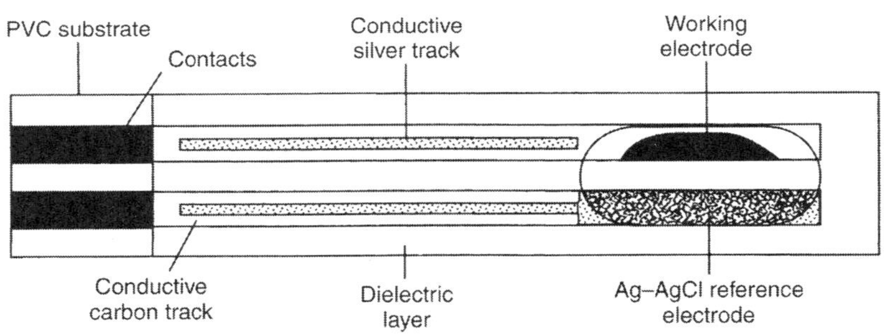

그림 8.2 일회용 'ExacTech' 바이오센서의 개요도.

그 때 측정장치의 스위치가 눌려진다. 측정 시간은 자동화 되어있고, LCD 모니터에 출력된다. 30초 후에 전류가 읽혀지고, 측정 전류값은 혈액 내 포도당의 농도값으로 변환된다.

변환기는 하나의 전극으로 일정 전압에 설정되고 그때 환원된 페로센 유도체는 재산화된다. 즉, 전류 측정모드에서 사용된다. 산화 전류는 제한된 시간(보통 30초)에 측정되며 기록되어 LCD 화면에 출력된다.

8.1.2.8 센서의 테스트

다음은 Medisense사가 제공한 자료이다.

정밀도: 3개의 서로 다른 포도당 농도를 가진 3개의 혈액 샘플이 같은 시료에서 20번의 측정값이 아래 표에 나타난 바와 같이 얻어졌다.

Parameter	Sample		
	1	2	3
Number of readings	20	20	20
Mean concentration (mM)	3.0	4.8	15.5
Standard deviation	0.24	0.19	0.52
Coefficient of variation (%)	8.1	3.9	3.3

정확도: 'ExacTech' 센서와 실험실용 Yellow Springs Instruments의 포도당 모니터 장치(YSI Model, No. 23AM를 비교한 임상연구 결과가 발표되었다. 200개 측정값에서 얻어진 상관관계는 다음 선형방정식으로 주어졌다.

$$y = 1.401x + 0.271 \text{ mM}$$

상관계수는 0.985이다.

환자의 사용: 몇몇 간호사와 의료기술자에 의해서 얻어진 결과와 환자들에게서 얻어진 결과를 비교한 자료가 있다. 결과에 따르면 'ExacTech'장치는 전문기술자에서 얻어진 결과와 환자들이 사용한 경우 그 결과가 거의 같았다.

> SAQ 8.1
> 어떻게 포도당 분석기가 환자의 혈액 내 포도당 농도를 계속적으로 측정하는데 사용될 수 있나?

8.2 복합물질로 피복된 전극과 양극벗김 전압전류법(Anodic Stripping Voltammetry)을 이용한 수질 내 나노그램 농도의 구리(I) 측정

8.2.1 벗김 전압전류법의 배경지식 – 양극성, 음극성

순환전압전류측정(Cyclic Voltammetry)에서, 환원되는 물질의 농도는 전극표면에서 증가한다. 몇 가지 방법으로 측정물질이 전극표면에 잘 흡착되게 할 수 있다.

가장 간단한 방법은 수은방울전극을 사용하여 금속의 물질이 환원되어서 수은과 아말감의 형태로 만드는 것이다. 이것은 하나의 농축과정으로 작용하는데 그림 8.3(b)에 나타난 바와 같이 피크 퍼텐셜 지점을 막 지난 값에서 환원 전위를 유지하면서 그 효과를 높인다.

그림 8.3(a)를 참고하면, 예를 들어 1분 정도의 특정 시간이 지나서 전압 스캔이 반전되고 전극 표면 위의 물질이 재산화되어서 결과적으로 강한 최대 역산화 전류를 발생시킨다.

고체 전극의 개발로 분석대상체는 양(+)방향의 스캔동안 산화되어 더 높은 농도에서 전극표면에 흡착된다. 이것은 다시 환원될 수 있어(음극 벗김) 많이 개선된 환원 피크전류 값을 나타낸다.

산화(혹은 환원) 퍼텐셜은 어느 정도의 선택성을 나타내고 그 선택성과 감도는 전극 표면에 특정 분석물과 선택적으로 결합하는 물질을 코팅함으로써 개선할 수 있다. 이 방법은 구리(I)와 같은 낮은 농도의 금속 이온을 분석하기위한 기본 기술이 된다. 간단한 방법은 복합 물질을 탄소반죽전극의 탄소반죽(또는 스크린프린트 전극의 탄소 잉크)과 섞는 것이다.

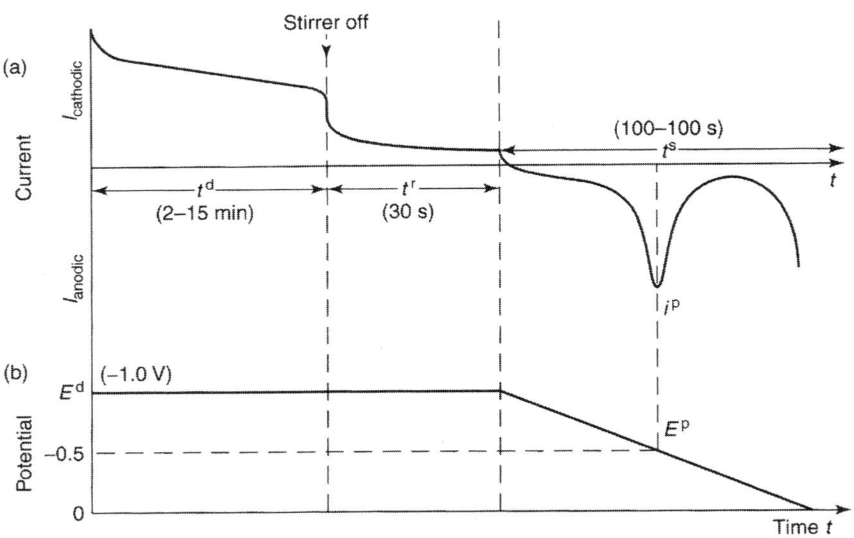

그림 8.3 (a) 매달린 수은 방울 전극을 사용할 때 얻어지는 전형적인 양극 벗김 전류전압도 (b) 벗김 전압 전류법의 과정동안 전극에 인가된 전위의 시간에 따른 해당변이.

8.2.2 목표 – ppb 수준의 구리(I) 이온을 검출하는 초고감도 센서의 제작

8.2.2.1 적용을 위한 특정 기준

수질 시료 내의 매우 낮은 농도의 이온을 높은 선택성으로 측정

8.2.2.2 선택물질의 결정

이온선택성전극은 본 적용에 적합한 충분한 감도를 나타내지 못한다. 그러나 2,9-DMP(2,9-dimethyl-1,10-phenanthroline)는 구리(I) 이온과 복합체를 형성한다. 이 물질이 탄소반죽전극 표면과 접촉하게 될 때 Cu(II), Fe(III), Ni(II), Co(II), Zn(II) 또는 Pb(II)에서는 반응이 일어나지 않는다. 결국 선택성은 복합 물질과 전압전류 퍼텐셜의 조합으로 확보된다.

8.2.2.3 변환기의 선택

이 경우에서는 전압전류식 전극이 사용된다.

8.2.2.4 고정화 방법의 결정

본 적용에는 탄소반죽 포괄법이 매우 안정적이다.

8.2.2.5 요구되는 성능요소

- 선형범위 0.3 – 10 μM (±5%), 검출한계는 5 nM
- 1초 – 3분의 농축 시간

8.2.2.6 센서의 제작

흑연분말이 2,9-DMP와 혼합되었고, 뉴졸(Nujol)이 첨가 되어 페이스 형태로 만들어졌다. 전극 홀더는 플라스틱 실린지튜브로 만들어지며 전극면적은 약 0.02 cm^2이다. 순환전압전류는 BAS CV-1B 일정전위기(potentiostat)를 이용하여 측정되었고, 차분펄스실험은 IBM EC225 차분펄스 폴라로그램을 이용하여 수행되었다.

8.2.2.7 센서 작동

전극은 1 × 10^{-3} M 구리(I) 이온 용액으로 세척 후 10분 동안 0.35 V의 정전위가 가해졌다 시료는 pH 6.0 아세트산 버퍼와 함께 40 ml 셀에 담았다. 포화카로멜 기준전극과 백금선 대전극(counter electrode)이 이용되었다. 시료 용액에 일정시간동안

화학적으로 도포된 전극을 담가서 구리침전이 이루어지도록 하였다. 이러한 방법은 전처리 과정이 필요 없다. 그때 20 s의 펄스와 10 mV s^{-1} 스윕속도를 이용하여 차분펄스 폴라로그래피가 수행되었다.

8.2.2.8 센서 시험

센서는 21.9 ± 0.4 μM 범위의 구리(I)를 함유한 표준시료에 대응하여 아래의 표에 있는 데이터에 따라서 캘리브레이션과 표준첨가방법을 적용하여 수행되었다.

Method	Number of determinations	Deposition time (s)	Copper found (ppb)		SD[a]
			Mean	Range	
Calibration	6	8	24.7	14.8−34.8	6.5
Standard addition	4	8	21.8	19.3−24.0	2.0

[a] SD, standard deviation.

1초~3분의 침전시간이 이용되었다. 그 결과 검출한계가 5.0 nM이며, 2 : 1의 S/N비(signal-to-noise ratio)를 얻을 수 있었다. 은(Ag)의 경우, 약간의 간섭은 있었지만 9.8 ppb의 이온농도까지는 충분히 검출 할 수 있었다.

> SAQ. 8.2
> 위의 센서가 음극성 벗김 볼타메트리 분석과 어떤 점이 차이가 있는가?

8.3 다중이온의 동시 측정 – 'Laboratory on a Chip'
(ISFET 장치를 사용한 혈액 내 양이온 분석의 적용)

8.3.1 화학저항장치(Chemiresistors)

분석 대상체의 존재에 따라 센서의 저항값만 변하는 원리를 이용하는 센서는 선택성이 문제가 된다. 그러나, 미세하게 서로 다른 저항변화를 가진 복수의 감지물질을 이용하는 것은 복합물 검출에 사용될 수 있다. 각각의 검출요소는 다른 전도 중합체로 피복하거나 소결시킨 금속산화물로 제작할 수 있다. 이러한 전극어레이(array)는 각 분석대상체에 대해 고유의 신호값을 나타낼 수 있다. 그러한 신호값은 분석 복합물에서 얻어질 수 있어 맥주 또는 와인의 맛을 감지하거나 브랜드 커피의 향을 테스트 하는데 사용될 수 있다. 이 시스템은 '전자코(Electronic nose)'로 명명되기도 한다. 전극 집합체인 12 ~ 20개의 센서 요소로부터 얻어진 신호의 분석은 뇌, 신경시스템을 모방한 인공신경망(Artificial neural network)분석을 사용한다. 여기서 얻은 자료는 집합응답의 비매개, 비선형 모델을 설계하는데 사용할 수 있다. 현재 많은 장치들이 상용화 되었다.

8.3.2 센서 어레이와 '스마트'센서

통합한 신호처리 방법은 전기적인 노이즈, 축전지와 전자기적 간섭문제를 제거한다. 이로 인해 S/N비를 개선할 수 있다. 몇몇 시스템은 자가 시험, 자가 보정이 가능하다. 즉, PC와 같이 문제점을 자동으로 검출하고 진단한다. 또한 자동 캘리브레이션과 온도보정도 가능하다.

8.3.2.1 센서 어레이

몇몇 센서는 개별적인 출력값을 얻어 반응 유형을 분석하고 이들을 분석하는데 유용한 정보를 추출해내는 지능형 프로세서에 연결되어 있다. 예를 들면, 한 센서집합체에 10개의 동일한 pH 전극을 이용하여, 각각의 전극이 시료 내에서 다른 위치에서 측정되도록 하고, 다수의 반응값과 일치하지 않는 전극을 찾아내는 진단기능의 경우이다.

전극 집합체는 서로 다른 화학물질에 반응하도록 만들 수 있다. 부분적으로 선택적인 각각의 센서는 분석물과 간섭물질을 구별할 수 있다. QCMs, MIS 장치, FETs, 그리고 전류측정 센서를 포함한 여러 가지 모드의 변환기가 이 방법에 사용 될 수 있다. 화학적 지능센서 어레이의 개요도가 그림 8.4에 제시되어 있다.

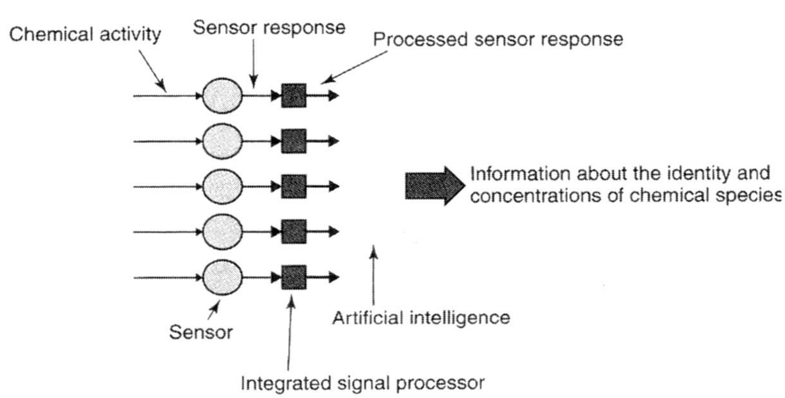

그림 8.4 지능형 화학센서 어레이의 개요도.

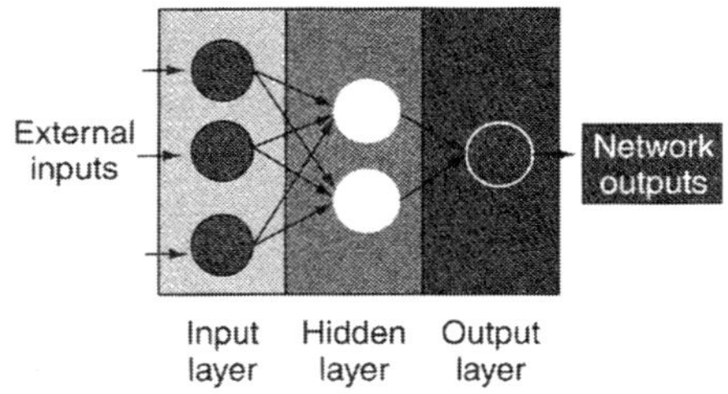

그림 8.5 인공신경망의 개요도.

Ca, Na, K 이온을 위한 이온선택성전극의 적용 예는 선택성이 큰 3개의 전극과 선택성이 낮은 1개의 전극의 어레이 형태이다. 그 센서집합체는 흐름주입분석(Flow Injection Analysis)에 사용되는 하나의 검출기로 작동되는데 요인실험설계에 의해서 선택된 캘리브레이션실험으로부터 얻어진 데이터를 니콜스키-아이즌맨(Nicholskii−Eisenmann) 방정식을 이용하여 모델링 되었다. 비선형 최적화방법은 표준전지퍼텐셜, 기울기, 선택성 계수를 결정하기 위하여 사용되었다. 이러한 방법은 인공신경망분석으로부터 얻어진 '퍼지논리(fuzzy logic)' 측정 값보다 더 좋은 결과를 나타내었다. 이러한 시스템은 소위 말하는 '전자코'로서 신경망설정을 통해서 작동한다(그림 8.5 참조).

다양한 감지물질이 이용될 수 있다. 다른 저항반응을 갖는 중합체 물질로 코팅된 센서 와이어는 이미 8.3.1절에서 설명되었다.

8.3.3 이온선택성 전계효과 트랜지스터(Ion-Selective Field-Effect Transistors)의 배경지식

FETs의 작동에 대한 설명은 2장과 5장에 제시되어 있다. 이온투과담체(ion-ophore)는 FET장치(이온선택성전극(ISEs) 포함)에 이용되는 가장 유용한 형태의 이온선택 중합체이다. 그러나 FETs에서는 수소 이온에 대해 몇 가지 특별한 반응성이 있다. 첫 번째 pH ISFETs는 전계층(ion-selective layer)으로 절연체 게이트를 사용하지만, SiO_2는 가수분해과정이 쉽게 일어나기 때문에 효율적이지 못하다. 그러나 질화규소(silicon nitride Si_3N_4) 게이트장치는 가수분해되지 않기 때문에 pH에 따라 50−60mV의 값이 변하며 수소이온에 높은 선택성을 보인다. TiO_2와 Ge 비슷한 응답성을 보여준다. 이러한 반도체 물질은 FET칩 제작에 사용되는 것과 같은 방법으로 다루어진다. 다른 이온에 대해서는, 그러한 기술은 상대적으로 성공률이 떨어진다. 그러나 나트륨이온에 대해서는 붕규산염유리(borosilicate glass)가 집적회로공정을 통하여 게이트 영역에 증착될 수 있다.

중합체막은 칼륨의 경우 발리노마이신과 크라운 에테르, 칼슘측정에는 *p*-(1,1,3,3-tetramethyl-butyl)phenyl phosphoric 산을 이용하면서 성공적으로 사용되어 왔다. 그 반응은 막 두께가 100 μm보다 두껍지 않으면 열배 농도 차이당 40 mV 이하의 신호 반응을 나타낸다.

복합막은 몇 가지 성공사례를 가지고 있는데 염화은 75%와 PNF 25% 형태의 은염과 polifluorinated phosphzine(PNF)를 혼합하여 염소를 측정한 경우이다. 염소에 대해 디케이드당 52 mV 값을 나타내었다. 혼합물을 바꾸어서 Ag_2S 또는 AgI를 첨가하면, 특정 이온에 대한 선택성을 조절할 수 있다.

8.3.4 목표 – 인체 혈액 내 이온들의 동시 검출을 위한 소형 센서의 개발

8.3.4.1 적용을 위한 특정기준

복합 분석물(이온), 검출을 위한 의학적 적용

8.3.4.2 선택물질의 결정

이온선택성물질이 이용된다. 즉, 수소 이온을 위한 Si_3N_4 게이트, 나트륨 이온을 위한 유리코팅, 칼슘과 칼륨측정용 고분자 막에 성형되는 황산유도 이온담체(phosphoric acid derivative ionophore)와 발리노마이신 등이 있다.

8.3.4.3 변환기의 선택

이것은 각 이온의 로그 농도에 비례하는 퍼텐셜 결과를 갖는 네 개의 게이트로 구성된 FET이어야 한다.

8.3.4.4 고정화방법의 결정

집적회로공정에 적용될 수 있는 얇은 층 기술이 적용될 수 있다.

8.3.4.5 요구되는 성능요소

사람의 혈액샘플에서 요구되는 범위는 pH 7.35–7.45, 칼슘이온 2.2–2.55 mM, 칼륨 3.5–5.0 mM, 나트륨 135–142 mM이다. 여기에서 가장 큰 문제점은 상대적으로 높은 나트륨 이온 농도와 낮은 칼슘, 칼륨, 수소 이온의 농도 조건에서 간섭을 제거하는 것이다.

8.3.4.6 센서의 제작

이것은 다섯 개의 ISFETs의 어레이(array)로 각 이온이 하나의 이온에 선택적이고 그 중의 하나는 기준전극으로 작용하는 형태이다. 모든 트랜지스터가 하나의 똑같은 반도체에 장착된다(앞선 그림 5.26 참조). 각 ISFET은 그림 2.27에 나타낸 것처럼 자체의 집적회로를 갖고 있으며 LCD 디스플레이에 퍼텐셜 결과 값을 나타낸다.

8.3.4.7 센서 시험

이 센서는 실험실 조건에서 만족스럽게 작동하였다. 그러나 전혈 시료에서는 나트륨 이온막의 선택감도와 감도 때문에 나트륨 분석에 문제가 있었다. 따라서 전혈 내 나트륨의 농도범위와 환경조건으로 인해 나트륨 분석에는 적합하지 않은 결과를 보여준다.

> SAQ 8.3
> 칼슘, 나트륨, 칼륨, 수소이온의 동시 측정을 위한 광학센서는 어떻게 고안될 수 있는가?

8.4 트리니트로톨루엔의 Attomole 수준의 측정 – 발광변환기와 항체복합물

8.4.1 면역성 발광분석의 배경지식

8.4.1.1 생물발광

반딧불과 같은 몇몇 특정한 생물들은 스스로 빛을 방출할 수 있다. 이것은 *루시페린(luciferins)*이라고 알려진 다양한 구조로 이루어진 물질에서 기원을 찾을 수 있다(앞선 그림 2.39참조).

루시페린의 효소촉매 산화 과정은 다음과 같이 빛을 생성한다.

$$\text{luciferin} \xrightarrow{\text{luciferase, } O_2} \text{oxyluciferin} + h\nu \ (562\ \text{nm})$$

몇몇 발광효소 반응은 ATP, FMN, FADH와 같은 보조인자와 연결되어 있는데, 다음과 같다.

$$\text{ATP} + \text{luciferin} + O_2 \xrightarrow{\text{luciferase}} \text{AMP} + \text{PP} + \text{oxyluciferin} + CO_2 + H_2O + h\nu$$

이 반응은 펨토몰 농도 수준으로 매우 민감하다.

박테리아 발광효소는 루시페린과 관련되어 있지 않고 FMNH 같은 환원된 플라빈(flavins)과 여기된 복합물을 형성한다.

$$FMNH_2 + O_2 + RCHO \longrightarrow FMN + RCOOH + H_2O + h\nu \ (478-505 \text{ nm})$$

앞의 그림 2.40에 나타났듯이 대부분의 분석반응은 NADH와 관계되어있다.

8.4.2 목표 – 환경조건에서 폭발성 잔여물의 농도를 sub-ppb 수준으로 모니터할 수 있는 센서를 제작

8.4.2.1 적용을 위한 특정 기준

오래된 탄약이나 광산더미에서 침출되는, 환경 속에 존재하는 매우 낮은 농도의 폭발성 잔여물을 검출하기 위함이다.

8.4.2.2 선택물질의 결정

트리니트로톨루엔(TNT)에 반응하는 항체는 다른 폭발물과는 반응하지 않을 것이다. 이것은 폭발물을 다룬 사람 손에 묻어있는 미량성분과 광산 기계의 사용으로부터 발생한 물 속의 폭발물 잔여물을 찾는데 사용될 수 있다.

8.4.2.3 변환기의 선택

생물발광센서는 가장 민감한 반응성을 제공하기 때문에 적절하다(2장 참고).

8.4.2.4 고정화방법의 선택

TNT의 항체는 세파로오스(sepharose)에 고정된다.

8.4.2.5 필요 성능요소

10^{-15}M 수준까지의 감도가 필요하다.

8.4.2.6 출력모드

광검출기는 광증폭기를 거쳐 광반응을 전류 값으로 전환된다.

8.4.2.7 센서의 작동

이 분석은 하나의 다단계 과정으로 항체뿐만 아니라 효소와 관계되어서 증폭 효과를 만든다.

(a) TNT–항체 물질은 세파로오스에 고정화시킨 다음, TNT 시료와 함께 배양된다.

(b) G-6-PDH(glucose-6-phosphate dehydrogenase)라는 효소와 표지가 된 TNT와 배양되고 고정화된 TNT-항체의 시료와 경쟁한다.
(c) 결합되지 않은 TNT의 제거를 위해서 세팔로오스를 세척하고, TNT-효소 표지의 분석이 수행된다.
(d) 표지가 붙은 TNT로부터 원래의 TNT 시료양이 결정된다. 그 표지는 NAD^+가 NADH로 환원되는 것을 촉매하는 효소이며, 결과적으로 산화환원효소는 FMN을 $FMNH_2$로 환원시키는데 사용된다.
(e) 마지막으로, $FMNH_2$가 산소와 반응해서 박테리아 발광효소가 빛을 방출하고 광학적으로 결정된다.

이 분석에 대한 반응과정은 그림 8.6에 나타나 있다.

따라서, 이 과정은 선택적 물질로 항체를 사용하며, 효소 증폭과정이 있고, 광학적 생체발광에 의해 반응이 생성되며 매우 높은 감도를 갖는다.

이 기술에 대한 가장 큰 문제점은 시료의 미량성분이 장비에 묻어있거나 폭발물질에 의한 오염을 피하기 위해 세심한 주의가 요구된다는 것이다. 한 가지 사례를 들면, ‘Birmingham Six’는 버밍엄에서 있었던 IRA 폭발사건의 용의자로 의심을 받고 오랫동안 수감되어 있었지만, 결국 폭발에 대해서 *양성*반응을 일으킨 원인이 샘플을 채취했던 법의학자에 의한 분석 시 발생한 오염으로 판명되었다.

전체적인 반응은 다음과 같이 요약된다.

$$\text{S-Ab} + \text{TNT} = \text{TNT:S-Ab} \longrightarrow + \text{TNT-glucose-6-phosphate-PDP}$$
$$\longrightarrow \text{wash, separate} \longrightarrow \text{assay}$$

$$\text{G-6-P (glucose-6-phosphate)} + NAD^+ \xrightleftharpoons{\text{TNT-G-6-PDH}}$$
$$\text{G-6-L-6-P (glucono-6}'\text{-lactone-6-phosphate)} + \text{NADH}$$

$$\text{NADH} + \text{FMN} + H^+ \longrightarrow FMNH_2 + NAD^+$$

$$FMNH_2 + O_2 + \text{RCHO} + \text{luciferase} \longrightarrow h\nu$$

SAQ 8.4
위 방법은 다른 폭발성 물질을 결정하기 위해 어떻게 바꿀 수 있는가?

SAQ 8.5
이러한 분석에서 발생할 수 있는 주요한 오차는 무엇이며 어떻게 제거될 수 있는가?

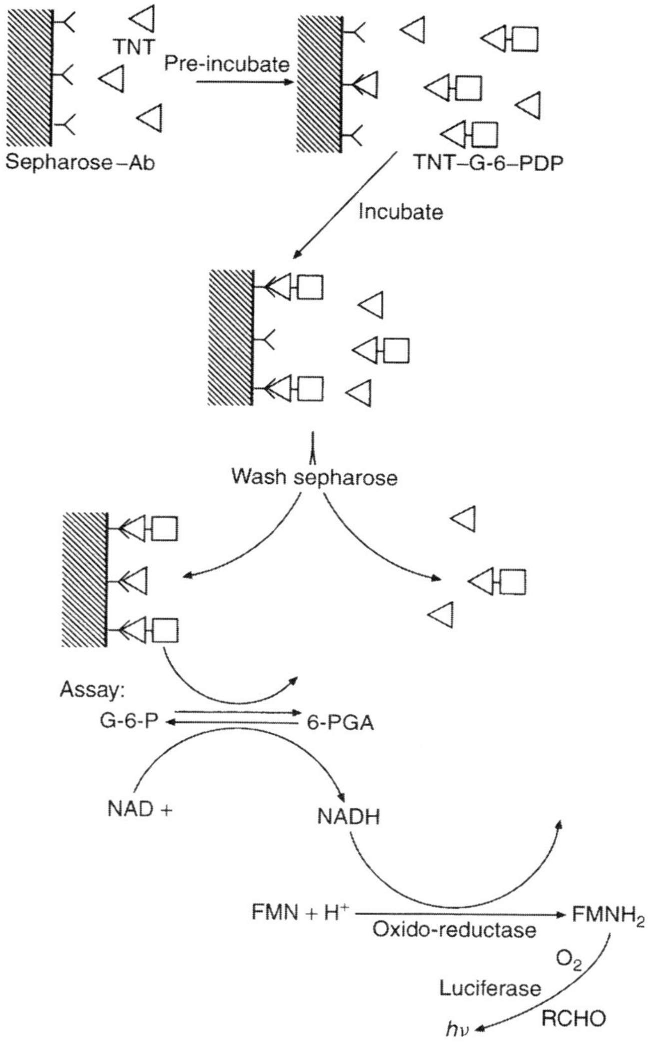

그림 8.6 트리니트로톨루엔의 생물 발광 분석을 위한 반응 개요도.

8.5 맥주에 있는 플라바놀(Flavanol)의 검출

8.5.1 배경지식

바나나를 이용하는 식물조직 바이오센서는 만들기 쉽다. 이것은 원래 뇌 화학물질인 도파민을 검출하기 위해서 개발되었다. 효소인 폴리페놀 옥시다아제는 1,2-디하이

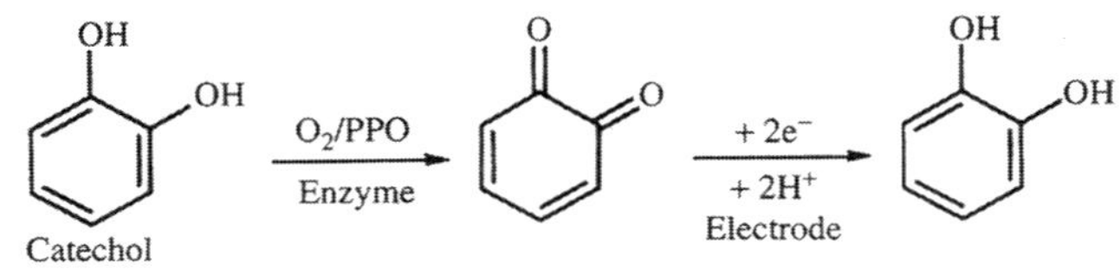

그림 8.7 폴리페놀 옥시다아제에 의한 카테콜의 효소 촉매 과정.

드록시벤젠과 같은 카테콜 타입의 혼합물과 효과적으로 반응한다. 폴리페놀 옥시다아제는 그림 8.7처럼 카테놀을 *o*-퀴논으로 산화시키는 촉매 역할을 한다. 퀴논은 탄소반죽전극에서 전기화학적 환원으로 쉽게 검출될 수 있다. 우리는 탄소 반죽과 바나나를 혼합하여 효소단계와 전기화학 단계를 조합할 수 있다. 그리고 이 기술은 맥주나 와인에서 발견되는 *플라바놀*(*Flavanol*)로 알려진 카테콜 타입의 물질(카테킨)을 검출하는 데 사용된다.

이 기술이 맥주에 사용하기 위해 처음으로 개발되었을 때, 더욱 활동성이 좋고 상업적으로 이용이 가능한 티로시나아제를 이용하기로 하였는데 그 이유는 성능특성이 시료 간에 더욱 반복적이었기 때문이었다. 스크린프린트 바이오센서가 제작되었고 성공적으로 시험되었다. 그러나, 이 기술의 주된 결점은 맥주는 티로신을 함유하고 있기 때문에 센서는 카테킨과 티로신 전체를 측정한다. 반면에 맥주공정에서 이용되는 *p*-dimethylaminocinnamate aldehyde(DAC) 비색 시험법은 카텐킨 만을 측정한다. 흥미롭게도, 초기의 바나나 기반 바이오센서의 폴리페놀 옥시다아제는 티로신에 반응을 하지 않아서 이 장치가 더욱 선택적 반응을 나타낸다.

8.5.2 목표

8.5.2.1 적용을 위한 특정 기준

온라인과 오프라인으로 맥주의 제조 공정에서 플라바놀의 함량이 모니터링된다. 과도한 플라보놀은 맥주를 혼탁한 상태로 만들지만 산화방지제이고 심장병을 최소화 하는데 도움을 준다.

8.5.2.2 선택물질의 결정

우리는 바나나, 사과, 감자, 버섯과 같은 과일 및 채소에서 얻을 수 있는 폴리페놀 옥시다아제를 사용할 것이다. 이 옥시다아제는 버섯에서 얻어진 티로시나아제로서 Sigma사에서 구입할 수 있다.

8.5.2.3 변환기의 선택

FIA(flow-injection analysis)모드를 이용하는 전류측정 일정전위기(potentiostat)가 이러한 적용에 적합하다.

8.5.2.4 고정화 방법의 선택

도포된 폴리피롤 안에 가두고 이어서 스크린프린트 일회용 스트립에 부착한다.

8.5.2.5 필요 성능 요소

카테킨과 캘리브레이션 결과에서 2.5 ~ 440 μM 범위에서 감도가 나타나고, 반응시간이 48초이거나 한 시간에 75개의 시료를 측정할 수 있으며, 전류 값이 6시간 동안 약 7% 감소하는 수명을 가진다.

8.5.2.6 입출력모드

BAS LC-4C 전류측정 검출기와 Lloyds X-Y-t 기록기가 사용된다.

8.5.2.7 센서의 제작

초기 실험은 식물 조직 또는 티로시나아제가 섞인 탄소반죽전극을 사용한 반면, 이후 연구에서는 이러한 효소를 함유한 스크린프린트 전극을 사용하였다. 후자는 친수성과 친유성을 동시에 갖는 양쪽성 물질로 대체된 피롤에 용해되었다. 10 μl의 시료가 스크린프린트 탄소전극 표면에 도포되었으며 0.1 M $LiClO_4$ (pH = 7.0) 용액에서 20분간 0.9 V 조건에서 전해 중합이 이루어졌다. 도포된 전극은 세척하고 냉장고에 보관되었다. 관련 제작공정이 그림 8.8에 개략적으로 기술되었다.

8.5.2.8 센서 시험

맥주의 플라바놀은 다양한 이합체와 삼합체와 더불어 카테킨과 에피카테킨의 혼합물로 구성되어 있다. 이 물질은 HPLC를 이용해 분리할 수 있다. 그러나 폴리페놀 산화효소는 각각 다른 감도를 보이지만 이 모든 화합물에 반응한다. 그러므로 이 장치는 카테콜 또는 에피카테킨 표준물을 사용하여 총 플라바놀 함량을 검출하는데 사용될 수 있다. 에피카테킨의 경우 약 6.9 mA M^{-1}의 감도를 가지며 ±5%의 정밀도를 나타낸다.

그림 8.9와 같이 비색법인 p-dimethylaminocinnamaldehyde(DAC)를 이용한 결과와 비교되었다. 얻어진 상관관계는 0.96에서 0.99 사이였다.

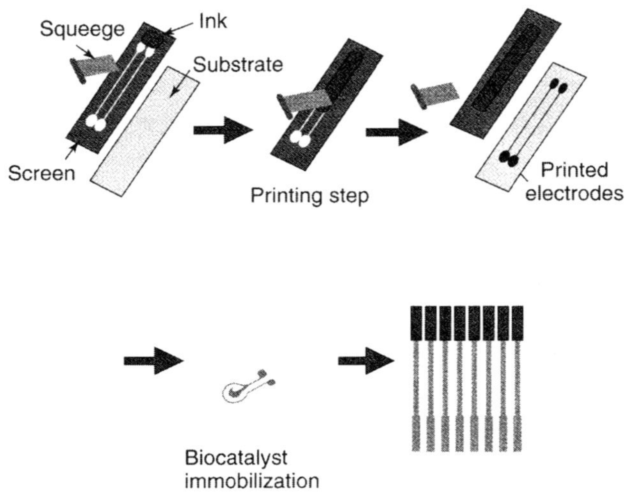

그림 8.8 친수성과 친유성을 동시에 갖는 피롤 효소를 스크린프린트 전극위에 도포하는 공정 개요도.

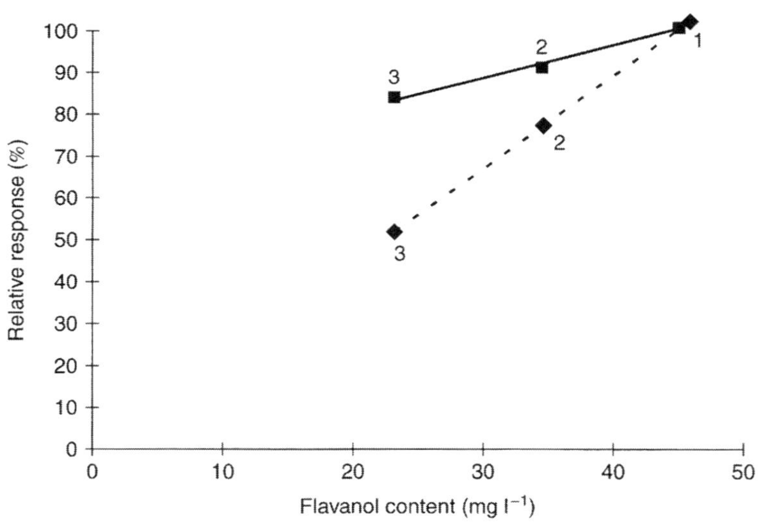

그림 8.9 맥주에 있는 플라바놀에 대한 분석결과 비교: 실선은 효소 바이오센서 결과; 점선은 *p*-dimethylaminocinnamaldehyde(DAC)를 이용한 비색법 결과.

> SAQ 8.6
> 위 반응에서 매개체는 무엇인가?

요약

이 장에서는 다섯 가지 분석에 대한 다양한 센서 기술의 적용사례를 설명하였다. 처음 절에서 우리는 혈액 내의 포도당을 측정하는 Medisense ‘ExacTech’ 바이오센서의 구조와 성능에 대해서 알아보았다. 다음으로 수질 내 저농도의 구리(I)를 복합체 형성과 차분펄스 폴라로그래피로 분석하는 사례를 설명하였다. 세 번째는 랩온어칩(Laboratory on a Chip)을 향한 발전사례에 대하여 개괄적으로 살펴보았는데 여러 가지 분석물이 섞여있는 혼합물을 측정하는 센서 집합체인 어레이에 대하여 논의되었다. 그것의 한 예로 혈액 내 네 가지 금속 이온을 동시에 측정하는 ISFET센서의 적용에 대하여 구체적으로 설명되었다. 네 번째 사례는 어떻게 펜토몰 수준의 폭발물질이 효소 공정과 관련된 면역분석법과 생체발광 분석의 조합으로 검출 될 수 있는지 기술되었다. 마지막으로 전류측정 방법을 사용하여 맥주에 존재하는 플라바놀의 분석을 위해 식물 조직에서 얻어지는 효소를 사용한 기술을 소개하였다.

추가 참고문헌 목록

8.1절

Cass, A. E. G., Davis, G., Francis, G. D., Hill, H. A. O., Aston, W. J., Higgins, I. J., Plotkin, E. V., Scott, L. D. L. and Turner, A. P. F., ‘Ferrocene-mediated enzyme electrode for amperometric determination of glucose’, *Anal. Chem.*, **56**, 6567–6571 (1984).

Raaskin, P., Strowig, S., Kilo, Ch., Dudley, J. D. and Ellis, B., ‘Accuracy and precision of the ExacTech blood glucose system’, in *ExacTech Pen and Companion: A New Generation of Blood Glucose Sensors* (Leaflet), MediSense, Birmingham, UK, 1987.

8.2절

Prabhu, S. V., Balwin, R. P., and Kryger, L., ‘Chemical preconcentration and determination of copper at a chemically modified carbon paste electrode containing 2,9-dimethyl-1,10-phenanthroline’, *Anal. Chem.*, **59**, 1074–1078 (1987).

8.3절

Forster, R. J., 'Miniaturised chemical sensors', in *Chemical and Biological Sensors*, Diamond, D.(Ed), Willey, New York, 1998, pp. 235−262.

Sibbald, A., Covington, A. K. and Carter, R. F., 'A quadruple function ISFET for clinical application', Med. Biol. Eng. Comput., **23**, 329−338 (1985).

8.4절

Wannlund, J., Egghart, H. and DeLuca, M., 'Bioluminescent immunoassays: A model system for detection of compounds at the attomole level', in *Luminescent Assays: Perspectives in Endocrinology and Clinical Chemistry*, Vol. 1, Serio, M. and Pazzagli, M. I.(Eds), Raven Press, New York, 1982, pp. 125−128

8.5절

Cummings, E. A., 'A study of amperometric biosensors for the detection of phenolic compounds', *PhD Thesis*, University of Ulster, UK, 2000.

Cummings, E. A., Mailley, P., Liquette-Mailley, S., Eggins, B. R., McAdams, E. T. and McFadden, S., 'Amperometric carbon paste biosensor based on plant tissue for the determination of total flavanols content in beers', *Analyst*, **123**, 1975−1980 (1998).

Eggins, B. R., Hickey, C., Toft, S. A. and Zhou, D. M., 'Determination of flavanols in beers with tissue biosensors', *Anal. Chim. Acta*, **347**, 281−288 (1997).

SAQ에 대한 답

제 1 장

1.1 답

화학센서의 개요도가 아래 그림 SAQ 1.1에 보여진다.

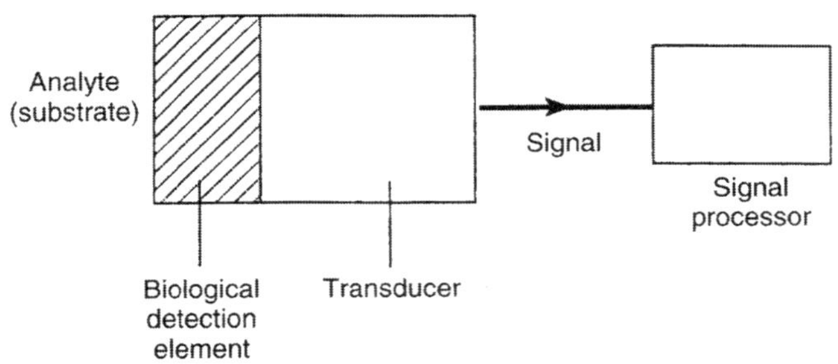

그림 SAQ 1.1 (바이오)센서의 개괄적인 개요도.

1.2 답

우리는 센서를 다음 세 종류로 나눌 수 있다. (a) 거리, 질량, 온도, 압력 등을 측정하기 위한 *물리센서*, (b) 화학적 물리적 반응으로 화학물질을 측정하는 *화학센서* 그리고 (c) 생물학적 감지 요소를 이용해서 화학물질을 측정하는 *바이오센서*. 이 모든 장치들은 변환기에 연결되어 가시적으로 관찰할 수 있는 반응이 발생한다. 일반적으로 화학센서와 바이오센서는 자연계에서 스스로 살아있거나 혹은 생물학적이지 않은 특별한 화학물질을 측정하는 것과 관련되어 있다.

1.3 답

- 모든 센서는 한 가지 분석물을 다른 것과 구별 할 수 있는 선택 요소를 가지고 있어야 한다.

- 모든 센서는 분석물의 양에 정량적으로 반응할 수 있는 감지 요소를 가지고 있어야 한다.
- 모든 센서는 센서의 반응을 관찰할 수 있는 형태로 바꾸는 변환기를 가져야한다.
- 모든 센서는 변환기와 감지물질을 연결하는(고정화) 방법을 가지고 있어야 한다.

1.4 답

(a) 당뇨병을 위한 포도당센서 또는 요소를 위한 요소분해 검출센서

(b) 양조업에 쓰이는 알코올센서

(c) 오염물질 측정을 위한 페놀센서

제 2 장

2.1 답

우리는 전기적인 측정이 이루어 질 수 있도록 완전한 회로를 구성할 수 있어야 한다. 전극 중 하나는 전위적으로 전자 공급원(source)이고 다른 하나는 'sink'의 역할을 해야 한다(아래의 그림을 참조하라).

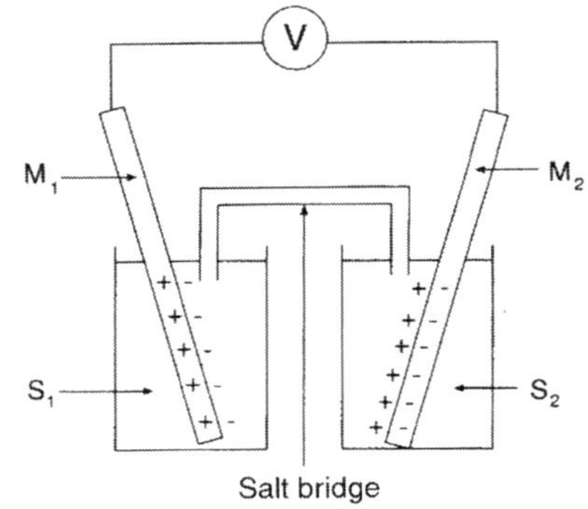

그림 SAQ 2.1 두 개의 반쪽전지 전극이 조합되어 만들어진 하나의 전지.

2.2 답

전지 반응은 다음과 같다.

$$Cu^{2+} + 2e^- \longrightarrow Cu \tag{1}$$

$$Fe^{3+} + e^- \longrightarrow Fe^{2+} \quad (2)$$

두 번째 식에 2를 곱하고 첫 번째 식에서 빼면, 우리는 다음과 같은 식을 얻을 수 있다.

$$2Fe^{2+} + Cu^{2+} = 2Fe^{3+} + Cu \quad (3)$$

2.3 답

기준전극은 다음과 같은 성질을 가져야한다:

- 제작이 용이해야 한다.
- 안정적인 전위값을 제공해야한다.
- 통전되었을 때 이상적으로 분극되어야 한다.
- 낮은 온도계수를 가져야 한다.

2.4 답

이온선택성 막의 양쪽에 다른 농도조건을 가진 용액에 두 개의 동일 반전지가 대항하여 담겨있다고 가정하자. 각각의 반전지에 대하여 넌스트방정식을 다음과 같이 세울 수 있다.

$$E_1 = E^0 + RT/nF \ln c_1 \quad (1)$$

$$E_2 = E^0 + RT/nF \ln c_2 \quad (2)$$

위의 식에서 아래의 식을 빼면 우리는 다음 식을 얻을 수 있다.

$$E = E_1 - E_2 = -S \log c_2(= 0) + S \log c_1$$

$$E = K + S \log c_1$$

여기서 S는 기울기 = $2.303RT/nF = 0.059/n$이다. 그리고 K는 절편으로 $-S \log c_1$이다(여기서 c_1은 표준 농도이다).

2.5 답

$$E = E^0 + (0.059/2) \log(a_{Zn})/1$$

$$\therefore -0.789 = -0.76 + 0.029 \log(a_{Zn})$$

$$\therefore \log(a_{Zn}) = [(-0.789 - (-0.76)]/0.059 = -0.029/0.029 = -1.0$$

$$a_{Zn} = 0.1 \text{ M}$$

2.6 답

전극 전위의 EMF(전위, 퍼텐셜)는 분석물 농도의 로그에 비례한다.

2.7 답

표에 나타난 데이터를 이용하여 $E = S\log[\mathrm{Ca}] + K$ 형태로 플로팅하면, 우리는 기울기 S가 26.557이고 K의 값 104.16을 얻을 수 있다. 따라서 $E = 26.557\log[\mathrm{C}] + 104.16$.

만약에 $E_{(s)} = 33$, $\log[\mathrm{S}] = -2.667$이면, [S]는 2.09×10^{-3} M이다.

2.8 답

(a) 확산전류는 고농도에서 저농도로의 농도구배 때문에 생기는 전류이다. 이 전류는 농도구배의 기울기에 비례하며 확산계수와도 $I_d = \mathrm{D}dc/dx$에 의해 비례한다.

(b) 확산전류는 분석 대상체의 농도에 직접적으로 비례한다.

2.9 답

(a) 전극 표면에 산화된 물질의 농도는 피크전위에서 0의 값이 아니고 $E_{p(c)}$점을 지나는 전위에서 0이 된다. 이와 비슷한 상황이 양극피크전위에서 환원 물질(R)에 대해 존재한다. 이것은 각 피크에의 약간의 변동을 야기시키고 결과적으로 $0.058/n$ V의 피크분리가 발생한다.

(b) 표준 산화환원 퍼텐셜은 가역적인 반응에 대해서 양극과 음극 피크 전위의 평균값 즉 $E^0 = 1/2(E_{p(a)} + E_{p(c)})$이 된다.

2.10 답

(a) 전류는 농도에 직접적으로 비례한다.

(b) 전류는 전극 표면면적에 직접적으로 비례한다.

(c) 전류는 시간의 제곱근의 역수에 비례한다. ($\propto 1/t^{1/2}$)

(d) 전류는 스윕율의 제곱근에 비례한다. ($\propto \nu^{1/2}$)

2.11 답

운동파에 있어서, 새로운 화학물질이 생성되는 추가적 반응이 있다. 반면에 촉매적 파동의 경우, 그 추가적 반응에 의해 원래 물질이 재생성된다. 이것은 결과적으로 촉매 파동에 대해 전류가 증가한다.

2.12 답

DC 전위는 양이온이 음극에서 그리고 음이온이 양극에서 축적되도록 할 것이다. 따라서 전지는 분극되고 전류는 서서히 0으로 떨어질 것이다. 그러나 교류 전류에 의해서는 이온이 효과적으로 각 전류들의 전환과 같이 진동하면서 유사-평형 상태에 도달 할 것이다. 그래서 교류전류는 일정해질 것이며, 측정이 가능한 상태가 될 수 있다.

2.13 답

게이트 전압이 증가하면서 Fermi레벨이 원자밴드와 전도밴드 사이에서 중간값을 가지면서 접촉부위에서 전자의 농도와 정공의 농도가 같아질 때까지 정공의 빈 상태(p-형 실리콘의 경우)가 존재한다. 게이트 전압이 더 증가하면, 접촉부위에서 전자의 개수가 과도해지고 p-형 실리콘이 n-형 실리콘으로 바뀌게 된다(본문에 있는 그림 2.22(d)를 보라).

2.14 답

탄소반죽은 생체재료와 섞는 이상적인 물질이며, 바나나는 이런 방법으로 다루기에 가장 쉬운 생체물질 중의 하나이다. 바나나는 맥주와 와인에서 존재하는 도파민과 카테킨을 포함하는 다양한 폴리페놀 산화에 선택적인 폴리페놀 산화효소를 함유하고 있다. 탄소반죽과 바나나 혼합물은 스크린프린트 형태인 두꺼운 필름 전극으로 제작될 수 있다.

2.15 답

- 매우 낮은 전류에서도 작동이 가능하다.
- 매우 낮은 이중층의 전하용량(Capacitance)을 가지고 있기 때문에 낮은 전류가 발생한다.
- 최소 IR값을 가진다.
- 높은 스윕속도에서 작동한다.
- 한 쌍의 전극 모드에 사용될 수 있다.
- (예를 들면) 뇌에 삽입 될 수 있다.

2.16 답

$$A = -\log(I/I_0) = \varepsilon C l$$

여기에서 A는 흡광도이고, I는 투과광의 강도, I_0는 투사광의 강도, ε는 감쇠계수, C는 분석대상물의 농도, l은 용액을 통과하는 빛의 경로길이이다.

2.17 답

Beer-Lambert 법칙을 이용하면

$$A = \varepsilon Cl$$

이다. 그러므로,

$$0.85 = 1000 \times C \times l$$

그래서,

$$C = 0.85/1000 = 8.5 \times 10^{-4}\ \mathrm{M}$$

2.18 답

화학발광은 빛이 열이 없이 생성되는 화학 반응으로 만들어진다. 이 현상에 대해서 가장 알려진 예는 알칼리 용액에서 루미놀과 산소의 반응이다.

2.19 답

생체발광은 박테리아나 개똥벌레에서 발견되는 루시페린으로부터 만들어진다.

2.20 답

2차 매질 위 빛의 입사각이 임계각 θ_c보다 클 때, 매개를 투과되어 나가지 않고 모두 반사된다. 아래의 그림 SAQ 2.20은 이 현상을 보여준다.

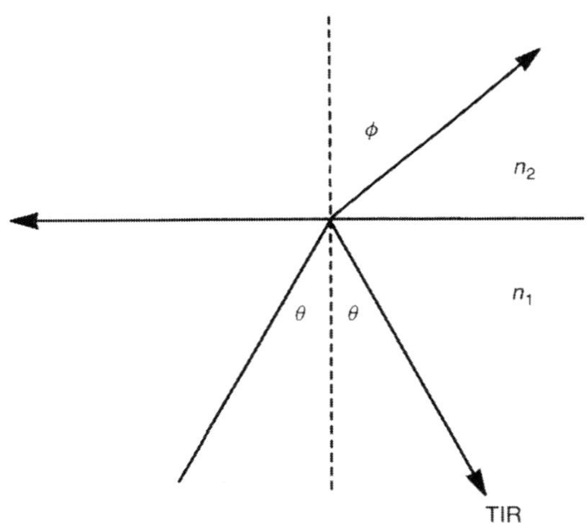

그림 SAQ 2.20 전반사 현상의 모습.

2.21 답

광의 빔은 광섬유 내부의 표면을 따라가면서 전반사되고 섬유 내에서 머무르게 된다

(아래 그림 SAQ 2.21을 보자).

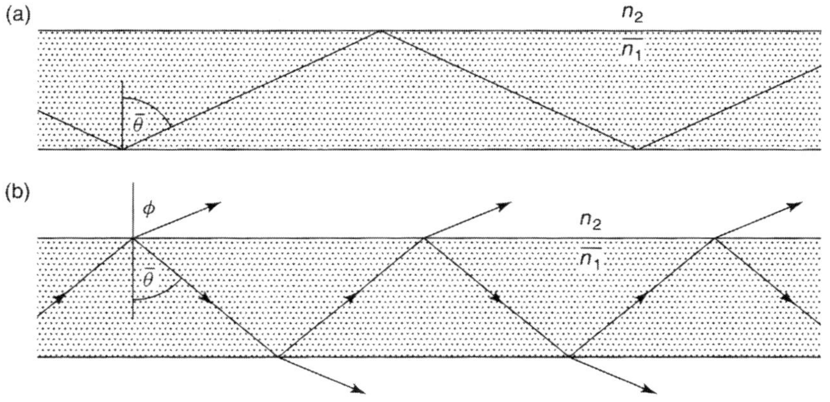

그림 SAQ 2.21 단일 중심 광섬유 안에서 (a)튕겨나가고 (b) 굴절되는 전반사 모습.

2.22 답

가장 저렴한 광원은 LED로서 백열등과 비교해서 좁은 방출 대역범위(≈ 50 nm)에서 작동한다. 광원의 크기는 아주 작고 값이 저렴하며 광섬유와 쉽게 연결 할 수 있다. 높은 강도의 파란색 LEDs는 형광 연구에 사용이 되고 있다.

제 3 장

3.1 답

옳은 답은 (a) 모든 용액이 같은 이온 강도를 가질 수 있게 조절한다.

3.2 답

그것은 이온교환물질로 작용하고 그 중합체 매트릭스 안에 효소와 항체를 가둘 수 있다.

3.3 답

상대이온은 전도 중합체의 상대이온교환특성을 크게 변경할 수 있다. 상대이온에 따라, 그 중합체는 양이온 교환체에서 음이온 교환체로 바뀔 수 있다.

3.4 답

전극 위에 코팅되어 있는 이오노머 필름은 메틸비올로겐과 같은 큰 전기활성화

이온을 추출하고 농축할 수 있으며, 그 이온은 전압-전류방식으로 측정할 수 있다. 이 과정은 이온교환 전압-전류 방식이라고 불린다.

3.5 답

퀴논과 같은 산화환원그룹은 4-vinylpyridine과 같은 단일 체에 공유결합되고, 전극의 표면에서 분극될 수 있다.

3.6 답

그것은 각각의 이온들 마다 다른 분배 계수를 가진다. 그러나 이 선택성은 매우 제한되어 있다.

3.7 답

미카엘스-멘텐 방정식(Michaelis-Menton)으로부터 다음 식을 얻을 수 있다.

$$v = \frac{k_2[E_0][\mathrm{S}]}{K_\mathrm{M} + [\mathrm{S}]}$$

우리는 여기서 K_M >> S일 때 비율, ν가 [S]에 선형적으로 비례한다. $v = \frac{k_2[E_0][\mathrm{S}]}{K_\mathrm{M}}$. 그러나 [S]가 증가하고 K_M과 비교해서 중요해질수록 이 방정식은 점점 비선형이 된다. 결국 K_M << [S]가 되면, 그 관계는 [S]와는 독립적이게 되며, ν는 최고값을 가지게 되며 결과적으로 $\nu = k_2[\mathrm{E}_0]$를 얻는다.

3.8 답

몇몇 효소는 비슷한 반응의 범위 내에서 촉매로 작용한다. 예를 들면, 폴리페놀 산화효소는 다양한 폴리페놀 그리고 관련된 물질들의 산화과정을 촉매한다. 실제 활동도는 효소의 공급원에 따라 바뀐다. 때때로, '정제된' 효소가 관련 효소들의 혼합물로 구성될 수도 있다.

3.9 답

항체가 단 하나의 이성질체와 선택적으로 반응하는 반면에 대상물질의 전체의 양을 측정하는 것이 필요한 분석의 경우도 있다.

3.10 답

생물시스템 내 유전자의 구조와 기능에 대한 지식의 급속한 발전과 유전자를 조작하는 기술의 높은 진보로 인하여 센서장비 내 핵산을 이용하는 적용사례가 빠르게 증가하고 있다.

3.11 답

항체는 대응 항원과 강하게 결합한다. 실제로, 항원을 유도하여 대응 항체를 생성할 수 있다. 하지만 수용체는 마치 메신저와 같이 생체시스템의 다른 부분 사이에 신호를 전달하는 역할을 한다. 이 신호는 화학적 형태를 띠고 있기 때문에 수용체는 특정 화학물질 또는 그룹에 반응할 수 있다.

3.12 답

공유결합 > 가교결합 > 마이크로캡슐화 > 포괄법 > 흡착

3.13 답

흡착 과정에서 흡착하는 물질과 흡착되는 물질을 연결하는 힘은 매우 약한데, 크게 반데르발스 힘과 약간의 수소결합으로 구성되어 있다. 이들의 접착력은 불안정 또는 영구적이지 않기 때문에서 흡착방법으로 만들어진 센서의 수명은 제한적이다.

3.14 답

위에서 주어진 SAQ 3.13에 대한 해답에도 불구하고, 항체는 대응되는 항원과 결합하고 있을 때 표면에 아주 강하게 흡착된다. 표면을 변경하면 그 결합의 강도를 강화시킬 수 있다.

3.15 답

박테리아는 일반적으로 마이크로캡슐형 기술을 이용하여 막(membrane) 위에 고정시킨다.

제 4 장

4.1 답

*특이적(Specific)*이란 센서가 하나의 분석물에만 반응한다는 것을 의미하고, *선택적(Selective)*이란 다양한 분석물에 반응을 하지만 어느 한 이온에 대한 반응이 다른 것에 비해 매우 높은 것을 의미한다.

4.2 답

최대 허용오차는 10^{-6} M에서 10% 즉, 10^{-7} M이다. 선택성계수는 1 M OH^-가 10^{-1} M F^-와 같은 반응을 나타내는 것을 의미한다. 그러므로 10^{-6} M F^-와 유사한 반응을 나타내는 OH^-의 농도는 10^{-8} M (pOH = 8)이다.

물에서는 pH 6을 뜻한다. 그러므로 수소이온들로 부터의 간섭을 최소화하기 위해 시료 용액의 pH는 6 이하(보통 pH 5.5)의 상태에 맞추어져야만 한다. 이러한 pH조건에서, 가장 좋지 않은 간섭효과는 10^{-6} M F에서 10%일 것이다(이것은 이온선택성전극의 경우 검출한계를 의미한다).

4.3 답

아래와 같은 것이 포함된다.

- 보관 온도
- 보관용액 pH
- 효소의 안정성
- 효소의 환경, 예를 들면 정제효소 대 조직 또는 미생물 기반 효소
- 특정 안정 첨가물 예를 들면, DEAE-dextran + lacticol

4.4 답

정확도는 시스템 오차에 의해 영향을 받는 참값에 대한 근접도로서 설명할 수 있고, *정밀도*(재현성과 같은)는 임의의 오차에 대한 크기로 기술된다.

4.5 답

전위식 센서는 로그크기에서 작동하기 때문에, 선형범위가 전류측정식 센서보다 훨씬 크다. 예를 들면, pH 전극은 10^{12} 또는 pH 12 범위를 가지고 있다. 이것은 전류측정센서에서 나타나는 것보다 낮은 정밀도를 갖도록 한다.

4.6 답

(a) 유리막
(b) 란탄 불소 결정
(c) 포도당산화효소
(d) 에스트라디올 항체
(e) 수용체 또는 항체

제 5 장

5.1 답

시험시료의 경우

(a) 기울기는 넌스트 값을 따른다고 가정한다.

(b) 각 첨가물에 대한 농도를 계산한다. $C = V \times 0.1/(50 + V)$

(c) 각 EMF 값에서 블랭크 값을 뺀다.

(d) 각 추가물에 대해 $10^{E/S}$를 계산한다.

(e) $10^{E/S}$ vs. C(농도)에 대해서 플로팅한다.

Volume added (cm^3)	C (M)	C (M × 10^{-3})	E (mV)	$10^{E/S}$
1.0	1 × 0.1/51	1.93	99.8 − 70 = 29.8	3.193
2.0	2 × 0.1/52	3.85	102.5 − 70 = 32.5	3.547
3.0	3 × 0.1/53	5.66	104.6 − 70 = 34.6	3.850
4.0	4 × 0.1/54	7.41	106.3 − 70 = 36.3	4.114
5.0	5 × 0.1/55	9.091	107.9 − 70 = 37.9	4.378

농도 축의 음의 절편은 미지시료에 대한 값을 제공한다. 주의 – 이러한 농도에 대한 EMF의 로그역수를 플로팅하는 Gran plot을 이용하여 실제 농도 (농도의 로그값이 아닌) 값을 구할 수 있다. 결과적으로 C_u는 0.0175 M이다.

5.2 답

각각의 측정에 대해서 두 개의 방정식을 세우고, 넌스티안방식을 따른다고 가정하자. S = 59 mV:

$$98 = K + 59 \log C_u \quad (1)$$

$$73 = K + 59 \log (C_u \times 50 + 100 \times 2)/52 \quad (2)$$

K를 소거하기 위하여 방정식(2)를 방정식(1)에서 뺀다.

$$98 - 73 = 25 = 59 \log C_u/[(C_u \times 50 + 100 \times 2)/52]$$

이 방정식에서 양 변에 로그를 소거하고 C_u에 대해서 풀면:

$$C_u = 100[10^{25/59}(1 + 50/2) - 50/2]$$

그러므로, C_u = 100 × 2.653 × 1 = 265.3 ppm 그러므로 원래의 차 시료, 불소

이온의 농도는 C_{F^-} = 530.6 ppm이 된다.

5.3 답

전위차식 가스센서는 대체적으로 기체의 산/염기 특성에 기반을 둔다. 기체 감지막은 약간의 선택성을 가질 수 있다. 그러나 주요 효과는 완충내부 전해질용액을 통해서 얻어진다(그림 5.4 참조). 더 자세한 내용은 표 5.2에 제시되어 있다.

5.4 답

요소는 우레아제(보통 잭콩에서 얻어지는)를 기반으로 하는 전위차 방식 바이오센서에 의해 쉽게 측정된다. 이것은 요소를 암모니아와 이산화탄소로 나누는 가수분해 과정을 촉매한다.

$$CO(NH_2)_2 + H_2O \longrightarrow 2NH_3 + CO_2$$

요소 내 pH는 암모니아, 암모니움, 이산화탄소를 포함하는 다른 전극시스템을 통하여 조절될 수 있다. 그때 pH는 유리 pH 전극위 겔 속에 가둔 우레아제를 고정하여 간단하게 측정할 수 있다. 표 4.3은 서로 다른 타입을 비교한 것으로 양이온 기반 바이오센서가 가장 다양하게 사용되는 것을 보여준다. 더 간단한 형태는 그 성능이 일정치는 않지만, 폴리피롤 내에 고정된 우레아제로 코팅된 백금 전극이다. 전류측정 방식 센서는 히드라진(hydrazine) 전극이 사용되는 형태로 다음 식으로 나타낼 수 있다.

$$N_2H_4 + 4OH^- \longrightarrow N_2 + 4H_2O + 4e^-$$

전류는 pH에 강하게 영향 받기 때문에 우레아제 반응에 의한 pH 변화에 반응할 것이다.

5.5 답

*매개체*는 전하 이동 물질이며 보통 효소와 전극 사이에 전하를 이동시켜주는 가역성 산화 물질이다.

5.6 답

(a) 주위의 산소농도는 조절되어야 하고 일정해야 한다.

(b) 산소는 다른 물질들이 간섭 현상을 일으킬 수 있는 매우 높은 환원 전위(−0.7 V)를 가진다.

(c) 산소의 산화 환원 반응은 그다지 가역적이지 않다.

5.7 답

철(III) 이온은 쉽게 가수분해 되어 불용해성의 $Fe(OH)_3$ 이온$(+3H^+)$으로 된다. 게다가, 철의 산화환원 전위는 높은 편이다(pH 7에서 0.53 V).

5.8 답

- 천연물질 – 시토크롬 c_3, 비타민 K_2, $NAD^+/NADH$
- 합성물질 – 페로센(ferrocene), 메틸렌블루, 메틸비올로겐

더 많은 예를 위해서는 표 5.6을 참조하여라.

5.9 답

(a) NAD^+의 전기화학적 환원반응은 NADH를 생성하지 않고 이합체 형태로 된다. 비록 NADH가 직접적으로 NAD^+로 바로 산화될 수 있지만, 상당히 높은 전위에서만 가능하다.

(b) $NAD^+/NADH$ 조합은 디아퍼라아제(diaphorase, lipomide dehydrogenase)와 같은 다른 매개 효소에 의해서 연결될 수 있다. 또 다른 형태는 $NMP^+/TCNQ^-$와 같은 전도성이 있는 염 전극을 사용하는 것이다.

(c) 그 예로 젖산이 피루브산으로, 콜레스테롤이 콜레스테논으로, 에탄올이 아세트알데히드로 바뀌는 경우이다(다른 예를 보기 위해서는 표 5.7을 참조하여라).

5.10 답

비록 젖산 산화효소나 젖산 모노옥시다아제와 같은 다른 효소들이 사용될 수 있지만 많은 경우, 젖산 탈수효소를 이용하여 젖산을 검출할 수 있는 바이오센서가 제작 된다(그림 SAQ 5.10 참조). $NAD^+/NADH$와 $Fe(CN)_6^{3-}$와 같은 다양한 종류의 매개물질들이 이들 시스템에서 사용될 수 있다. 때때로, 감도를 4000배까지 높일 수 있도록 증폭 효과를 발생시키는 두 개의 효소가 짝을 이루는 경우도 있다.

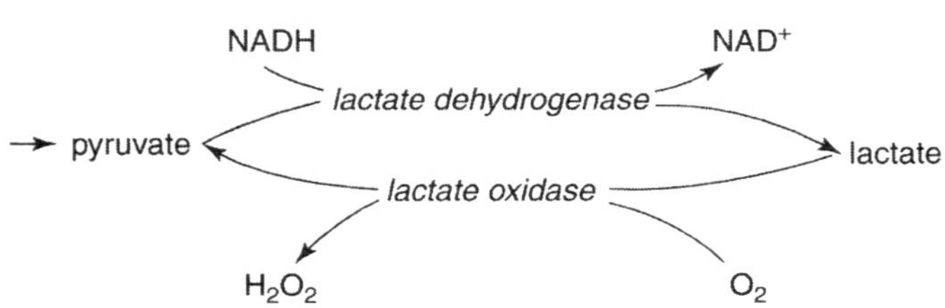

그림 SAQ 5.10 산화효소 또는 탈수소효소 바이오센서 시스템을 이용한 젖산의 측정.

5.11 답

- IGFET – 이것은 절연게이트 FET(field-effect transistor)로서 기본 설계 플랫폼이다.
- CHEMFET – 이것은 화학적으로 활성화된 물질이 게이트를 바꿀 수 있는 FET 이다.
- ISFET – 이것은 이온투과담체와 같은 이온선택적 물질이 게이트 금속을 대체하는 FET이다.
- ENFET – 이것은 효소가 게이트 금속을 대체하는 FET이다.

제 6 장

6.1 답

외인성 섬유 센서에서는 광학 섬유가 빛을 감지 위치까지 또는 감지 위치에서부터 빛을 운반하는 역할을 하고 화학시약을 사용하거나 안하는 경우가 있는 반면에 *내인성* 센서에서는 광학 섬유는 활동적인 역할을 담당하기 때문에 전송되는 빛은 섬유 중심부(core)에서나 섬유의 피복재 안에서 화학적으로 유도된 반응에 의해 증폭된다. 예를 들면, 섬유 피복부는 화학적으로 민감하여 소멸파를 통해 진행하는 빛과 상호작용을 한다.

6.2 답

pH 옵토드(optode)는 혈액 내의 pH를 분석하기 위해서 상업적으로 개발되었다. pH 측정 범위는 7.0 – 7.5로 매우 좁다. 이것은 흔히 사용되는 전기화학 pH의 범위보다 훨씬 좁다. 그러나 이러한 특정 영역에서는 더욱 정확하다. 신호대 잡음비(S/N)는 2000 – 4000 범위로 측정되었다.

6.3 답

(i) 형광신호는 분석물의 농도에 따라 증가하고 배경 빛을 기저점으로 하여 측정된다.
(ii) 그 빛은 분석물이나 시약 분자에서 방사되고 더 많은 정보를 함유한다. 예를 들면 형광 밀도, 부패되는 시간, 분극 비등방성 또는 에너지 운반 등을 측정할 수 있다.

6.4 답

빛 광선이 광섬유 내에서 특정 범위의 각도 내에서 내부적으로 전반사되면, 복사의 일부분은 빛 전파 매개체에서 낮은 굴절률 매개체까지의 짧은 거리를 늘린다. 이러한 비전파 전자기 광선을 *소멸*파라고 불려진다.

6.5 답

서로 다른 굴절률을 가지는 두 위상 사이 접점에서의 평면 분극 빛 입사의 경우, 반사각 R_p는 브루스터 각에 대해서 0이다. 즉, $\theta = \tan^{-1}(n_1/n_2)$일 때, 여기서 n_1과 n_2는 두 위상의 굴절계수, θ는 입사각이다. 이것은 투명 입사 위상으로 변경될 수 있다.

6.6 답

표면플라즈몬은 금속 필름 내 자유 전자들의 집합 진동을 의미한다.

6.7 답

(i) 그것은 금속 필름의 감지 부분에 코팅된 특정 화학-생화학 물질에 의해 정해진 하나의 선택성을 가진 상당히 민감한 굴절과정으로 작용한다. 예를 들면, 금속 표면 위에서 항원-항체 반응은 유전 상수를 변경시켜 결과적으로 공명 각도가 이동되도록 한다.

(ii) 그것은 더 복잡한 기기장치를 사용하지 않고도 층 구조와 두께에 관한 정보를 제공해준다.

(iii) 고정화된 층의 광학적 자극은 상당한 에너지를 가진 표면플라즈몬 파를 통하여 가능하다.

(iv) 그것은 분자층 구조에 관해서 정보를 제공하는 상당히 감도 높은 방법이다. SPR-라만 스펙트럼은 단일층만큼 얇은 유기 필름에 대해 기록될 수 있다.

(v) 결합 운동을 실시간으로 모니터링할 수 있다.

6.8 답

- 매우 작은 입자에서 발생하는 레일리 산란(Rayleigh scattering)
- 레일리갠스데비 산란(Reyleigh – Gans–Debye scattering)
- 미 산란(Mie scattering)

제 7 장

7.1 답

(a) 특정한 등방성 수정결정은 전기적인 전위가 인가될 때 진동할 것이다. 반대로, 진동하는 수정은 전기적인 전위를 생성할 것이다.

(b) 쿼츠, 토르말린, 타이타늄산 바륨, 타이타늄산 납, PVDF(poly vinylidene fluoride) 등은 모두 압전 특성을 나타낸다.

7.2 답

압전물질의 표면 위에 분석물의 흡착에 의해 발생하는 공명주파수의 변화는 높은 감도(500−2500 Hz g^{-1})로 측정할 수 있다. 결과적으로 센서장비로 피코그램(pg) 수준의 검출한계가 가능하다.

7.3 답

항체 또는 효소처럼 분석물과 선택적으로 반응하는 선택성 물질은 결정체 표면에서 흡착되는 것이 필요하다.

7.4 답

이런 종류의 센서를 사용할 때 10^{-12} g(1 picogram)까지 낮은 검출한계가 얻어질 수 있다.

7.5 답

서미스터는 특히 생화학적인(효소) 반응에서 온도의 변화를 측정하는데 매우 감도가 좋은 장비이다. 전형적인 서미스터 탐지기는 16 kΩ 저항의 저항온도계를 가지고 있고, 계수는 온도 1도 당 약 −3.9%이다. 저항은 기준 소스에 대해서 측정되는데, 결과값이 0.001도 당 100 mV까지 나오도록 직류 휘스톤 브릿지를 사용하여 증폭한다.

7.6 답

*펠리스터*는 세라믹 *구슬*(1cm *크기*)안에 백금선 저항 온도계/발열 전선을 포함하고 있고, 공기 중의 가연성 가체를 탐지하는데 사용된다. 구슬은 가연성 기체들을 촉매하기 위해 산화토륨 매트릭스 내에 섬세하게 나눠진 팔라듐으로 코팅되어 있다. 펠리스터는 알킬납, 유기유황성분과 유기인성분처럼 독소를 촉매하기 위해서 저항선을 많은 양의 촉매를 포함한 알루미늄으로 둘러싸서 견고하게 만든다.

7.7 답

- 열량측정식 – 생화학 반응과 관계된 열의 측정
- 촉매식 – 가연성 기체의 촉매 산화 과정과 관계된 열의 측정
- 열 전도성 – 여기서 달구어진 필라멘트는 기체의 통로에 위치한다. 그것의 저항은 온도에 따라서 변하며, 온도는 주위를 둘러싼 기체의 열전도성에 의해 달라진다.

제 8 장

8.1 답

우리는 피하지방에 주입한 센서를 이용할 수 있었는데 한 번에 최소 며칠, 경우에 따라서는 몇 주 정도 그 자리에 고정할 수 있었다. 그 바이오센서는 생체 거부반응을 일으키지 않아야 하고 삽입할 때 피해를 최소화 할 수 있는 만큼 작아야 한다. 0–20 mM (±1 mM)의 선형 반응과 10분보다 더 짧은 반응시간을 가져야만 한다. 캘리브레이션 값은 24시간 동안 ±10% 이내의 변화를 유지해야 한다. 몇몇 사람은 더욱 복잡하고 영구적으로 이식된 센서를 상상하면서 데이터를 전송하기 위해 라디오 장치를 구비하는 것을 기대할 수 있다. 그러나 이 방법은 대단히 비싸다. 우리는 또한 피부 내 전기 신호를 측정하는 것이 실제 이식 없이 이루어 질 수 있는 이온영동 센서를 생각할 수 있다.

8.2 답

그 접근 방식은 농축단계가 전기화학적 방식이 아니라는 점에서 관행적인 양극벗김분석법과 다르다. 하지만 화학적 추출방식에 영향을 받아 산화과정에서 어떠한 변화 없이 2,9-DMP와 혼합물을 형성한다. 그러나, 실제 분석단계는 양극벗김방식으로 이루어진다. 즉, Cu(I) 복합물이 Cu로 환원된다. 따라서, 원리적으로 그것은 하나의 양극벗김분석법이다.

8.3 답

비록 나트륨이온과 칼륨이온 간의 선택성이 그다지 좋지 않지만, 모든 이러한 이온을 위한 광학센서는 제작이 가능하다. 수소, 나트륨, 칼륨의 경우, 형광법이 존재한다. 반면에, 칼슘이온에 대해서는 가시광선 분광법이 가능하다. 이들을 하나의 센서 장비로 합치는 것은 매우 어렵다. 다음 센서시스템이 사용되어 왔다.

- pH – 8-hydroxy-1,3,6-pyrenetrisulfonic acid(HPTS) 형광센서, λ_{ex} = 405/470, λ_{em} = 520 nm
- 나트륨 – 고정화 된 나트륨 이오노포어 복합물 내에 광학적으로 표지된 fluor (8-anilino-1-naphthalene sulfonate)로 소광된 양이온 고분자 전해질인 poly(copper (II)-polyethyleneimine)와 경쟁
- 칼륨 – 칼륨센서는 광섬유 끝에 고정화된 diazotised 4-nitroanailine을 가지고 2-hydroxy-1,3-xylyl-18-crown-5(crown ether)를 기반으로 만들어졌다. 비록 검출

한계가 0.5 mM이지만, 나트륨에 대한 선택성, 즉, 1/6은 임상 적용에 사용되기에는 불충분하다.

- 칼슘 – 칼슘에 선택적인 이온투과담체(L)가 칼슘을 PVC 막으로 추출하고 센서 막 내에 함유된 발색의 pH 표시기(CH^+)와 상호작용을 한다. 전기적 중성을 유지하기 위해서 양자화 된 기본 표시기에 부착된 수소 이온이 교환되고 시료 내로 들어간다.

$$Ca^{2+} + L + 2CH^+ \longrightarrow 2H^+ + CaL^{2+} + 2C$$

그 표시기는 660 nm에서 흡수정도의 감소에 의하여 탈양자화를 나타낸다. 이 접근 방식은 여러 종류의 이온에 이용될 수 있도록 발전될 수 있다.

8.4 답

특정 폭발성 물질에 대응하는 항원이 TNT–항체를 대신하여야 한다. 비록 각각의 폭발위험의 물질에 대응하는 항체 혼합물이 유효한 방법이지만, 하나의 항체가 모든 폭발물에 반응한다는 것은 의문스럽다.

8.5 답

일반적으로, 분석 대상체의 농도는 매우 낮기 때문에, 항상 오염의 위험성이 존재한다. 특히, 실험 연구원이 표준물 측정을 위해서 실제 TNT 샘플을 다룰 때는 더욱 문제가 된다.

그러한 오염은 모든 시료용기를 세심하게 닦고 높은 순도의 시약을 사용함으로써 제거될 수 있다. 또한, 장비를 설치하고 표준 시료 시험을 수행했던 사람과 다른 사람이 실제 분석을 수행하는 것이 바람직하다.

8.6 답

*외부 산소*는 매개체이다. 비록 분석측정을 수행하는 최선의 방법은 생성물인 퀴논의 전기화학적 환원이지만, 초기의 포도당 바이오센서와 같이 산소섭취량을 추적하는 것이 하나의 가능한 방법이 될 수 있다. 도파민 측정을 위한 바나나를 기반으로 한 바이오센서는 이 방식으로 사용되었다. 다양한 폴리페놀 혼합물을 분석할 때의 장점은 산소섭취에 대한 반응은 하나의 개별적인 폴리페놀의 특성과는 무관하다는 점이다. 반면에, 우리는 다양한 카테킨과 카테콜에서부터 발생한 퀴논의 환원에 의한 확산전류 값은 매우 다른 것을 확인하였다. 이것은 각 분자들의 크기의 다르기 때문에 발생하는 다른 확산계수 때문이다.

참고문헌

Bard, A. J. and Faulkner, L. R., *Electrochemical Methods and Applications*, 2nd Edn, Wiley, New York, 2001.

Catterall, R. W., *Chemical Sensors*, Oxford Unigersity Press, Oxford, UK, 1997.

Diamond, D. (Ed.), *Principles of Chemical and Biological Sensors*, Wiley, New York, 1998.

Eggins, B. R., *Biosensors: An Introduction*, Wiley, Chichester, UK, 1996.

Eldham, P. G. and Wang, J. (Eds), *Biosensors and Chemical Sensors*, American Chemical Society, Washington, DC, USA, 1992.

Hall, E. A. H., *Biosensors*, Open University Press, Buckingham, UK, 1990.

Janata, J., *Principles of Chemical Sensors*, Plenum Press, New York, 1989.

Miller, J. C. and Miller, j. N., *Statistics for Analytical Chemistry*, 3rd Edn, Ellis Horwood, Chichester, UK, 1993.

Monk, P. M. S., *Fundamentals of Electroanalytical Chemisstry*, AnTS Series, Wiley, Chichester, UK, 2001.

Scheller, F. and Schmid, R. E. (Eds), *Biosensors: Fundamentals, Technologies and Applications*, GBF Monographs, Vol. 17 (Proceedings of an International Seminar, May 12-14 1991, Bogensee/Brandenburg, Germany), VCH, Weinheim, Germany, 1992.

Turner, A. P. F., Karube, I. and Wilson, G. S. (Eds), *Biosensors: Fundamentals and Applications*, Oxford University Press, Oxford, UK, 1987.

Usher, M. J. and Keating, D. A., *Sensors and Transducers*, 2nd Edn, Macmillan, London, 1996.

용어해설

이 절에서는 본문에 사용된 모든 용어를 해설한다. 비록 그 설명이 완벽하지는 않지만, 어렵거나 경험이 없는 독자들에게 혼동을 줄 수 있는 용어에 대해서 간략히 설명하고자 한다.

가교(Cross-linking) 이중화학결합을 형성할 수 있는 이중기능 작용제를 이용하여 변환기와 생물학적 재료를 연결하는 방법

가교(Entrapment) 3차원 폴리머 기질 내에 바이오물질의 고정

감쇠전반사(Attenuated total reflectance, ATR) 흡수 면과 접해 놓여 있는 흡수물질이 내부반사광을 감쇠시키는 기술

감지물질(Sensing element) 측정 대상체에 반응하는 센서의 활성부위

고정화(Immobilization) 생체물질을 변화기에 결합시키는 것

공유결합(Covalent attachment) 생물학적 재료와 변환기사이에 형성된 결합

광도계(Photometric) 분석대상물과 빛의 상호작용과 관계된 하나의 분석적 방법

그랜플롯(Gran plot) 전위차법에 적용되는 다중 첨가법으로 전위의 반-로그함수 그래프가 농도에 대하여 만들어진다.

기질(Substrate) 효소반응에서 분석 혹은 반응을 위한 기질(분석대상물과 효소 참조)

내재적센서(Intrinsic sensor) 광섬유가 행동의 역할을 하는 것으로 투과된 광은 광섬유 중심 또는 주변에서 화학적으로 유도된 상호작용에 의해 증폭된다.

넌스트 방정식(Nernst equation) 전위차식 측정에서 농도(C)와 전위(E)와의 관계: $E = E^0 + RT/nF \ln C$.

넌스티안(Nernstian) 넌스트 방정식을 따르는 시스템

라인웨버-버크플롯(Lineweaver-Burke plot) 효소 동역학에서 사용되는 1/[S] 대 $1/\nu$의 관계를 나타내는 그래프

램프(Ramp) d(변수)/dt의 일정비율로 완만한 증가를 의미하는 전문용어. 전압 램프(ramp)는 dE/dt이다.

매개체(Mediator) 생물학적 물질(일반적으로 효소)과 전극사이에 전자를 전달하는 물질.

일반적으로 산화환원물질이 사용된다.

면역분석(Immunoassay) 선택성물질이 항원-항체반응을 이용하는 분석 방법

물질전달(Mass transport) 반응매질을 통한 물질의 이동

미분펄스전압전류법(Differential pulse voltammetry) 직선으로 변하는 전위가 작동전극에 인가되고 연속된 사각파 펄스파가 중첩되는 전압전류법. 전류는 미분모드에서(differential mode) dI/dE로 측정되고 전위에 대한 값의 형태로 플로팅된다.

미세전극(Microelectrode(ultra-electrode)) 치수가 마이크로미터 수준의 전극

미세캡슐형성(Microencapsulation) 하나의 막 안에 생체물질을 고정하는 것

미카엘스-멘텐 방정식(Michaelis-Menton equation) 기질의 농도와 효소반응 속도와의 관계: $\nu = \nu_{max}[S]/(K_M + [S])$

미토콘드리아(Mitochondria) 핵 밖 세포질에서 발견되는 다중-효소 시스템

바이오센서(Biossenser) 변환기와 연결된 생물학적 감지요소를 가진 장치

반쪽전지 반응(Half-cell reaction) 단일전극에서의 산화환원반응

반쪽전지 전위(Half-cell potential) 반전지반응에 의해서 발생하는 전극 전위

발광(Luminescence) 형광, 인광, 생물발광, 화학발광을 포함하는 빛이 방사되는 기술에 대한 일반적 용어

발광다이오드(Light-emitting diode, LED) 광센서에서 광원으로 사용되는 다이오드

변환기(Transducer) 물리적 또는 화학적 변화를 측정 가능한 신호(일반적으로 전자기적 성질)로 변화하는 장치로 그 신호의 크기는 분석대상체의 농도에 비례한다.

보결분자단(Prosthetic group) 촉매활동에 원인이 되는 효소의 부위

분석대상물 유사체(Analyte analogue) 라벨로서 유사물질에 첨가될 수 있으며, 형광과 같은 시각적 특성을 포함하고 있는 분석대상물과 유사한 물질. 만약 분석대상물질이 화학시약에 대한 결합에 대한 스펙트럼 변화가 없다면 사용될 수 있다.

분석대상물(Analyte) 양적 혹은 질적 결정을 하기 위한 물질

브루스터각(Brewster angle) 반사율이 0일 때 $\theta = \tan^{-1}(n_1/n_2)$로서 정의되는 각

비어램버트 법칙(Beer-Lambert law) 광도측정법에서 흡광도(A)와 농도(C)사이의 상관관계를 기술한다. $A = \varepsilon Cl$

산소전극(Oxygen electrode) Clark에 의해서 처음으로 개발된 장치로, 산소를 분석하기 위해 일반적으로 사용되는 전류측정식 전극

산화전극(Anode) 산화(전자를 제거하는)가 발생하는 전극

생물검정법(Bioassay) 생물학적인 감지재료를 이용한 분석법

생물발광(Bioluminescence) 반딧불, 반딧불의 유충 그리고 박테리아의 일부형태와 같은

생물학적 종에 의한 빛의 발광

서미스터(Thermistor) 효소 또는 화학반응에서 온도의 미세한 변화를 측정하는데 이용되는 장치

선택성(Selectivity) 하나의 특정 화학이온과 다른 이온을 구별하는 감지물질의 능력

선형-스윕 전압전류법(linear-sweep voltammetry) 전류가 전위 함수로서 측정되는 기술로 전위는 선형형태로 인가된다.

소멸파(Evanescent wave) 광선이 광섬유 내 일정 각도로 전반사가 이루어질 때, 방사선의 일부는 광전파매질(light propagation medium)로부터 상대적으로 굴절률이 낮은(lower refractive index) 매질로 짧은 거리를 확장한다. 이러한 비전파 전자기파 방사선(non-propagating electromagnetic radiation)을 소멸파라라고 부른다.

수용체(Receptor) 세포막의 표면에 존재하는 단백질로 리간드와 결합될 때 연속적인 생화학적 반응을 활성화 또는 억제함으로써 세포 내 특별한 생리적 반응을 야기시킨다.

수정진동자저울(Quartz crystal microbalance, QCM) 압전결정체를 이용하여 질량의 매우 작은 변화를 측정하기 위해 사용되는 장치

순환전압전류(Cyclic voltammetry) 인가 전위가 한 방향으로 변하고 다시 역으로 변할 때 전위의 함수로 전류를 측정하는 기술

스크린프린트 전극(Screen-printed electrode) 성형된 스크린을 통하여 전도성 반죽을 도포하여 대량으로 생산되는 하나의 소형전극

압전결정체(Piezo-electric crystal) 가진 전위에 의해서 기계적으로 진동이 발생하거나 기계적 변형이 있으면 전위가 발생하는 수정 결정체

액체접합전위(Liquid junction potential) 농도 혹은 화학적 조성이 다른 전해질 사이에서 발생하는 전위

양이온(Cation) 양극의 이온

옵토드(Optode) 광학 화학센서

외재적 센서(Extrinsic sensor) 광섬유의 기능이 빛을 검출위치까지 또는 검출위치에서부터 운반하는 형태로, 관련 화학시약이 이용되거나 안될 때가 있는 센서

음이온(Anion) 음극의 이온

음향파(Acoustic wave) 압전 결정에 라디오파를 인가하면서 발생하는 음향파로 물질 내에 기계적인 응력을 발생시킨다. 결과적으로 청취 가능한 영역의 파장을 형성한다.

이동(Migration) 전기장 하에서 극성 종(즉, 이온)의 이동

이온(Ion) 극성을 갖는 종

이온교환 중합체(Ion-exchange polymer) 하나의 이온과 다른 것이 교환될 수 있는 중합

체 물질

이온선택성전극(Ion-selective electrode, ISE) 이온농도의 측정을 위한 전위차 화학센서

임피던스(Impedance) AC저항

전극(Electrode) 전극전위 또는 전지전류를 측정하기 위해 사용되는 전자적 전도체

전극전위(electrode potential) 전압으로 표시되는 세계표준에 대한 상대적인 산화, 환원 쌍의 에너지

전기화학 수정 미세저울(Electrochemical quartz crystal microbalance, EQCM) 전해질 용액 안에 담겨있는 동안 전극표면에 매우 작은 질량변화를 측정하기 위해 사용되는 장치

전류법(Amperometry) 전류의 함수로 농도 측정을 위한 기술

전압-전류도(Voltammogram) 전압전류법에서 전위에 대한 전류의 변화 그래프

전압전류법(Voltammetry) 전류를 전위에 대해 측정하는 기술

전자기파스펙트럼(Electromagnetic spectrum) 가시광선, UV 그리고 적외선을 포함한 감마선부터 라디오파까지 확대되는 전자기 파장의 범위

전해질(Electrolyte) 전류가 흐르는 용액에서의 이온 염(ionic salt)

촉매파(Catalytic wave) 초기 반응물질이 이어지는 반응에 의해 생성되는 촉매반응에 의해 발생하는 전기화학적 전류의 증가

크로노암페로메트리(Chronoamperometry) 시간의 함수로서 전류를 측정하는 기술

펠리스터(Pellister) 백금선 히터와 저항온도계에 기반한 촉매 가스센서

포화-염화수은 전극(Saturated-calomel electrode, SCE) 포화 염화나트륨 용액 내 수은과 감홍(염화수은)을 기반으로 만들어진 기준전극

표면플라즈몬 공명(Surface plasma resonance, SPR) 광자운동량이 표면을 따라 가면서 프라스몬 진동수와 일치하는 각도를 가진 평면-편광 입사장이 금속물질 내 전자 플라즈마와 결합하는 광학적 기술

표준수소전극(Standard hydrogen electrode, SHE) 표준조건에서 $H^+ + e^- = 1/2H_2$ 반응에 기반한 모든 다른 산화환원 전위에 대한 표준물

표준전극전위(Standard electrode potential) 단위 활동조건에서 모든 반응물질과 생성물을 가진 표준 온도와 압력에서 측정된 전극전위

항원(Antigen) 항체에 결합함으로서 제거될 수 있는 독성물질 또는 유기체

항체(Antibody) 유기체에 의해 생산되는 단백질로 침입한 항원과 결합하여 해로운 조건을 제거한다.

형광(Fluorescence) 물질이 하나의 파장에서 빛을 흡수하고 다른 파장에서 다시 방사

하는 효과

화학발광(Chemiluminescence) 어떤 자극 발광이 없는 상태에서 화학적 반응에 의해서 빛이 생산되는 것

화학센서(Chemical sensor) 화학반응을 통하여 선택적 방법으로 특정 분석대상물에 정량적으로 반응하는 장치

확산(Diffusion) 고농도에서 저농도로의 물질의 이동과 관련되는 물질전달

확산계수(Diffusion coefficient) 단위시간 당 거리제곱으로서 제시되는, 확산 속도 값

확산전류(Diffusion current) 확산에 의해 제한되는 최대전류

환원전극(Cathode) 환원(전자의 증가)이 발생하는 전극

활동도(Activity) 전극에서 측정되는 열역학적 농도

활동도계수(Activity coefficient), γ 농도 C에 대한 활동도 a의 비율, 예를 들어, $\gamma = a/C$.

효소(Enzyme) 단백질로 구성된 복합분자로 일반적으로 단일 또는 다수의 금속원자를 포함하는 보결분자그룹(prosthetic group)을 함유하고 있으며, 특정 화학반응을 촉매한다.

효소전극(Enzyme electrode) 생물학적 물질이 효소이고 변환기는 전극을 사용하는 바이오센서

흡광도(absorbance) 빛의 강도가 전해질을 통과한 후 감소되는 양을 나타낸다. 이것은 $A = \log(I/I_0)$로 표시된다. I_0는 입사 과의 세기(incident intensity)이며, I는 투과광의 세기를 나타낸다.

흡착(Adsorption) 화학적 혹은 물리적 방법으로 표면에 물질을 결합시키는 것

SI 단위와 물리 상수

SI 단위

SI 단위시스템은 이 책의 전반에 걸쳐 사용되었다. 그러나, 현재의 사용빈도에 따라서, 몇몇 예외도 존재하는데 예를 들면, 파장수(cm^{-1})와 이온화 에너지(eV)의 경우가 존재한다.

기본 SI 단위와 물리상수

Quantity	Symbol	SI Unit	Symbol
length	l	metre	m
mass	m	kilogram	kg
time	t	second	s
electric current	I	ampere	A
thermodynamic temperature	T	kelvin	K
amount of substance	n	mole	mol
lumious intensity	I_v	candela	cd

SI 단위에 사용되는 접두사

Factor	Prefix	Symbol
10^{21}	zetta	Z
10^{18}	exa	E
10^{15}	peta	P
10^{12}	tera	T
10^{9}	giga	G
10^{6}	mega	M
10^{3}	kilo	k

Factor	Prefix	Symbol
10^{2}	hecto	h
10	deca	da
10^{-1}	deci	d
10^{-2}	centi	c
10^{-3}	milli	m
10^{-6}	micro	μ
10^{-9}	nano	n

(계속)

SI 단위에 사용되는 접두사 *(계속)*

Factor	Prefix	Symbol
10^{-12}	pico	p
10^{-15}	femto	f

Factor	Prefix	Symbol
10^{-18}	atto	a
10^{-21}	zepto	z

특수 이름과 기호를 가진 파생 SI 단위

Physical quantity	SI unit		Expression in terms of base or derived SI units
	Name	Symbol	
frequency	hertz	Hz	$1\ Hz = 1\ s^{-1}$
force	newton	N	$1\ N = 1\ kg\ m\ s^{-2}$
pressure; stress	pascal	Pa	$1\ Pa = 1\ N\ m^{-2}$
energy; work; quantity of heat	joule	J	$1\ J = 1\ Nm$
power	watt	W	$1\ W = 1\ J\ s^{-1}$
electric charge; quantity of electricity	coulomb	C	$1\ C = 1\ A\ s$
electric potential; potential difference; electromotive force; tension	volt	V	$1\ V = 1\ J\ C^{-1}$
electric capacitance	farad	F	$1\ F = 1\ C\ V^{-1}$
electric resistance	ohm	Ω	$1\ \Omega = 1\ V\ A^{-1}$
electric conductance	siemens	S	$1\ S = 1\ \Omega^{-1}$
magnetic flux; flux of magnetic induction	weber	Wb	$1\ Wb = 1\ V\ s$
magnetic flux density; magnetic induction	tesla	T	$1\ T = 1\ Wb\ m^{-2}$
inductance	henry	H	$1\ H = 1\ Wb\ A^{-1}$
Celsius temperature	degree Celsius	°C	1°C = 1 K
luminous flux	lumen	lm	$1\ lm = 1\ cd\ sr$
illuminance	lux	lx	$1\ lx = 1\ lm\ m^{-2}$
activity (of a redionuclide)	becquerel	Bq	$1\ Bq = 1\ s^{-1}$
absorbed dose; specific energy	gray	Gy	$1\ Gy = 1\ J\ kg^{-1}$

특수 이름과 기호를 가진 파생 SI 단위 *(계속)*

Physical quantity	SI unit		Expression in terms of base or derived SI units
	Name	Symbol	
dose equivalent	sievert	Sv	1 Sv = 1 J kg^{-1}
plane angle	radian	rad	1a
solid angle	steradian	sr	1a

[a] rad and sr may be included or omitted in expressions for the derived units.

물리상수

선택된 물리상수의 권장 값[a]

Constant	Symbol	Value
acceleration of free fall (acceleration due to gravity)	g_n	9.806 65 m s^{-2} [b]
atomic mass constant (unified atomic mass unit)	m_u	1.660 540 2(10) × 10^{-27} kg
Avogadro constant	L, N_A	6.022 136 7(36) × 10^{23} mol^{-1}
Boltzmann constant	kB	1.380 658(12) × 10^{-23} J K^{-1}
electron specific charge (charge-to-mass ratio)	$-e/me$	−1.758 819 × 10^{11} C kg^{-1}
electron charge (elementary charge)	e	1.602 177 33(49) × 10^{-19}C
Faraday consstant	F	9.648 530 9(29) × 10^4 C mol^{-1}
ice-point temperature	T_{ice}	273.15 K[b]
molar gas constant	R	8.314 510(70) J K^{-1} mol^{-1}
molar volume of ideal gas (at 273.15 K and 101 325 PA)	V_m	22.414 10(19) × 10^{-3} m^3 mol^{-1}
Planck constant	h	6.626 075 5(40) × 10^{-34} J s
standard atmosphere	atm	101 325 Pa[b]
speed of light in vacuum	c	2.997 924 58 × 10^8 m s^{-1} [b]

a Data are presented in their full precision, although often no more than the first four or five significant digits are used; figures in parentheses represent the standard deviation uncertainty in the least significnt digits.

[b] Exactly defined values.

주기율표

0.98	Pauling electronegativity
3	Atomic number
Li	Element
6.941	Atomic weight (^{12}C)

1 2.20 **H** 1.008	2 **He** 4.003

d transition elements (Group : 3 – 12)

Group 1	Group 2	Group : 3	4	5	6	7	8	9	10	11	12	Group 13	Group 14	Group 15	Group 16	Group 17	Group 18
3 0.98 **Li** 6.941	4 1.57 **Be** 9.012											5 2.04 **B** 10.811	6 2.55 **C** 12.011	7 3.04 **N** 14.007	8 3.44 **O** 15.999	9 3.98 **F** 18.998	10 **Ne** 20.179
11 0.93 **Na** 22.990	12 1.31 **Mg** 24.305											13 1.61 **Al** 26.98	14 1.90 **Si** 28.086	15 2.19 **P** 30.974	16 2.58 **S** 32.064	17 3.16 **Cl** 35.453	18 **Ar** 39.948
19 0.82 **K** 39.102	20 1.00 **Ca** 40.08	21 **Sc** 44.956	22 **Ti** 47.90	23 **V** 50.941	24 **Cr** 51.996	25 **Mn** 54.938	26 **Fe** 55.847	27 **Co** 58.933	28 **Ni** 58.71	29 **Cu** 63.546	30 **Zn** 65.37	31 1.81 **Ga** 69.72	32 2.01 **Ge** 72.59	33 2.18 **As** 74.922	34 2.55 **Se** 78.96	35 2.96 **Br** 79.909	36 **Kr** 83.80
37 0.82 **Rb** 85.47	38 0.95 **Sr** 87.62	39 **Y** 88.906	40 **Zr** 91.22	41 **Nb** 92.906	42 **Mo** 95.94	43 **Tc** (99)	44 **Ru** 101.07	45 **Rh** 102.91	46 **Pd** 106.4	47 **Ag** 107.87	48 **Cd** 112.40	49 1.78 **In** 114.82	50 1.96 **Sn** 118.69	51 2.05 **Sb** 121.75	52 2.10 **Te** 127.60	53 2.66 **I** 126.90	54 **Xe** 131.30
55 0.79 **Cs** 132.91	56 0.89 **Ba** 137.34	57 **La** 138.91	72 **Hf** 178.49	73 **Ta** 180.95	74 **W** 183.85	75 **Re** 186.2	76 **Os** 190.2	77 **Ir** 192.22	78 **Pt** 195.09	79 **Au** 196.97	80 **Hg** 200.59	81 2.04 **Tl** 204.37	82 2.32 **Pb** 207.19	83 2.02 **Bi** 208.98	84 **Po** (210)	85 **At** (210)	86 **Rn** (222)
87 **Fr** (223)	88 **Ra** 226.025	89 **Ac** 227.0	104 **Rf** (261)	105 **Db** (262)	106 **Sg** (263)	107 **Bh**	108 **Hs**	109 **Mt**	110 **Uun**	111 **Uuu**	112 **Unb**						

58 **Ce** 140.12	59 **Pr** 140.91	60 **Nd** 144.24	61 **Pm** (147)	62 **Sm** 150.35	63 **Eu** 151.96	64 **Gd** 157.25	65 **Tb** 158.92	66 **Dy** 162.50	67 **Ho** 164.93	68 **Er** 167.26	69 **Tm** 168.93	70 **Yb** 173.04	71 **Lu** 174.97
90 **Th** 232.04	91 **Pa** (231)	92 **U** 238.03	93 **Np** (237)	94 **Pu** (242)	95 **Am** (243)	96 **Cm** (247)	97 **Bk** (247)	98 **Cf** (249)	99 **Es** (254)	100 **Fm** (253)	101 **Md** (253)	102 **No** (256)	103 **Lw** (260)

찾아보기

ㅊ